実践 Python 3

Mark Summerfield 著

斎藤 康毅 訳

本書で使用するシステム名、製品名は、それぞれ各社の商標、または登録商標です。
なお、本文中では™、®、©マークは省略している場合もあります。

Python in Practice

Create Better Programs Using Concurrency, Libraries, and Patterns

Mark Summerfield

✦Addison-Wesley

Upper Saddle River, NJ · Boston · Indianapolis · San Francisco
New York · Toronto · Montreal · London · Munich · Paris · Madrid
Capetown · Sydney · Tokyo · Singapore · Mexico City

Authorized translation from the English language edition, entitled PYTHON IN PRACTICE:
CREATE BETTER PROGRAMS USING CONCURRENCY, LIBRARIES, AND PATTERNS,
1st Edition, ISBN: 0321905636 by SUMMERFIELD, MARK, published by Pearson
Education, Inc, publishing as Addison-Wesley Professional, Copyright ©2014 Qtrac Ltd.
All rights reserved. No part of this book may be reproduced or transmitted in any form or by
any means, electronic or mechanical, including photocopying, recording or by any information
storage retrieval system, without permission from Pearson Educaion, Inc.
JAPANESE language edition published by O'REILLY JAPAN, Inc., Copyright ©2015.
JAPANESE translation rights arranged with PEARSON EDUCATION, INC. through
JAPAN UNI AGENCY, INC.,TOKYO JAPAN.

本書は、株式会社オライリー・ジャパンがPEARSON EDUCATION, INC.の許諾に基づき翻訳
したものです。日本語版についての権利は、株式会社オライリー・ジャパンが保有します。

日本語版の内容について、株式会社オライリー・ジャパンは最大限の努力をもって正確を期して
いますが、本書の内容に基づく運用結果については責任を負いかねますので、ご了承ください。

本書を、オープンソースに貢献してきたすべての人に捧ぐ
——我々が得る恩恵は、そのような人たちの寛大さのおかげである。

序文

　この15年間、私はPythonを使ってさまざまなアプリケーションを開発してきた。その間というもの、私はコミュニティが成熟していく過程を目のあたりにしてきた。それは信じられないほどの成長であった。今となっては、仕事でPythonを使うために上司にPythonを売り込む必要はない。それはすでに過去の話である。今日の市場において、Pythonプログラマーは引く手あまたな存在であり、Pythonに関連するカンファレンスは――小さな勉強会から大きな国際会議に至るまで――多くの注目を集めている。また、OpenStackなどのプロジェクトは、Pythonを新たな領域へ押し上げたと同時に、新たな才能を惹きつけるキッカケとなっている。結果として、Pythonコミュニティはますます拡大し続け、Pythonに関する優れた書籍も数多く出版されている。

　マーク・サマーフィールド（Mark Summerfield）は、QtやPythonに関する技術書によって、Pythonコミュニティではよく知られた存在である。マークの他の書籍には『Programming in Python 3』（邦題『Python 3 プログラミング徹底入門』ピアソン桐原）があり、これは私の数少ない"推薦書リスト"のなかでもトップに位置する本である（私はジョージア州アトランタでユーザーグループのオーガナイザーを務めており、Pythonについておすすめの本を聞かれることがよくあるのだ）。先の書籍とは対象読者がいくぶん異なるが、本書『実践 Python 3』も、私の推薦リストに加わることだろう。

　プログラミングに関する書籍は、言語に関する基本的な内容を扱った入門書か、特定の内容（ウェブ開発、GUIアプリケーション、バイオインフォマティクスなど）を扱った上級者向けの書籍のどちらかに落ち着くのがほとんどである。以前『The Python Standard Library by Example』という本を書いたとき、私はその"間"にいる読者に向けて書きたいと思った。初心者と上級者の"間"にいる読者。プログラミングについてはそれなりの知識を持つ人で、特定のアプリケーションだけに限定することなく、基本的な技術を超えて自分のスキルを向上させたいと願う読者。そのような読者にとって

魅力的な本を私は書きたかったのだ。ある日、マークの本の原稿をレビューしてくれるよう編集者から依頼があったとき、その原稿を読んで私は嬉しかった。というのも、それ――本書『実践 Python 3』――は、まさしくその"間"の読者に向けて書かれた本だったからである。

特定のフレームワークやライブラリに限定することなく、書籍から得たアイデアを現在取り組んでいるプロジェクトにすぐに適用できるというのは、久しぶりの体験であった。この1年間、私はOpenStackのクラウドサービスを計測するためのシステムに取り組んできた。その仕事において、我々のチームが集計しているデータは、レポートやモニタリングなどの他の目的にも活用できそうなことがわかった。そこで、複数の顧客にそのデータを送信するように、我々はシステムを設計した（その実装は、再利用可能なトランスフォーメーションとパブリッシャのパイプラインを通してサンプルを渡すことによって行った）。そのパイプラインのコードが最終段階に差し掛かったときに、私は本書のレビューを行っていた。原稿の3章の説明を読み終わったあと、そのパイプラインの実装は必要以上に複雑すぎることがはっきりとわかった。マークが述べているように、コルーチンのチェーン技術は、理解しやすい非常に優れた方法である。そのため、私はすぐに次のリリースに向けて、その技術を取り入れるためのタスクを追加したのだ。

『実践 Python 3』は、そのような有益なアドバイスや実例に溢れおり、読者のスキルアップに一役買うことだろう。私のような"ジェネラリスト"（"スペシャリスト"とまではいかない人）であれば、興味深いツールをいくつか初めて経験するかもしれない。経験豊富なプログラマーも、初心者からステップアップしようとしているエンジニアも、本書によって、問題を別の視点から考える技術、そして、より効率的で優れた解決方法を学べることだろう。

2013年5月
DreamHost シニアデベロッパー
Doug Hellmann

訳者まえがき

「地球は青かった」——ガガーリン宇宙飛行士の名言として多くの人が記憶しているこの言葉は、実は正確な引用ではないらしい。実際、ガガーリンが地球を描写するのに用いた言葉は、「地球はみずみずしい色調にあふれて美しく、薄青色の円光にかこまれていた」であったようだ。それゆえ、もしその描写のエッセンスを取り出すとすれば（乱暴に端折ってしまえば）、それは「地球は青かった」ではなく、「地球は美しかった」となるだろう。

確かに、地球は美しい。漆黒の宇宙において悠然と輝くその姿は、ガラス玉のように美しく、何者にも代えがたい。しかし、それはガラス玉であるがゆえの儚さも併せ持つ。手荒く扱うとヒビが入って元には戻らないことを、そのガラス玉は暗に主張する。地球はガラス玉のように美しく、ガラス玉のようにもろい存在である。そのことを我々人類は十分に承知している（はずである）。地球の美しさを保つには、それ相応の節度や調和、手入れが必要であるということを我々は身を持って学んできたのだから。

美しさを保つためには、手入れが必要である。それはPythonについても同じことが言える。Pythonという言語は、ある程度のことであれば容易に習得できる。簡単なプログラムであれば、シンプルに美しく書くことは難しいことではない。しかし、大きくて多機能なプログラムを書こうとすれば、いくらでも複雑になりえる。Pythonのコードに美しさを与え、それを保つためには、それ相応の技術(テクニック)を学ぶ必要がある。そこで本書の出番というわけだ。

本書はPythonに関する技術書である。実践的な側面を重視しており、一般的なプログラミングのベストプラクティスをPythonにどのように適用するかという点を主題とする。具体的に扱うテーマは、「デザインパターン」「並行処理、Cythonを用いた高速化」「ネットワーク処理」「GUIプログラミング」の4つである。どれもが実践的な内容であり、実際のプロジェクトにおいて役立つアイデアを得られるだろう。そして、それらの

テクニックは、Pythonのコードを美しくする（保つ）ことに貢献してくれるはずだ。

　著者のマーク・サマーフィールド（Mark Summerfield）は、ソフトウェアエンジニアとして長年の経験を持つベテランで、これまでに6冊の著書（うち2冊は共著）がある。Pythonのほか、Go言語やQtについての書籍もあり、わかりやすい説明には定評がある。なかでも本書『実践 Python 3』は、2014年の「Jolt Awards: The Best Books」に選出されており、その出来栄えはお墨付きである。

　なお、本書が対象とする読者は、Pythonをそれなりに使いこなしている人である。Pythonが初めてという人には向かないが、本書の内容はとても具体性に富み、ソースコードもわかりやすく書かれているため、一通りPythonを使ったことのある人にとっては、スムーズに理解できる内容になっている。また、動作するコードも提供しているので、実際にコードを動かしながら学ぶことで、理解がより確かなものになるだろう。

　さて、Pythonインタープリタ上で「`import this`」と入力すると、Pythonの設計思想が表示される（そのような仕掛けが用意されてある）。それは次の一文から始まる──Beautiful is better than ugly（醜いより美しい方がいい）。かくのとおり、Pythonは美しさを好む。美しさを尊重し、美しさを正義とする。しかし、美しさを作るには──そして、その美しさを保つには──、それ相応の技術が必要であるということを忘れてはならない（地球の美しさを保つために、健全なる技術を追求しなければならないのと同じように）。本書が、その美しさを支える技術の一助となれば幸いである。

　ガラス玉のごとき美しきPythonに幸あれ。

2015年9月24日
斎藤 康毅

まえがき

　本書は、Pythonに関する知識を広げ深めたいと願うPythonプログラマーを対象に書かれている。本書によって、Pythonプログラムのクオリティや信頼性、処理速度やメンテナンス性を高められるだろう。本書には、プログラミングを改善するための実例やアイデアが数多く含まれている。

　本書が扱う重要なテーマは4つに大別できる。具体的には、「エレガントなコーディングのためのデザインパターン」「処理速度向上のための並行処理やコンパイル済みPython（Cython）の利用」「高レベルなネットワーク処理」「グラフィックス」だ。

　『Design Patterns: Elements of Reusable Object-Oriented Software』（邦題『オブジェクト指向における再利用のためのデザインパターン』ソフトバンククリエイティブ）。詳細は「参考文献」を参照）が出版されたのは20年前だが、今でもオブジェクト指向におけるプログラミング作法に大きな影響を及ぼしている。本書『実践 Python 3』では、先の書籍で紹介されたすべてのデザインパターンを、Pythonの文脈に移し替えて見ていくことにする。Pythonで書かれた実例を見ながら有益なデザインパターンを説明するとともに、デザインパターンのいくつかはPythonにおいては無意味であることを示す。このデザインパターンについては1章～3章で扱う。

　PythonのGIL（Global Interpreter Lock）は、Pythonのコードをふたつ以上のコアプロセッサで同時に実行することを禁止している[※1]。これによって、「Pythonではスレッド処理ができない」とか、「Pythonではマルチコアの恩恵を受けることができない」といった迷信がささやかれるようになった。しかし、CPUバウンドな処理（CPU

※1　この制約はCPythonに適用される。CPythonは、もっとも広く用いられているPythonのリファレンス実装である。他のPythonの実装には、この制約が課されないものがある。有名どころではJython（Javaで実装されたPython）が挙げられる。

に負荷のかかる処理）においては、multiprocessingモジュールを使うことで並行処理を行える。multiprocessingモジュールはGILの制限を受けず、利用可能なすべてのコアを十分に活用できる。これによって、我々が想定する高速化（おおよそコアの数に比例する高速化）を容易に実現できる。また、I/Oバウンドな処理においても、multiprocessingモジュールを利用できる。この場合はさらに、threadingモジュールやconcurrent.futuresモジュールも利用できる。もしI/Oバウンドな並行処理のためにスレッドを使うのであれば、ネットワークによるレイテンシ（遅延）のほうが問題になるため、GILによるオーバーヘッドについては考えなくてもよいだろう。

低・中レイヤのレベルで並行処理を行うことは、残念ながら（どのような言語であっても）間違いを起こしやすい。そのような問題を避けるためには、「ロック」を明示的に使わずに、Pythonの高レベルのモジュールであるqueueモジュールやmultiprocessingモジュールのキュー、またはconcurrent.futuresモジュールを利用できる。4章では、高レベルな並行処理を用いて、パフォーマンスを大幅に向上させる方法を見ていく。

先ほどの迷信に続いて、「Pythonは遅い」という別の迷信もよく耳にする。そのような理由から、プログラマーはCやC++、そのほかのコンパイル型言語を使うことがあるかもしれない。確かに、Pythonはコンパイル型の言語よりも概して遅い。しかし、最近のハードウェア上であれば、多くのアプリケーションにとって十分な速度で実行できる。また、Pythonでは十分な処理速度を得られない場合であっても、コードをさらに高速化させる方法がある。

時間のかかるプログラムを高速化するために、PyPyというPythonインタープリタを利用できる。PyPyはJITコンパイラ（実行時コンパイラ）を持ち、それによって大幅な高速化を達成できる。また、パフォーマンスを向上させる別の方法として、コンパイルされたC（C言語）と同じぐらい高速なコードを利用する方法がある。これにより、CPUバウンドな処理では、楽に100倍以上の高速化を達成できる場合がある。Cのような速度を得るには、すでにCで書かれたPythonモジュールを内部的に使用するのがもっとも簡単な方法である。たとえば、標準ライブラリのarrayモジュールやサードパーティーのnumpyモジュールでは、非常に高速でメモリ効率のよい配列操作（numpyでは多次元配列を含む）を行える。また別の方法として、標準ライブラリのcProfileモジュールを用いてプロファイルを行い、ボトルネックを発見し、その箇所をCythonで高速なコードに書き換える、といった方法がある。CythonはPythonの構文を拡張

するとともに、処理速度を最大化するために、純粋なCへとコンパイルを行う。

我々が必要としている機能が、CやC++のライブラリとして、またCの呼び出し作法を用いた別言語のライブラリとして、すでに用意されている場合がある。そのような場合の多くでは、サードパーティーのPythonモジュール —— Python Package Index (PyPI、https://pypi.python.org/pypi)で見つけられる —— が存在し、そのモジュールを用いて我々が必要とするライブラリへアクセスできる。しかし、めったにないケースではあるが、そのようなモジュールが存在しない場合がある。その場合は、標準ライブラリであるctypesモジュールを使って、Cライブラリの機能へアクセスできる(サードパーティーのCythonパッケージができるように)。すでに存在するCライブラリを利用できれば、開発時間を相当に削減でき、非常に高速な処理を達成できる。ctypesとCythonについては5章で説明する。

Pythonの標準ライブラリには、ネットワーク処理のためのモジュールがいくつか含まれる。低レベルのsocketモジュールから始まり、中レベルのsocketserverモジュール、そして、高レベルのxmlrpclibモジュールまで、いくつかのレベルが存在する。低・中レベルのネットワーク処理については、別言語から移植するときに使用するのであれば、それらを使う意味がある。しかし、Pythonで開発を行う場合においては、低レベルに関する実装を避けられる場合が多くある。そのような場合は、高レベルのモジュールを使い、ネットワークアプリケーションで行いたいことに集中できる。6章では、標準ライブラリであるxmlrpclibモジュールと、パワフルかつ簡便なサードパーティーのRPyCモジュールを用いて、そのような高レベルのネットワーク処理を行う方法を見ていく。

プログラムに指示を与えるには、なんらかのユーザーインタフェースが必要である。そのため、ほとんどすべてのプログラマーはユーザーインタフェースを提供する必要があるだろう。Pythonのプログラムでは、たとえば、argparseモジュールを用いてコマンドラインインタフェースを実装できる。さらに、完全にターミナル内で完結するユーザーインタフェースも実装できる —— たとえば、Unixではサードパーティーのurwidパッケージ(http://urwid.org/)を使用している。また、Pythonには非常に多くのWebアプリケーションフレームワーク —— 軽量級ではbottle (http://bottlepy.org/)、重量級ではDjango (https://www.djangoproject.com/)やPyramid (http://www.pylonsproject.org/)など —— があり、それらはすべてウェブインタフェースを備えたアプリケーションを提供するために用いられる。もちろん、PythonはGUI(グラフィカル・

ユーザー・インタフェース）ベースのアプリケーションを作るために用いることもできる。

　Webアプリケーションが普及するにつれ、GUIアプリケーションは死に絶えようとしている —— このようなことがよく言われてきたが、それはまだ実際に起こっていない。それどころか、WebアプリケーションよりもGUIアプリケーションのほうを好む人が多いようである。たとえば、21世紀初頭からスマートフォンが普及するに伴い、スマートフォンユーザーは通常の操作を行うために、ウェブブラウザやウェブページなどよりも専用に作られた「アプリ」を好むようになった。Pythonでサードパーティーのモジュールを用いてGUIプログラミングを行うには、さまざまな方法が存在する。7章では、モダンなGUIアプリケーションを作るためにTkinterを用いる。TkinterはPythonの標準ライブラリの一部として提供されている。

　近年のコンピュータ —— ノートパソコンやスマートフォンも含む —— には、ほとんどの場合、グラフィックス専用の高性能なハードウェアであるGPU (Graphics Processing Unit) が備えられている。このGPUを用いれば、2Dや3Dの美しい絵を描画できる。ほとんどのGPUはOpenGLのAPIをサポートしているため、Pythonでサードパーティーのパッケージを通じて、このAPIへアクセスできる。8章では、3Dグラフィックスに関連した作業を行うためにOpenGLを使う方法を見ていく。

　本書の目的は、よりよいPythonアプリケーション —— 管理しやすいコードから構成され、パフォーマンスがよく、使いやすいアプリケーション —— を書く方法を提示することにある。本書はPythonプログラミングの知識を前提としており、Pythonを一度学んだことがある人に向けて書かれている。この前提とするPythonプログラミングの知識は、Pythonのドキュメントや他の書籍 —— たとえば、『入門 Python 3』（オライリー・ジャパン）など —— から学べる。本書によって、Pythonに関連する実践的なテクニックを学び、さまざまなアイデアやインスピレーションを得られるだろう。そして、読者を、Pythonプログラミングの次なるレベルへと引き上げられるものと信じている。

　本書で示すすべてのコードは、Linux、OS X、Windows上で、Python 3.3 (Python 3.2やPython 3.1でも可) を用いてテストされている。これは将来のPython 3.xバージョンでも動作するはずである。このコードは本書のサポートページであるhttp://www.qtrac.eu/pipbook.htmlからダウンロードできる。

表記上のルール

本書では、次に示す表記上のルールに従う。

太字 (Bold)
新しい用語、強調やキーワードフレーズを表す。

等幅 (`Constant Width`)
プログラムのコード、コマンド、配列、要素、ステートメント、オプション、スイッチ、変数、属性、キー、関数、型、クラス、名前空間、メソッド、モジュール、プロパティ、パラメータ、値、オブジェクト、イベント、イベントハンドラ、XMLタグ、HTMLタグ、マクロ、ファイルの内容、コマンドからの出力を表す。その断片（変数、関数、キーワードなど）を本文中から参照する場合にも使われる。

等幅太字 (`Constant Width Bold`)
ユーザーが入力するコマンドやテキストを表す。コードを強調する場合にも使われる。

等幅イタリック (`Constant Width Italic`)
ユーザーの環境などに応じて置き換えなければならない文字列を表す。

ヒントや示唆、興味深い事柄に関する補足を示す。

ライブラリのバグやしばしば発生する問題などのような、注意あるいは警告を示す。

意見と質問

本書（日本語翻訳版）の内容については、最大限の努力をもって検証、確認しているが、誤りや不正確な点、誤解や混乱を招くような表現、単純な誤植などに気がつかれることもあるかもしれない。そうした場合、今後の版で改善できるよう知らせてほしい。将来の改訂に関する提案なども歓迎する。連絡先は次のとおり。

  株式会社オライリー・ジャパン
  電子メール japan@oreilly.co.jp

本書のウェブページには次のアドレスでアクセスできる。

  http://www.oreilly.co.jp/books/9784873117393
  http://www.informit.com/store/python-in-practice-create-better-programs-using-concurrency-9780321905635（原書）
  http://www.qtrac.eu/pipbook.html（著者）

オライリーに関するそのほかの情報については、次のオライリーのウェブサイトを参照してほしい。

  http://www.oreilly.co.jp/
  http://www.oreilly.com/（英語）

謝辞

本書を執筆するにあたって、筆者が著した他の本と同じく、多くの人からアドバイスや援助、激励をいただいた。それらすべての方々に感謝したい。

2005年からPythonのコア開発者であるNick Coghlanには、建設的な意見を多くいただいた。さまざまなアイデアやコードを通じて、改善策やよりよい方法が別にあることを示してくれた。Nickの助けは、本書を通じてとても貴重であった。特に前半の章において、その貢献は計り知れない。

経験豊富なPython開発者であり著者でもあるDoug Hellmannには、最初の原稿と本書のすべての章に対して、有益なコメントをいただいた。また、本書の序文を快く引き受けてくれた。

経験豊富な開発者であり友人でもあるJasmin BlanchetteとTrenton Schulzに感謝したい。彼らは、Pythonに関して幅広い知識を持っており、本書の想定する読者として理想的であった。JasminとTrentonのフィードバックによって、多くの改善がなされた。

担当編集者であるDebra Williams Cauleyに感謝したい。彼女は、この執筆作業において、再三にわたり実際的な手助けをしてくれた。また、本書の進行管理をしてくれたElizabeth Ryanと、的確な校正を行ってくれたAnna V. Popickにも感謝したい。

そして、私を愛し支えてくれる妻のAndreaに感謝したい。

目次

序文 ·· vii
訳者まえがき ·· ix
まえがき ··· xi

1章　生成に関するデザインパターン ··· 1

1.1　Abstract Factoryパターン ·· 1
　　1.1.1　古典的なAbstract Factory ··· 2
　　1.1.2　パイソニックなAbstract Factory ··· 6
1.2　Builderパターン ·· 8
1.3　Factory Methodパターン ·· 16
1.4　Prototypeパターン ··· 25
1.5　Singletonパターン ··· 26

2章　構造に関するデザインパターン ··· 29

2.1　Adapterパターン ··· 29
2.2　Bridgeパターン ··· 35
2.3　Compositeパターン ··· 42
　　2.3.1　古典的なコンポジット/非コンポジットによる階層 ································ 44
　　2.3.2　単一クラスによるコンポジット/非コンポジット ··································· 48
2.4　Decoratorパターン ·· 51
　　2.4.1　関数デコレータとメソッドデコレータ ·· 52
　　2.4.2　クラスデコレータ ·· 58
2.5　Facadeパターン ·· 65

- 2.6　Flyweightパターン ……………………………………………………… 72
- 2.7　Proxyパターン …………………………………………………………… 75

3章　ふるまいに関するデザインパターン　81

- 3.1　Chain of Responsibilityパターン …………………………………… 81
  - 3.1.1　古典的な鎖 ……………………………………………………… 82
  - 3.1.2　コルーチンベースの鎖 ………………………………………… 84
- 3.2　Commandパターン ……………………………………………………… 88
- 3.3　Interpreterパターン …………………………………………………… 93
  - 3.3.1　eval()を用いた式評価 ………………………………………… 94
  - 3.3.2　exec()を用いたコード評価 …………………………………… 98
  - 3.3.3　サブプロセスを用いたコード評価 …………………………… 101
- 3.4　Iteratorパターン ……………………………………………………… 106
  - 3.4.1　シーケンス型プロトコルのイテレータ ……………………… 106
  - 3.4.2　iter()関数によるイテレータ ………………………………… 107
  - 3.4.3　イテレータプロトコルによるイテレータ …………………… 109
- 3.5　Mediatorパターン ……………………………………………………… 113
  - 3.5.1　古典的なMediator ……………………………………………… 114
  - 3.5.2　コルーチンベースのMediator ………………………………… 118
- 3.6　Mementoパターン ……………………………………………………… 120
- 3.7　Observerパターン ……………………………………………………… 121
- 3.8　Stateパターン …………………………………………………………… 126
  - 3.8.1　状態に適応するメソッド ……………………………………… 129
  - 3.8.2　状態ごとのメソッド …………………………………………… 130
- 3.9　Strategyパターン ……………………………………………………… 132
- 3.10　Template Methodパターン …………………………………………… 135
- 3.11　Visitorパターン ………………………………………………………… 139
- 3.12　ケーススタディ：Imageパッケージ ………………………………… 140
  - 3.12.1　Imageモジュール ……………………………………………… 142
  - 3.12.2　Xpmモジュールの概要 ………………………………………… 153
  - 3.12.3　PNGラッパーモジュール ……………………………………… 155

4章　高レベルな並行処理　159

- 4.1　CPUバウンドな並行処理　163
  - 4.1.1　キューとマルチプロセッシングの使用　166
  - 4.1.2　フューチャーとマルチプロセッシングの使用　172
- 4.2　I/Oバウンドな並行処理　176
  - 4.2.1　キューとマルチスレッドの使用　177
  - 4.2.2　フューチャーとマルチスレッドの使用　183
- 4.3　ケーススタディ：並行処理によるGUIアプリケーション　186
  - 4.3.1　GUIの作成　189
  - 4.3.2　ImageScaleのワーカーモジュール　197
  - 4.3.3　GUI上での進捗表示　200
  - 4.3.4　終了時の処理　202

5章　Pythonの拡張　205

- 5.1　ctypesによるCライブラリへのアクセス　207
- 5.2　Cythonの使用　215
  - 5.2.1　Cythonを使ったCライブラリへのアクセス　216
  - 5.2.2　Cythonモジュールによるさらなる高速化　222
- 5.3　ケーススタディ：Imageパッケージの高速化　228

6章　高レベルなネットワーク処理　233

- 6.1　XML-RPCアプリケーション　234
  - 6.1.1　データラッパー　235
  - 6.1.2　XML-RPCサーバー　239
  - 6.1.3　XML-RPCクライアント　242
- 6.2　RPyCアプリケーション　252
  - 6.2.1　スレッドセーフなデータラッパー　252
  - 6.2.2　RPyCサーバー　259
  - 6.2.3　RPyCクライアント　261

7章　PythonとTkinterによるGUIアプリケーション　267

- 7.1　Tkinter入門　270

7.2　Tkinterによるダイアログの作成 ………………………………………… 273
　　7.2.1　ダイアログスタイルのアプリケーション ………………………… 275
　　7.2.2　アプリケーションのダイアログ …………………………………… 284
7.3　Tkinterによるメインウィンドウアプリケーションの作成 …………… 295
　　7.3.1　メインウィンドウの作成 …………………………………………… 298
　　7.3.2　メニューの作成 ……………………………………………………… 300
　　7.3.3　インジケータ付きステータスバーの作成 ………………………… 304

8章　OpenGLによる3Dグラフィックス …………………… 309

8.1　パースペクティブなシーン ……………………………………………… 311
　　8.1.1　PyOpenGLを用いたシリンダーの作成 …………………………… 311
　　8.1.2　pygletによるシリンダーの作成 …………………………………… 317
8.2　平行投影によるゲーム …………………………………………………… 320
　　8.2.1　ボードのシーン作成 ………………………………………………… 322
　　8.2.2　シーンオブジェクトの選択 ………………………………………… 325
　　8.2.3　ユーザーインタラクション ………………………………………… 328

あとがき ………………………………………………………………………… 331
参考文献 ………………………………………………………………………… 333
サンプルコードについて ……………………………………………………… 337

索引 ……………………………………………………………………………… 341

コラム目次

シーケンスのアンパック／ディクショナリのアンパック …………………… 10
バウンドメソッドとアンバウンドメソッド …………………………………… 70
OS XやWindowsでのPythonの拡張 ………………………………………… 206
Gravitate ………………………………………………………………………… 296

1章
生成に関するデザインパターン

「生成に関するデザインパターン」は、オブジェクトの生成方法に関連したデザインパターンである。通常、オブジェクトを生成するときは、そのオブジェクのコンストラクタを呼ぶのが一般的である（正確に言うと、そのクラスオブジェクトに引数を与えて呼ぶ）。しかし、時には、オブジェクトの生成方法に関してより柔軟性を持たせたいと思うことがある。そのような場合、「生成に関するデザインパターン」が役に立つ。

Pythonプログラマーにとっては、本章で扱うデザインパターンのいくつかは互いにほとんど同類である。また、このあと示すことではあるが、Pythonプログラマーにとっては、まったく必要のないデザインパターンもいくつか含まれる。これは、オリジナルのデザインパターンが主にC++言語を対象として設計されたものであり、C++の制約——Pythonにはそのような制約はない——を念頭に考案されたものであることに起因する。

1.1 Abstract Factoryパターン

Abstract Factoryパターンが用いられるのは、他のオブジェクトから構成された複雑なオブジェクトを生成したいとき、そして、その構成オブジェクトがある特定の"ファミリー"に属する場合である。

たとえば、GUIシステムにおいて、我々はウィジェットを生成するAbstract Factory（抽象的な工場）を持っているとしよう。このAbstract Factoryは、サブクラスとして`MacWidgetFactory`、`XfceWidgetFactory`、`WindowsWidgetFactory`という具象ファクトリーが3つあるとする。そして、その3つのクラスは同じオブジェクトを生成するメソッド（`make_button()`、`make_spinbox()`など）を提供するが、それぞれにプラットフォームに適応したスタイルで実装が行われているとする。そのような状況で

あれば、ファクトリーのインスタンスを引数に取るcreate_dialog()という汎用的な関数を作れる。その関数は、引数として渡すファクトリーの種類に応じて、OS X、Xfce、Windowsのいずれかの見た目のダイアログを生成できる。

1.1.1　古典的なAbstract Factory

　Abstract Factoryパターンを示すために、簡単な図形を生成するプログラムについて検討する。ここでは、ふたつのファクトリーを使う。ひとつはプレーンテキストを生成し、もうひとつはSVG (Scalable Vector Graphics) を生成する。このファクトリーによって出力される結果は図1-1のようになる。このあと我々が見ていく、最初のバージョンのプログラムはdiagram1.pyであり、これは単純な形式でデザインパターンを示したものである。ふたつ目のバージョンはdiagram2.pyであり、これはPython特有の機能をうまく利用し、コードを少し短く、よりきれいに整形したものである。両方のバージョンで出力は同じである[※1]。

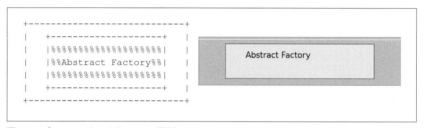

図1-1　プレーンテキストとSVGの図形

　それでは、両方のバージョンで共通するコードであるmain()関数から見ていくことにする。

```
def main():
    ...
    txtDiagram = create_diagram(DiagramFactory())     ❶
    txtDiagram.save(textFilename)
    svgDiagram = create_diagram(SvgDiagramFactory())  ❷
    svgDiagram.save(svgFilename)
```

最初にファイル名をふたつ生成する（ここでは示されていない）。次にプレーンテキ

※1　本書で示すプログラムはすべて、http://www.qtrac.eu/pipbook.htmlからダウンロードできる。

ストのファクトリー（デフォルト）を使って図形を生成し（❶）、その図形を保存する。
続いて、SVGファクトリーを使用して、同じ図形を生成し保存する（❷）。

```
def create_diagram(factory):
    diagram = factory.make_diagram(30, 7)
    rectangle = factory.make_rectangle(4, 1, 22, 5, "yellow")
    text = factory.make_text(7, 3, "Abstract Factory")
    diagram.add(rectangle)
    diagram.add(text)
    return diagram
```

このcreate_diagram()関数は唯一の引数として「図形ファクトリー」を受け取り、それを使って図形を生成する。この関数は、引数のファクトリーが図形ファクトリーのインタフェースを満たしている限り、どのような種類のファクトリーを受け取ったかということを気にする必要がない。make_...()関数については、後ほど簡単に見ていくことにする。

ファクトリーがどのように使われるかを見てきたので、続いてファクトリー自体について見ていくことにする。ここではプレーンテキストの図形ファクトリーを示す（これはファクトリーの基底クラスとしても使われる）。

```
class DiagramFactory:
    def make_diagram(self, width, height):
        return Diagram(width, height)
    def make_rectangle(self, x, y, width, height, fill="white",
            stroke="black"):
        return Rectangle(x, y, width, height, fill, stroke)
    def make_text(self, x, y, text, fontsize=12):
        return Text(x, y, text, fontsize)
```

このパターンの名前に"abstract"という言葉が含まれているが、ひとつのクラスを、インタフェースを提供する基底クラス（つまり、抽象クラス）と具象クラスの両方の機能を担うクラスとして用いるのが普通である。ここでもそれにならい、DiagramFactoryは基底クラスと具象クラスの両方の役を担うようにする。

以下にSVG図形ファクトリーの最初の数行を示す。

```
class SvgDiagramFactory(DiagramFactory):
    def make_diagram(self, width, height):
        return SvgDiagram(width, height)
    ...
```

make_diagram()メソッドでの唯一の違いは、DiagramFactory.make_diagram()メソッドがDiagramオブジェクトを返すのに対して、SvgDiagramFactory.make_diagram()メソッドはSvgDiagramオブジェクトを返す点である。このような違いは、SvgDiagramFactoryの他のメソッドにおいても同じように適用される（ここでは示さない）。

このあとすぐに見ていくように、プレーンテキストのDiagram、Rectangle、Textクラスの実装は、SVG版のSvgDiagram、SvgRectangle、SvgTextクラスの実装とまったく別物である。その一方で、それらは互いに同じインタフェースを提供している（たとえば、DiagramとSvgDiagramは同じメソッドを持つ）。これが意味することは、異なるファミリーのクラスは混合できない、ということである（たとえば、RectangleとSvgTextを組み合わせて使用する、など）。つまり、これがファクトリークラスによって自動的に課される制約になる。

プレーンテキストのDiagramオブジェクトは、文字リストのリストとしてデータを保持する。使用される文字は、スペースや+、|、-などである。プレーンテキストのRectangleとTextも文字リストのリストであり、それらは図形（Diagram）中のある場所に挿入され、その領域がそれぞれの内容に置き換えられる。

```
class Text:
    def __init__(self, x, y, text, fontsize):
        self.x = x
        self.y = y
        self.rows = [list(text)]
```

これがTextクラスのすべてである。プレーンテキストでは、fontsizeは使用しない。

```
class Diagram:
    ...
    def add(self, component):
        for y, row in enumerate(component.rows):
            for x, char in enumerate(row):
                self.diagram[y + component.y][x + component.x] = char
```

上のコードがDiagram.add()メソッドである。このメソッドを呼ぶには、引数にRectangleまたはTextオブジェクトを渡す。その場合、引数として渡されたオブジェクト（component）に対して、その文字リストのリスト（component.rows）に含まれるすべての文字を頭から順に見ていきながら、diagramの対応する文字を置き換えて

いく。ちなみに、Diagram(width,height)が呼ばれたとき、Diagram.__init__()が呼ばれ（ここでは示されていないが）、与えられたwidthとheightからなる「スペース文字リストのリスト」が生成される。

```
SVG_TEXT = """<text x="{x}" y="{y}" text-anchor="left" \
font-family="sans-serif" font-size="{fontsize}">{text}</text>"""
SVG_SCALE = 20
class SvgText:
    def __init__(self, x, y, text, fontsize):
        x *= SVG_SCALE
        y *= SVG_SCALE
        fontsize *= SVG_SCALE // 10
        self.svg = SVG_TEXT.format(**locals())
```

そして、上のコードがSvgTextクラスのすべてである。このクラスで使用する定数がふたつ含まれる[※1]。ところで、**locals()を用いることで、わざわざSVG_TEXT.format(x=x, y=y, text=text, fontsize=fontsize)と書く手間を省ける。さらに、Python 3.2からはSVG_TEXT.format_map(locals())と書くこともでき、これはstr.format_map()メソッドが、ディクショナリからキーワード引数にアンパックしてくれるからである（詳細は、コラム「シーケンスのアンパック／ディクショナリのアンパック」を参照）。

```
class SvgDiagram:
    ...
    def add(self, component):
        self.diagram.append(component.svg)
```

SvgDiagramクラスの場合、各インスタンスはself.diagramに文字列のリストを保持しており、そのリストの各要素がSVGテキストのパーツとなる。そのため、新しいコンポーネント（SvgRectangleまたはSvgTextのオブジェクト）を追加することはとても簡単に行える。

※1　ここで示すSVGの出力はかなり大雑把であるが、デザインパターンを示すには十分である。サードパーティーのSVGモジュールは、Python Package Index（PyPI、https://pypi.python.org/pypi）で用意されている。

1.1.2　パイソニック[※1]なAbstract Factory

　先ほど示した`DiagramFactory`とそのサブクラスである`SvgDiagramFactory`は、それぞれのファクトリーにふさわしいクラス（`Diagram`や`SvgDiagram`など）が用いられており、正しく動作する。そのため、それらは本節のデザインパターンを示すよい例であった。

　しかし、その実装にはいくらか欠点がある。ここではその欠点について以下の3つを指摘したい。まずひとつ目に、ファクトリーのインスタンスについては実際に生成する必要はないこと。ふたつ目に、`DiagramFactory`と`SvgDiagramFactory`のコードはほとんど同じであること ── 唯一の違いは、`Text`の代わりに`SvgText`を返すといった違いである。そして、3つ目として、最上位の名前空間には、すべてのクラス ── `DiagramFactory`、`Diagram`、`Rectangle`、`Text`、そして、それらと同一のSVG系クラス ── が含まれることである。3つ目の欠点について言えば、我々がアクセスする必要のあるクラスは、実際のところ、ふたつのファクトリーだけである。さらに、名前の衝突を避けるために、SVG関連のクラス名には「Svg」という文字を先頭に付けるようにしており（たとえば、`Rectangle`の代わりに`SvgRectangle`）、それはいくぶん面倒な作業である。ところで、名前の衝突を避ける方法のひとつとして、それぞれのクラスを専用のモジュールに入れることが考えられる。しかし、その方法をとったとしても、コードの重複は避けられない問題である。

　本節では、それらの欠点を改善した実装について述べる。対象となるコードは`diagram2.py`である。

　最初に行う変更は、`Diagram`、`Rectangle`、`Text`の3つのクラスを`DiagramFactory`クラスのなかに入れること（ネスト化すること）である。そうすることによって、その3つのクラスにアクセスするためには、`DiagramFactory.Diagram`のように書かなければならない。また、`SvgDiagramFactory`クラスも同様に同一のクラスにネスト化するが、この場合は名前の衝突が生じないため、プレーンテキストの場合と同じ名前のクラスを利用できる（たとえば、`SvgDiagramFactory.Diagram`のようになる）。また、そのクラスが使用する定数もクラス内にネスト化する。以上のように変更することで、上位レベルの名前には、`main()`、`create_diagram()`、`DiagramFactory`、

※1　訳注：パイソニック（Pythonic）とは「ニシキヘビのような」という意味の形容詞であるが、この分野においては「Pythonらしい」という意味で使われる。たとえば、Pythonらしい、きれいで読みやすいコードを指して、「パイソニックなコード」などと表現する。

SvgDiagramFactoryだけが存在することになる。

```
class DiagramFactory:

    @classmethod
    def make_diagram(Class, width, height):
        return Class.Diagram(width, height)

    @classmethod
    def make_rectangle(Class, x, y, width, height, fill="white",
            stroke="black"):
        return Class.Rectangle(x, y, width, height, fill, stroke)

    @classmethod
    def make_text(Class, x, y, text, fontsize=12):
        return Class.Text(x, y, text, fontsize)
    ...
```

上記が新しいDiagramFactoryクラスの出発点である。見てのとおり、新しいmake_...()メソッドはすべてがクラスメソッドに変更されている。通常のメソッドにおいては第1引数にselfが渡されるが、クラスメソッドでは第1引数にそのクラスが渡される。そのため、DiagramFactory.make_text()を呼ぶと、DiagramFactoryがClassとして渡される。そして、DiagramFactory.Textオブジェクトが生成され、それが返されることになる。

この変更によって、DiagramFactoryから継承したサブクラスのSvgDiagramFactoryは、別途make_...()メソッドを実装する必要がなくなる。たとえば、もしSvgDiagramFactory.make_rectangle()を呼ぶとすると、SvgDiagramFactoryはそのメソッドを持っていないため、基底クラスのDiagramFactory.make_rectangle()メソッドが呼ばれることになる。これは結果として、SvgDiagramFactory.Rectangleオブジェクトが生成され返されることになる。

```
def main():
    ...
    txtDiagram = create_diagram(DiagramFactory)
    txtDiagram.save(textFilename)

    svgDiagram = create_diagram(SvgDiagramFactory)
    svgDiagram.save(svgFilename)
```

また、これらの変更によって、ファクトリーのインスタンスを生成する必要がなくなっ

ため、main()関数のなかもさらにシンプルになる。

　残りのコードは以前のバージョンとほとんど変わらない。主な変更箇所は、定数とファクトリーでないクラスを、ファクトリーのなかにネスト化したことである。そのため、それらにアクセスするには、ファクトリーの名前を指定しなければならない。

```
class SvgDiagramFactory(DiagramFactory):
    ...
    class Text:

        def __init__(self, x, y, text, fontsize):
            x *= SvgDiagramFactory.SVG_SCALE
            y *= SvgDiagramFactory.SVG_SCALE
            fontsize *= SvgDiagramFactory.SVG_SCALE // 10
            self.svg = SvgDiagramFactory.SVG_TEXT.format(**locals())
```

　以上がSvgDiagramFactoryにネスト化されているTextクラスである（diagram1.pyのSvgTextクラスと同じ）。ここではネスト化されている定数へのアクセス方法が示されている。

1.2　Builderパターン

　BuilderパターンはAbstract Factoryパターンに似ている。その両方のパターンは、他のオブジェクトから構成される複雑なオブジェクトを生成するのに用いられる。さらにBuilderパターンにおいては、複雑なオブジェクトを生成するメソッドを提供するだけでなく、その複雑なオブジェクト全体の内容も保持する。

　このパターンは、Abstract Factoryパターンと同じ種類の「構成物」を持つ（つまり、複雑なオブジェクトはひとつ以上のオブジェクトから構成される）。しかし、Builderパターンが適しているケースは、その複雑なオブジェクトの内容（情報）を、構成アルゴリズムとは切り離して、保持する必要がある場合である。

　ここでは、Builderパターンの例を示すために、フォーム——HTMLを使ったウェブフォーム、またはPythonとTkinterを用いたGUIフォーム——を作成するプログラムを用いる。両方のフォームにそれぞれの要素がデザインされており、テキストを入力することはできるが、ボタンは機能しない[※1]。フォームは図1-2に示すとおりである。ソー

[※1]　本書のすべての例は、現実的な場面を想定しているが、学習のためにできるだけシンプルに設計している。結果として、今回の例のように、基本的な機能しか持たないような場合がある。

スコードはformbuilder.pyである。

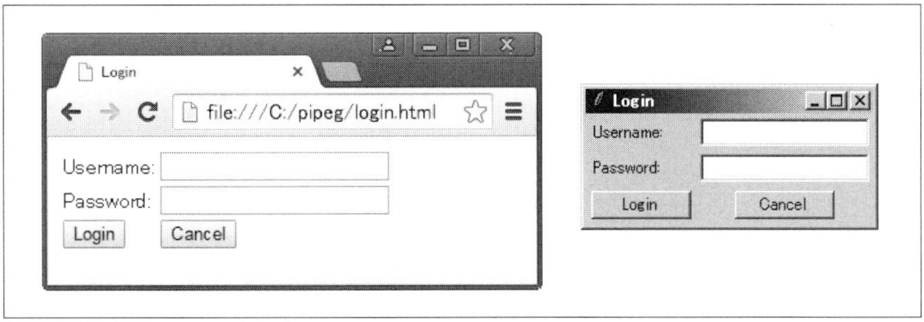

図1-2　WindowsでのHTMLフォームとTkinterフォーム

それでは、それぞれのフォームを作るために必要なコードを見ていくことにしよう。まずは最上位の呼び出しから見ていく。

```python
htmlForm = create_login_form(HtmlFormBuilder())
with open(htmlFilename, "w", encoding="utf-8") as file:
    file.write(htmlForm)

tkForm = create_login_form(TkFormBuilder())
with open(tkFilename, "w", encoding="utf-8") as file:
    file.write(tkForm)
```

ここでは、フォームをふたつ生成し、そのフォームの内容を適切なファイルへとそれぞれ書き出している。両方のケースで、同一のフォーム生成関数であるcreate_login_form()（下記）を使用しているが、引数には異なるビルダーオブジェクトが渡される。

```python
def create_login_form(builder):
    builder.add_title("Login")
    builder.add_label("Username", 0, 0, target="username")
    builder.add_entry("username", 0, 1)
    builder.add_label("Password", 1, 0, target="password")
    builder.add_entry("password", 1, 1, kind="password")
    builder.add_button("Login", 2, 0)
    builder.add_button("Cancel", 2, 1)
    return builder.form()
```

どのようなHTMLフォームやTkinterフォームであれ――また（適切なビルダーがあれば）他の種類のフォームであったとしても――、この関数は任意のフォームを生成で

きる。`builder.add_title()`メソッドは、フォームにタイトルを付けるために用いる。他のメソッドは、指定された行と列の場所にウィジェットを追加するために用いる。

`HtmlFormBuilder`と`TkFormBuilder`は両方とも、抽象基底クラスである`AbstractFormBuilder`を継承する。

```python
class AbstractFormBuilder(metaclass=abc.ABCMeta):

    @abc.abstractmethod
    def add_title(self, title):
        self.title = title

    @abc.abstractmethod
    def form(self):
        pass

    @abc.abstractmethod
    def add_label(self, text, row, column, **kwargs):
        pass
    ...
```

このクラスを継承するクラスはどのようなものであれ、抽象メソッドをすべて実装しなければならない。`add_entry()`と`add_button()`は、`add_label()`メソッドと名前以外は同じであるため、ここでは省略している。ちなみに、`AbstractFormBuilder`はメタクラスである`abc.ABCMeta`を持ち、それによって`abc`モジュールの`@abstractmethod`デコレータが使えるようなる（詳細については「2.4 Decoratorパターン」参照）。

シーケンスのアンパック／ディクショナリのアンパック

アンパックとは、シーケンスまたはディクショナリのなかに含まれる要素を個別にすべて取り出すことを意味する。シーケンスのアンパックに関する単純なユースケースとしては、最初の要素ひとつ（または最初の要素を数個）とその残りを取り出す場合が挙げられる。たとえば、次のようなケースである。

```python
first, second, *rest = sequence
```

ここでは、`sequence`には少なくとも3つの要素が含まれていると想定する。

firstはsequence[0]、secondはsequence[1]、そして、restはsequence[2:]となる。

おそらく、アンパックを使用するケースで一番多いのは、関数呼び出しに関連したケースである。特定の個数からなる位置指定引数、または特定のキーワード引数[1]を想定した関数があるとすると、関数呼び出し時にアンパックを用いて引数にデータを渡せる。たとえば、次のようになる。

```
args = (600, 900)
kwargs = dict(copies=2, collate=False)
print_setup(*args, **kwargs)
```

print_setup()関数はふたつの位置指定引数（widthとheight）と、オプションとしてふたつのキーワード引数（copiesとcollate）を要求する。ここでは値を直接渡すのではなく、argsというタプルとkwargsというディクショナリを作り、シーケンスのアンパック（*args）とディクショナリのアンパック（**kwargs）を用いて引数に値を渡している。結果として、print_setup(600, 900, copies=2, collate=False)と書いた場合とまったく同じように動作する。

関数呼び出しに関連した別の使い方としては、任意の個数の位置指定引数とキーワード引数、または両者の組み合わせを受け取れる関数を定義する場合に用いる。具体例として挙げるとすれば、次のようになる。

```
def print_args(*args, **kwargs):
    print(args.__class__.__name__, args,
          kwargs.__class__.__name__, kwargs)

print_args() # tuple () dict {} を出力
print_args(1, 2, 3, a="A") # tuple (1, 2, 3) dict {'a': 'A'} を出力
```

print_args()関数は任意の個数の位置指定引数またはキーワード引数を受け取る。その関数のなかでは、argsの型はタプルであり、kwargsの型はディクショナリである。また、print_args()関数のなかで、別の関数にそれらの引値

---

[1] 訳注：位置指定引数とは、f(1,2)のように呼び出し側で名前を指定せず、引数の位置に引数の値を対応付けるものである。キーワード引数とはf(a=1,b=2)のように、引数名に引数の値を対応付けるものである（詳しくはhttp://docs.python.jp/2/glossary.htmlの「argument」を参照）。

を渡したいのであれば、function(*args, **kwargs)のようにアンパックを利用できる。ディクショナリのアンパックについてほかによく使われる例としては、str.format()メソッドを呼び出すときが挙げられる。たとえば、引数として*key=value*をすべて手で書くのではなく、*s*.format(**locals())のように書ける（例：SvgText.__init__()。1.1.1節参照）。

メタクラスであるabc.ABCMetaをクラスに与えることで、そのクラスはインスタンス化できなくなる。そのため、そのクラスは抽象基底クラスとして使用しなければならない。この手法は、C++やJavaなどで書かれたコードをPythonへ移植するときには役に立つが、実行時にわずかなオーバーヘッドが発生する。また、実際のところ、多くのPythonプログラマーは、そのような方法よりも別の簡単な方法をとることが多い。その方法とは、メタクラスを使わずに、単にドキュメントで指示を与えることで済ます（「そのクラスは抽象基底クラスとして使用すること」といった指示を与える）。

```python
class HtmlFormBuilder(AbstractFormBuilder):

    def __init__(self):
        self.title = "HtmlFormBuilder"
        self.items = {}

    def add_title(self, title):
        super().add_title(escape(title))

    def add_label(self, text, row, column, **kwargs):
        self.items[(row, column)] = ('<td><label for="{}">{}:</label></td>'
                .format(kwargs["target"], escape(text)))

    def add_entry(self, variable, row, column, **kwargs):
        html = """<td><input name="{}" type="{}" /></td>""".format(
                variable, kwargs.get("kind", "text"))
        self.items[(row, column)] = html
    ...
```

上のコードがHtmlFormBuilderクラスのスタート地点である。ここでは、タイトルを設定しない場合に備え、デフォルトのタイトルを与えることにする。フォームのすべてのウィジェットはitemsというディクショナリに格納される。このitemsは、rowとcolumnのタプルをキーとして用い、その値にはウィジェットのHTMLが格納される。

add_title()は抽象メソッドであるから、それを再度実装しなければならない。しかし、そのメソッドは、抽象クラスにおいても実装されているので、具象クラスの実装のなかから抽象クラスでの実装を呼ぶことも可能である。その場合、html.escape()関数（または、Python 3.2よりも前のバージョンでは、xml.sax.saxutil.escape()関数）を用いて、そのタイトルを前処理しなければならない。

add_button()メソッド（ここでは示されていない）は、他のadd_...()メソッドと同じ構造をしている。

```
def form(self):
    html = ["<!doctype html>\n<html><head><title>{}</title></head>"
            "<body>".format(self.title), '<form><table border="0">']
    thisRow = None
    for key, value in sorted(self.items.items()):
        row, column = key
        if thisRow is None:
            html.append("  <tr>")
        elif thisRow != row:
            html.append("  </tr>\n  <tr>")
        thisRow = row
        html.append("    " + value)
    html.append("  </tr>\n</table></form></body></html>")
    return "\n".join(html)
```

上のHtmlFormBuilder.form()メソッドはHTMLページを作る。そのHTMLは<form>から構成され、その<form>のなかには<table>が、その<table>のなかには行と列の指定されたウィジェットが含まれる。htmlリストにすべての要素が追加されたら、そのリストはひとつの文字列として返される（可読性を高めるために改行を追加している）。

```
class TkFormBuilder(AbstractFormBuilder):

    def __init__(self):
        self.title = "TkFormBuilder"
        self.statements = []

    def add_title(self, title):
        super().add_title(title)

    def add_label(self, text, row, column, **kwargs):
        name = self._canonicalize(text)
        create = """self.{}Label = ttk.Label(self, text="{}:")""".format(
```

```
                name, text)
        layout = """self.{}Label.grid(row={}, column={}, sticky=tk.W, \
padx="0.75m", pady="0.75m")""".format(name, row, column)
        self.statements.extend((create, layout))

    ...
    def form(self):
        return TkFormBuilder.TEMPLATE.format(title=self.title,
                name=self._canonicalize(self.title, False),
                statements="\n        ".join(self.statements))
```

上記はTkFormBuilderクラスから抜粋したコードである。フォームのウィジェットは、ステートメントのリストとして(つまり、Pythonコードの文字列として)格納される。ここでは、ひとつのウィジェットあたり、ふたつのステートメントを持つ。

add_label()メソッドの構造は、add_entry()とadd_button()メソッドでも使われる(ここでは両方とも省略している)。これらのメソッドは、ウィジェットの正規化(canonicalize)した名称を取得し、そのあとでふたつの文字列——createとlayout——を作成する。createはウィジェットを作成するためのコードであり、layoutはフォームのウィジェットを適切に並べるためのコードである。そして最後に、そのふたつのステートメントを、ステートメントのリストに追加する。

TkFormBuilderのform()メソッドはとても単純である。やることと言えば、単に、タイトルとステートメントをパラメータとして受け取るTEMPLATE文字列(下記)を返すだけである。

```
        TEMPLATE = """#!/usr/bin/env python3
import tkinter as tk
import tkinter.ttk as ttk

class {name}Form(tk.Toplevel):  ❶

    def __init__(self, master):
        super().__init__(master)
        self.withdraw()         # 表示開始まで隠す
        self.title("{title}")  ❷
        {statements}  ❸
        self.bind("<Escape>", lambda *args: self.destroy())
        self.deiconify()        # ウィジェットの作成とレイアウトが完了したときに表示する
        if self.winfo_viewable():
            self.transient(master)
        self.wait_visibility()
```

```
            self.grab_set()
            self.wait_window(self)

if __name__ == "__main__":
    application = tk.Tk()
    window = {name}Form(application)  ❹
    application.protocol("WM_DELETE_WINDOW", application.quit)
    application.mainloop()
"""
```

フォームのクラスには、そのタイトルに従って、ユニークな名前が与えられる（たとえば、❶、❹はLoginFormのようになる）。まずウィンドウのタイトルが設定され（たとえば、❷はLoginのようになる）、続いて、フォームのウィジェットを生成し配置するために、すべてのステートメントが続く（❸）。

このテンプレートによって生成されたPythonコードは、スタンドアローンとして実行される。これはif __name__ ...ブロックのおかげである。

```
        def _canonicalize(self, text, startLower=True):
            text = re.sub(r"\W+", "", text)
            if text[0].isdigit():
                return "_" + text
            return text if not startLower else text[0].lower() + text[1:]
```

上のコードでは、万全を期すために、_canonicalize() メソッドが定義されている。ところで、この関数が呼ばれるたびに、新しい正規表現が毎回生成されているように見えるかもしれない。しかし実際には、Pythonはコンパイルされた正規表現をかなり大きな内部キャッシュに保持している。そのため、2回目以降にその関数を呼び出した場合、その正規表現を再度コンパイルせずに、キャッシュから使用する[1]。

---

[1] 本書では、正規表現並びにPythonのreモジュールの基礎的な知識を前提としている。それらについて学びたいと思う読者は、拙著『Programming in Python 3』(邦題『Python 3 プログラミング徹底入門』ピアソン桐原) の「Chapter 13. Regular Expressions」を読むとよいだろう。また、無料のPDFファイルがhttp://www.qtrac.eu/py3book.htmlからダウンロードできる。

1.3 Factory Methodパターン

Factory Methodパターンが用いられるのは、あるオブジェクトが要求されたときに、どのクラスをインスタンス化すべきかをサブクラスに選ばせたい場合である。さらに、前もってインスタンス化すべきクラスがわからない場合においても有効に利用できる（たとえば、使用するクラスがファイルやユーザー入力に依存して決まる場合など）。

本節では、ゲームボード（たとえば、チェッカー[※1]の駒やチェス盤など）を作成するためのプログラムを見ていくことにする。プログラムの出力は図1-3のようになる。扱うソースコードは全部で4つあり、ファイル名はそれぞれgameboard1.py〜gameboard4.pyに対応する[※2]。

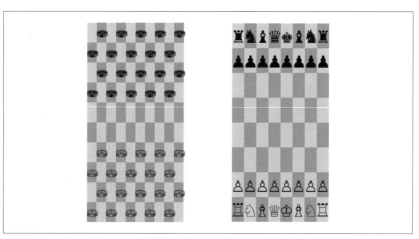

図1-3　チェッカー盤（左）とチェス盤（右）

[※1] 訳注：チェッカーはゲームのひとつ。8行8列の市松模様の盤の上に、赤黒各12個の丸い駒を相対して並べ、斜め前にひとつずつ進み、相手の駒を飛び越して取り合うもの（『スーパー大辞林』参照）。

[※2] 残念ながら、コードページ65001を使ったとしても、WindowsのUTF-8の対応はいくらか劣っており、多くの文字が用意されていない。そのため、Windowsの場合、プログラムは一時ファイルに結果を書き出し、そのプログラムが使用したファイル名を出力する。また、標準のWindows等幅フォントには、チェッカーやチェスの駒のフォントを備えていないようである（可変幅フォントには、多くのチェス駒のフォントはあるが）。ちなみに、無料でオープンソースのDejaVuフォントには、それらすべてが含まれている (http://dejavu-fonts.org/)。

はじめにボードの抽象クラスが必要である。この抽象クラスをサブクラス化して、ゲーム専用のボードを生成する。ボードのサブクラスは、駒の初期配置がそれぞれに異なる。そして、ボードクラスに、そのボードで使用する専用の駒クラスが属するようにする（駒クラスとは、たとえば、BlackDraught、WhiteDraught、BlackChessBishop、WhiteChessKnightなど）。ところで、駒の名前としては、たとえばWhiteCheckerではなくWhiteDraughtのようなクラス名を用いる。これは、Unicodeの名前と一致させるためである。

ここでは、インスタンス化とボードの出力を行う最上位のコードから見ていく。続いて、ボードクラスといくつかの駒クラスを見ていく（最初はハードコードされたクラスから）。そして、ハードコードされたクラスを避け、より少ないコードで記述できるようにするため、ほかのバリエーションについて検討する。

```
def main():
    checkers = CheckersBoard()
    print(checkers)

    chess = ChessBoard()
    print(chess)
```

このmain()関数はすべてのバージョンのプログラムで同じである。見てのとおり、それぞれの種類のボードを作成し、コンソールに出力しているだけである。ここでは、ボードの内部表現を文字列に変換するために、AbstractBoardの__str__()メソッドが使われる。

```
BLACK, WHITE = ("BLACK", "WHITE")

class AbstractBoard:

    def __init__(self, rows, columns):
        self.board = [[None for _ in range(columns)] for _ in range(rows)]
        self.populate_board()

    def populate_board(self):
        raise NotImplementedError()

    def __str__(self):
        squares = []
        for y, row in enumerate(self.board):
            for x, piece in enumerate(row):
                square = console(piece, BLACK if (y + x) % 2 else WHITE)
```

```
            squares.append(square)
        squares.append("\n")
    return "".join(squares)
```

　上のコードでBLACKとWHITEという定数は、各正方形の背景色を表すために用いている。あとで示すバージョンにおいては、それらは各駒の色を示すためにも使用する。このAbstractBoardクラスはgameboard1.pyから抜粋したものであるが、すべてのバージョンで同じである。

　定数を指定するためのより標準的な方法は、「BLACK, WHITE = range(2)」のように書くことだろう。しかし、文字列を使用したほうが、エラーメッセージを表示するときに便利である。そして、Pythonの賢い機能——インターン文字列と同一性チェック——のおかげで、文字列を使用しても数値を用いたときと同じ程度に高速である。

　ボードは単一文字の横列（row）のリストによって表現され、何も駒がない四角形領域はNoneで表される。また、console()関数（ここでは示されていないが、ソースコードには含まれている）は文字列を返す。この文字列は、「ある背景色の上に、ある駒が位置する」ということが表現されている（Unix系システムでは、背景に色を付けるため、この文字列にエスケープコードが含まれる）。

　AbstractBoardクラスにメタクラスであるabc.ABCMetaを与えることによって、それを形式的に抽象化することはもちろん可能である（1.2節のAbstractFormBuilderクラスで行ったように）。しかし、ここでは別のアプローチを採用することにした。そのアプローチとは、サブクラスとして再実装してほしいメソッドについては、例外であるNotImplementedErrorを発生させるようにするという単純なものである。

```
class CheckersBoard(AbstractBoard):

    def __init__(self):
        super().__init__(10, 10)

    def populate_board(self):
        for x in range(0, 9, 2):
            for row in range(4):
                column = x + ((row + 1) % 2)
                self.board[row][column] = BlackDraught()
                self.board[row + 6][column] = WhiteDraught()
```

　このサブクラスCheckersBoardは、10×10のチェッカーボードを生成する。ここで、このクラスのpopulate_board()メソッドはファクトリーメソッドではない。なぜな

ら、それはハードコードされたクラスを使用しているからである。ファクトリーメソッドへの段階的な拡張を示すために、意図的にハードコードを行っている。

```python
class ChessBoard(AbstractBoard):

    def __init__(self):
        super().__init__(8, 8)

    def populate_board(self):
        self.board[0][0] = BlackChessRook()
        self.board[0][1] = BlackChessKnight()
        ...
        self.board[7][7] = WhiteChessRook()
        for column in range(8):
            self.board[1][column] = BlackChessPawn()
            self.board[6][column] = WhiteChessPawn()
```

上のコードでは、ChessBoardのpopulate_board()メソッドは(CheckersBoardと同様に)、ファクトリーメソッドではない。しかし、チェスボードがどのように駒で満たされるか、ということは示されている。

```python
class Piece(str):

    __slots__ = ()
```

このPieceクラスは駒用の基底クラスとして用いられる。ここでは単にstrを使うこともできた。しかし、そうしてしまうと、そのオブジェクトが駒オブジェクトかどうかを判定できない(たとえば、isinstance(x, Piece)を用いた判定ができない)。そのため、上記のように駒用の基底クラスを用いる。また、__slots__ = ()を用いることで、インスタンスがデータを持たないことを保証する。この__slots__については後ほど説明する(2.6節参照)。

```python
class BlackDraught(Piece):

    __slots__ = ()

    def __new__(Class):
        return super().__new__(Class, "\N{black draughts man}")

class WhiteChessKing(Piece):

    __slots__ = ()
```

```
    def __new__(Class):
        return super().__new__(Class, "\N{white chess king}")
```

すべての駒クラスは、上のふたつのクラスと同じパターンで実装されている。これらのクラスはimmutable[※1]なPieceのサブクラスであり（Pieceはstrのサブクラス）、Unicode文字の1文字で初期化され、その文字が対応する駒を表現している。この小さなサブクラスは全部で14個あり、それぞれはクラス名と文字列だけが異なる。明らかに、このような重複は取り除いたほうがよい。

```
    def populate_board(self):
        for x in range(0, 9, 2):
            for y in range(4):
                column = x + ((y + 1) % 2)
                for row, color in ((y, "black"), (y + 6, "white")):
                    self.board[row][column] = create_piece("draught",
                        color)
```

上のコードは新しいバージョンのCheckersBoard.populate_board()メソッドである（gameboard2.pyから抜粋した）。このメソッドはハードコードされたクラスではなく、create_piece()という新しいファクトリー関数を使用している。そのため、このメソッドは「ファクトリーメソッド」と呼ぶことができる。create_piece()関数は、その引数に応じて適切な種類のオブジェクトを返す（たとえば、BlackDraughtやWhiteDraughtなど）。このバージョンのプログラムは、先のバージョンと同じようなCheckersBoard.populate_board()メソッドを持ち、色と駒の名前そしてcreate_piece関数も共通である。

```
    def create_piece(kind, color):
        if kind == "draught":
            return eval("{}{}()".format(color.title(), kind.title()))
        return eval("{}Chess{}()".format(color.title(), kind.title()))
```

このファクトリー関数create_piece()では、クラスインスタンスを生成するためにビルトインのeval()関数が用いられる。たとえば、引数がknightとblackであった場合、eval()関数が適用される文字列はBlackChessKnight()になる。これは期待どおり正常に動作するが、どのようなコードでも評価され実行されるという点におい

※1　訳注：immutableとは、生成後に値を変更できないオブジェクトを言う。

て、危険性をはらんでいると言える——この解決策としては、ビルトインのtype()関数を用いる方法がある(その方法については、このあと紹介する)。

```
for code in itertools.chain((0x26C0, 0x26C2), range(0x2654, 0x2660)):
    char = chr(code)
    name = unicodedata.name(char).title().replace(" ", "")
    if name.endswith("sMan"):
        name = name[:-4]
    exec("""\
class {}(Piece):

    __slots__ = ()

    def __new__(Class):
        return super().__new__(Class, "{}")""".format(name, char))
```

上のコードでは、同じようなクラスコードを14個書く代わりに、ひとつのコードブロックから、必要なすべてのクラスを生成する。

`itertools.chain()`はひとつ以上のイテラブル(iterable:要素を反復して取り出すことのできるオブジェクト)を受け取り、ひとつのイテラブルを返す。返されるイテラブルは、引数として最初に渡したイテラブル、次に2番目のイテラブル、…という順番で処理される。ここでは、ふたつのイテラブルを与えている。ひとつ目に、チェッカーの黒と白の駒を表すふたつのUnicodeをタプルとして与えている。ふたつ目に、チェスの黒と白の駒をrangeオブジェクト(実際は、ジェネレータ)として与えている。

それぞれのUnicodeから1つの文字(たとえば、"♞")を生成し、その文字のUnicode名を元にクラス名を生成する(たとえば、"♞"のUnicode名は「black chess knight」であり、「BlackChessKnight」というクラス名になる)。文字とクラス名を取得したら、`exec()`を用いて必要なクラスを作成する。ここで示したコードはわずか10行程度である。一方、すべてのクラスを個別に生成する場合は100行程度必要であった。

残念ながら、`exec()`は`eval()`以上に危険性があるため、別のよりよい方法を探さなければならない。

```
DRAUGHT, PAWN, ROOK, KNIGHT, BISHOP, KING, QUEEN = ("DRAUGHT", "PAWN",
        "ROOK", "KNIGHT", "BISHOP", "KING", "QUEEN")

class CheckersBoard(AbstractBoard):
    ...
```

```
def populate_board(self):
    for x in range(0, 9, 2):
        for y in range(4):
            column = x + ((y + 1) % 2)
            for row, color in ((y, BLACK), (y + 6, WHITE)):
                self.board[row][column] = self.create_piece(DRAUGHT,
                    color)
```

上の`CheckersBoard.populate_board()`メソッドは、`gameboard3.py`から抜粋したコードである。今回のバージョンは、定数を用いて駒と色の名前を指定している。前のバージョンでは、駒と色の名前は直接文字列で指定したが、それではタイプミスを起こす可能性があった。

`gameboard4.py`では、`CheckersBoard.populate_board()`の実装はまた別の方法で行われている（ここでは示さない）。このバージョンでは、リスト内包表記（List Comprehension）と`itertools`関数を使用している。

```
class AbstractBoard:

    __classForPiece = {(DRAUGHT, BLACK): BlackDraught,
        (PAWN, BLACK): BlackChessPawn,
        ...
        (QUEEN, WHITE): WhiteChessQueen}
    ...
    def create_piece(self, kind, color):
        return AbstractBoard.__classForPiece[kind, color]()
```

上のバージョンの`create_piece()`ファクトリー（これも`gameboard3.py`からの抜粋）は、`CheckersBoard`と`ChessBoard`クラスが継承する`AbstractBoard`のメソッドである。そのメソッドはふたつの定数を受け取り、スタティックな（つまり、クラスレベルの）ディクショナリからデータを探す。このディクショナリのキーは、（駒の種類、色）のふたつの要素からなるタプルであり、その値はクラスオブジェクトである。見つけられた値――つまりクラス――は、()つまり呼び出し演算子を使って、ただちにインスタンス化される。

ディクショナリのなかにあるクラスは、`gameboard1.py`のようにそれぞれが個別にコードとして書かれるケースや、`gameboard2.py`のように動的に生成される（しかし、危険性をはらんでいる）場合が考えられる。`gameboard3.py`では、`eval()`や`exec()`を使うことなく、それらのクラスを動的かつ安全に生成する。

1.3 Factory Method パターン

```
    for code in itertools.chain((0x26C0, 0x26C2), range(0x2654, 0x2660)):
        char = chr(code)
        name = unicodedata.name(char).title().replace(" ", "")
        if name.endswith("sMan"):
            name = name[:-4]
        new = make_new_method(char)
        Class = type(name, (Piece,), dict(__slots__=(), __new__=new))
        setattr(sys.modules[__name__], name, Class) # よりよい方法！
```

上のコードも、以前に紹介したBlackDraughtなど14個のサブクラスを生成するコードと全体の構成は同じである。今回は、eval()やexec()を使う代わりに、より安全なアプローチをとっている。

文字と名前を手にしたら、make_new_method()というカスタム関数を呼び出すことによって、new()と呼ばれる新しい関数を作る。そして、ビルトインのtype()関数を用いて新しいクラスを生成する。このような方法でクラスを生成するためには、「型の名前」「基底クラスのタプル（この場合、Pieceひとつだけ）」「クラス属性のディクショナリ」の3つの要素を渡さなければならない。ここでは、__slots__属性を空のタプルに設定し、__new__メソッド属性を先ほど生成したnew()関数に設定している。

最後に、ビルトインのsetattr()関数を用いて、新しく生成されたクラス（Class）をnameと呼ばれる属性（たとえば、"WhiteChessPawn"など）として現在のモジュール（sys.modules[__name__]）に追加している。gameboard4.pyでは、上で示したコードの最後の行は、次のように書き換えてある。

```
    globals()[name] = Class
```

ここでは、グローバルなディクショナリへの参照を取得し、それに新しいアイテムを追加している。新しいアイテムのキーはnameで保持された名前であり、値は新たに生成されたClassである。これは、gameboard3.pyのsetattr()の行とまったく同じことを行っている。

```
    def make_new_method(char): # 新しいメソッドを毎回作るために必要
        def new(Class): # super()またはsuper(Piece, Class)は使えない
            return Piece.__new__(Class, char)
        return new
```

このmake_new_method()関数は、new()関数（これがクラスの__new__()メソッドになる）を作るために用いられる。new()関数が生成される時点で、super()関数のためのクラスコンテキストが存在しないため、super()呼び出しは利用できない。

ここでは、Pieceクラスは__new__()メソッドを持たないため、実際には基底クラスであるstrで定義されている__new__()メソッドが呼ばれることに注意されたい。

ちなみに、先ほど示したコードブロックの「new = make_new_method(char)」の行と、たった今示したmake_new_method()関数は、make_new_method()関数を呼び出す場所のコードを下記に示すように置き換えれば、両方とも削除できる。

```
new = (lambda char: lambda Class: Piece.__new__(Class, char))(char)
new.__name__ = "__new__"
```

ここでは、関数を生成する関数を作っている。new()関数を返すために、その外側の関数をcharをパラメータとして呼び出す(gameboard4.pyではこのコードが用いられている)。

lambda関数はすべて"lambda"という名前であるため、それではデバッグ時に役に立たない。そのため、関数が生成された段階で明示的に名前を与えている。

```
def populate_board(self):
    for row, color in ((0, BLACK), (7, WHITE)):
        for columns, kind in (((0, 7), ROOK), ((1, 6), KNIGHT),
                ((2, 5), BISHOP), ((3,), QUEEN), ((4,), KING)):
            for column in columns:
                self.board[row][column] = self.create_piece(kind,
                        color)
    for column in range(8):
        for row, color in ((1, BLACK), (6, WHITE)):
            self.board[row][column] = self.create_piece(PAWN, color)
```

ここでは完全を期すため、gameboard3.py(とgameboard4.py)からChessBoard.populate_board()メソッドを抜粋して上に示す。このメソッドは定数である色と駒に依存している。そのような定数は、ハードコーディングする以外にも、ファイルやメニューオプションなどから指定することも可能である。

```
def create_piece(kind, color):
    color = "White" if color == WHITE else "Black"
    name = {DRAUGHT: "Draught", PAWN: "ChessPawn", ROOK: "ChessRook",
            KNIGHT: "ChessKnight", BISHOP: "ChessBishop",
            KING: "ChessKing", QUEEN: "ChessQueen"}[kind]
    return globals()[color + name]()
```

上のコードはgameboard4.py版のファクトリー関数create_piece()である。gameboard3.pyと同じ定数を用いているが、クラスオブジェクトのディクショナリを

保持せずに、ビルトインのglobals()関数から返されるディクショナリのなかで動的に対象のクラスを見つける。見つかったクラスオブジェクトは即座に呼ばれ、駒のインスタンスが返される。

1.4 Prototypeパターン

　Prototypeパターンは、新しいオブジェクトをクローン（複製）により生成する。

　すでに見てきたように（特に前節で）、新しいオブジェクトを生成する方法をPythonでは数多くサポートしている。たとえ生成するオブジェクトの種類が実行時にしかわからない場合であっても、また、そのオブジェクトの種類の名前だけしかわからない場合であっても、Pythonではそれらを生成する方法が存在する。

```
class Point:

    __slots__ = ("x", "y")

    def __init__(self, x, y):
        self.x = x
        self.y = y
```

　ここでは、この古典的なPointクラスが定義されているとする。本節では新しいPointインスタンスを生成するための方法を7つ示す。

```
def make_object(Class, *args, **kwargs):
    return Class(*args, **kwargs)

point1 = Point(1, 2)
point2 = eval("{}({}, {})".format("Point", 2, 4))  # 危険性あり
point3 = getattr(sys.modules[__name__], "Point")(3, 6)
point4 = globals()["Point"](4, 8)
point5 = make_object(Point, 5, 10)
point6 = copy.deepcopy(point5)
point6.x = 6
point6.y = 12
point7 = point1.__class__(7, 14)  # point1からpoint6のどれでも適用可能
```

point1は、Pointクラスオブジェクトをコストラクタ[※1]として用いることによって、慣例的な方法で（そして静的に）生成される。他のポイントはすべて動的に生成され、point2、point3、point4はクラス名がパラメータとして指定される。point3（とpoint4）の例を見れば、point2のように危険性のあるeval()を使ってインスタンスを生成する必要がないことは明らかである。point4の生成はpoint3のそれと完全に同じであるが、Pythonのビルトインであるglobals()関数を用いたよりよい構文を用いている。point5は汎用的なmake_object()関数を使用して生成が行われる。make_object()関数はクラスオブジェクトと関連する引数を受け取る。point6は、古典的なPrototypeによるアプローチを用いて生成が行われている——最初に現存するオブジェクトをクローンし、それから、その設定または初期化を行う。point7はpoint1のクラスオブジェクトと新しい引数を用いて生成される。

point6が示すとおり、Pythonのビルトイン関数copy.deepcopy()を用いることでPrototypeパターンを実現できる。しかし、現存するオブジェクトを複製して修正するよりもさらによい方法がある。point7を見てわかるとおり、Pythonはどのようなオブジェクトでもクラスオブジェクトにアクセスできるため、新しいオブジェクトを直接生成できる。このほうがクローンを行うよりも効率がよい。

1.5 Singletonパターン

インスタンスがひとつだけ必要であり、そのインスタンスにプログラム全体からアクセスしたい場合、Singletonパターンが使われる。

あるオブジェクト指向言語では、シングルトンを生成するために驚くほどトリッキーなコードを書く必要があるが、Pythonはそうではない。「Python Cookbook」（http://code.activestate.com/recipes/langs/python/）では、使い勝手のよいSingletonクラスが提供されている。どのようなクラスであっても、Signletonクラスを継承してシングルトンにできる。また、Borgクラスを用いて、いくらか異なる方法でシングルトンを実現することもできる。

しかし、Pythonでシングルトンの機能を達成するには、非常に簡単な方法が別にあ

[※1] 厳密に言うと、__init__()メソッドがイニシャライザであり、__new__()メソッドがコンストラクタである。しかし、ほとんどの場合において、我々は__init__()を使い、__new__()を使うことはめったにない。そのため、本書ではその両方を指して「コンストラクタ」と呼ぶことにする。

る。それは、グローバルな状態を持つモジュールを作成し、そのモジュールにプライベートな変数を保持させ、変数へのアクセスはパブリックな関数で行わせる、というものである。ここではその方法を示すため、7.2.1節のcurrencyの例で使用するコードを示す。ここでは、通貨交換率のディクショナリ（キーに「通貨名称」、値に「交換レート」）を返す関数が必要である。我々はその関数を数回呼びたいのだが、レートをサーバーからダウンロードする必要があるのは最初の1回だけである。このような場合、次のようにSingletonパターンを用いる。

```
_URL = "http://www.bankofcanada.ca/stats/assets/csv/fx-seven-day.csv"

def get(refresh=False):
    if refresh:
        get.rates = {}
    if get.rates:
        return get.rates
    with urllib.request.urlopen(_URL) as file:
        for line in file:
            line = line.rstrip().decode("utf-8")
            if not line or line.startswith(("#", "Date")):
                continue
            name, currency, *rest = re.split(r"\s*,\s*", line)
            key = "{} ({})".format(name, currency)
            try:
                get.rates[key] = float(rest[-1])
            except ValueError as err:
                print("error {}: {}".format(err, line))
    return get.rates
get.rates = {}
```

これはcurrency/Rates.pyモジュールのコードである（通常どおり、重要な箇所だけ抜粋している）。ここでは、ratesディクショナリを生成し、Rates.get()関数の属性に設定している——これはプライベートな値である。パブリックなget()関数が初めて呼ばれた場合（もしくは、refresh=Trueの場合）、新たにレートをダウンロードする。それ以外は、直近にダウンロードしたレートを返すだけである。ここではクラスは必要なく、それでいてシングルトンのデータ値であるレートを手にでき、容易に他のシングルトン値を追加することもできる。

* * * * * * * * * * * * * * *

「生成に関するデザインパターン」は、Pythonで実装するとどれもがわかりやすい。Singletonパターンは、モジュールを用いることで直接実装できた。また、Pythonはクラスオブジェクトへの動的アクセスを許可しているから、Prototypeパターンは不要であることがわかった（copyモジュールを用いてこのパターンを実現することは可能であるが）。そして、Pythonでもっとも役に立つ「生成に関するデザインパターン」は、FactoryとBuilderパターンである。これらはいくつかの方法で実装できる。

基本となるオブジェクトを生成できるようになると、他のオブジェクトを組み合わせ、適合させることによって、より複雑なオブジェクトを生成したいケースによく出くわす。次章ではそのための方法を見ていく。

2章
構造に関するデザインパターン

「構造に関するデザインパターン」の主題は、いかにして複数のオブジェクトから、より大きな新しいオブジェクトを構築するか、ということにある。「構造に関するデザインパターン」には3つのテーマがある。それは、「インタフェースの適合」「機能の追加」「オブジェクト集合の操作」の3つである。

2.1 Adapterパターン

あるクラスが、互換性のないインタフェースを持つ別のクラスを利用したい場合、そのどちらのクラスも変更することなしに利用する。そのようなテクニックがAdapterパターンである。このパターンが役に立つケースは、たとえば、想定されていなかったようなコンテキストのなかで、相手のクラスを利用したいけれども、そのクラスを変更できない場合などである。

ここでは、下記に示すような単純なPageクラスについて考える。このPageクラスには、タイトル、本文のパラグラフ、レンダラークラスのインスタンスが与えられ、それらを用いてページを描画する（本節のコードはrender1.pyから抜粋している）。

```
class Page:

    def __init__(self, title, renderer):
        if not isinstance(renderer, Renderer):
            raise TypeError("Expected object of type Renderer, got {}".
                format(type(renderer).__name__))
        self.title = title
        self.renderer = renderer
        self.paragraphs = []

    def add_paragraph(self, paragraph):
```

```
            self.paragraphs.append(paragraph)

    def render(self):
        self.renderer.header(self.title)
        for paragraph in self.paragraphs:
            self.renderer.paragraph(paragraph)
        self.renderer.footer()
```

　Pageクラスは、レンダラークラスが何であるかということを知らないし、気にかけない。Pageクラスがレンダラークラスについて唯一知っていることは、ページの描画を行うためのインタフェースを提供しているということだけである。ここでレンダラークラスは3つのメソッド——header(str)、paragraph(str)、footer()——を持つことを想定している。

　我々は、渡されたレンダラーがRendererインスタンスであることを保証したい。そのための単純ではあるが賢くない方法として、「assert isinstance(renderer, Renderer)」を用いる方法がある。しかし、これには欠点がふたつある。ひとつ目の欠点は、AssertionErrorが発生することである。それよりも、より明確なTypeErrorを用いたほうがよい。ふたつ目の欠点は、ユーザーが-Oオプション（optimizeつまり最適化）を指定してプログラムを実行した場合、assertが無視されることである。その場合、後ほどrenderer()メソッドのなかでAttributeErrorがキャッチされてしまう。一方、上のコードで示した「if not isinstance(...)」ステートメントはTypeErrorを送出し、-Oオプションにかかわらず正しく動作する。

　このアプローチの問題は、すべてのレンダラーをRenderer基底クラスのサブクラスにしなければならないように思われる点にある。もし我々がC++でプログラミングを行っているのであれば、それはまさしくそのとおりだろう。しかし、Pythonのabc（abstract base class）モジュールは、より融通の利くオプションを提供してくれる。これを用いれば、抽象基底クラスのインタフェースをチェックする機能と「ダックタイプ」の融通性を組み合わせられる。つまり、ある特定の基底クラスのサブクラスにしなくても、ある特定のインタフェースを満たしている（つまり、指定されたAPIを持つ）ことを保証したオブジェクトを作成できる。

```
class Renderer(metaclass=abc.ABCMeta):

    @classmethod
    def __subclasshook__(Class, Subclass):
        if Class is Renderer:
```

```
            attributes = collections.ChainMap(*(Superclass.__dict__
                    for Superclass in Subclass.__mro__))
            methods = ("header", "paragraph", "footer")
            if all(method in attributes for method in methods):
                return True
        return NotImplemented
```

　Rendererクラスは、__subclasshook__()という特殊メソッドを再実装している。このメソッドは、isinstance()という組み込み関数によって使われる。引数のひとつ目として渡されたオブジェクトが、引数のふたつ目として渡されたクラス（またはクラスからなるタプルのいずれかの要素）のサブクラスであるかどうかを決定するために用いられる。

　このコードではcollections.ChainMap()クラスを使用しているため、やや巧妙な書き方になっている。そして、これはPython 3.3で書かれたコードである[※1]。このコードの内容については後ほど説明する。しかし、本書が提供する@Qtrac.has_methodsというクラスのデコレータによって、すべての難事をクリアできるため、コード自体を理解することは重要ではない。

　__subclasshook__()という特殊メソッドは、呼び出されているインスタンスのクラス（Class）がRendererかどうか確認することから始まる。もしそうでなければ、NotImplementedを返す。そうすることによって、__subclasshook__のふるまいはサブクラスによって継承されない。これを行った理由は、サブクラスが抽象基底クラスに対してふるまいではなく新しい基準を追加することを想定しているためである。もちろん、望むのであれば、そのふるまいを継承することもできる。その場合は、__subclasshook__()の再実装において、明示的にRenderer.__subclasshook__()を呼ぶだけである。

　もしTrueまたはFalseを返せば、その抽象基底クラスの処理は途中で停止され、そのブール値が返される。しかし、NotImplementedを返すことによって、通常の継承の機能が動作することを可能にする（サブクラス、明示的に登録したクラスのサブクラス、あるいはサブクラスのサブクラスにおいて）。

　もしそのifステートメントの条件が満たされれば、Subclassが継承しているすべてのクラス（それ自身も含む）を、特殊メソッドである__mro__()の戻り値として取

※1　render1.pyの例とrender2.pyで使われるQtrac.pyモジュールには、Python 3.3に特化したコードと、それより前のPython 3でも動作するコードの両方が含まれている。

得し、それらのプライベートなディクショナリ (__dict__) にアクセスする。そして、__dict__ からなるタプルを作成し、「引数リストのアンパック (*)」を用いて即座にアンパックし、collections.ChainMap() 関数にそのすべてのディクショナリを渡す。collections.ChainMap() 関数は任意の数のマッピング (ディクショナリなど) を引数として受け取り、その引数のすべてが同じマッピングであるかのように単一のマップビューを返す。これで、確認の対象となるメソッドを要素として持つタプルを作成できた。最後に、methods というタプルに含まれるすべてのメソッドについて、各メソッドが attributes マッピング —— このキーは、Subclass とすべての Superclass が持つすべてのメソッドとプロパティの名前である —— に含まれるかどうかを確認する。すべてのメソッドが含まれていた場合、True が返される。

　ここで注意すべき点は、サブクラス (もしくはその基底クラスのいずれか) のなかに指定された属性が含まれるかどうかだけを確認しているということである。そのため、メソッドだけでなく、プロパティでも合致する候補となりえる。もしメソッドだけに限定したいのならば、コード中の「method in attributes」の後ろに「and callable(method)」を追加すればよい。しかし、実践上においては、そこまで行わなくても問題になるケースはめったにない。

　インタフェースの確認を行うために __subclasshook__() を持つクラスを作成することは非常に便利である。しかし、基底クラスやサポートしたいメソッドが変わるたびに、クラスごとに10行程度の複雑なコードを書く必要がある。これはコードの重複を招くので、できることなら避けたい問題である。次の2.2節で作成するクラスのデコレータでは、インタフェースの確認をわずか数行のコードで行える (その例は render2.py で示す)。

```
class TextRenderer:

    def __init__(self, width=80, file=sys.stdout):
        self.width = width
        self.file = file
        self.previous = False

    def header(self, title):
        self.file.write("{0:^{2}}\n{1:^{2}}\n".format(title,
            "=" * len(title), self.width))
```

　上のコードは、ページレンダラーのインタフェースをサポートする単純なクラスの出発点となる。

header()メソッドは、与えられたタイトルを与えられた幅の中央に配置し、次の行では「=」をタイトルの各文字の下に配置する。

```
    def paragraph(self, text):
        if self.previous:
            self.file.write("\n")
        self.file.write(textwrap.fill(text, self.width))
        self.file.write("\n")
        self.previous = True
    def footer(self):
        pass
```

paragraph()メソッドはPython標準ライブラリのtextwrapモジュールを用いて、与えられたパラグラフを、与えられた幅に収まるように改行を挟み書き出している。またここでは、各パラグラフとひとつ前のパラグラフとの間を空行で分離するために、ブール型のself.previousを用いている。footer()メソッドは何も行わないが、ページレンダラーのインタフェースの一部なので記述しなければならない。

```
class HtmlWriter:

    def __init__(self, file=sys.stdout):
        self.file = file

    def header(self):
        self.file.write("<!doctype html>\n<html>\n")

    def title(self, title):
        self.file.write("<head><title>{}</title></head>\n".format(
            escape(title)))

    def start_body(self):
        self.file.write("<body>\n")

    def body(self, text):
        self.file.write("<p>{}</p>\n".format(escape(text)))

    def end_body(self):
        self.file.write("</body>\n")

    def footer(self):
        self.file.write("</html>\n")
```

HtmlWriterクラスは、単純なHTMLページを書き出すために利用でき、html.

escape()を用いてエスケープ処理を行っている（Python 3.2以前の場合は、xml.sax.saxutil.escape()関数を用いる）。

このクラスにはheader()とfooter()メソッドが備わっているが、それらのふるまいはページレンダラーのインタフェースが想定したものとは異なる。そのため、TextRendererの場合とは違い、HtmlWriterをページレンダラーとして、Pageインスタンスに渡せない。

この解決策のひとつとしては、HtmlWriterを継承して、ページレンダラーインタフェースのメソッドをサブクラスで実装することが考えられる。しかし、結果として生じるクラスはHtmlWriterのメソッドとページレンダラーインタフェースのメソッドを混ぜ合わせて使用しているため、かなりわかりにくい。よりよい方法は、「継承」ではなく「委譲」を利用してアダプターを作ることである。つまり、我々が必要としているクラスを集約し、必要なインタフェースを提供し、我々のためにすべての作業を行ってくれるクラスを作る。そのようなアダプタークラスのクラス図を図2-1に示す。

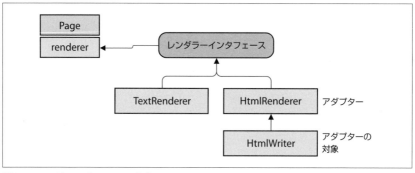

図2-1　ページレンダラーのアダプタークラス

```
class HtmlRenderer:

    def __init__(self, htmlWriter):
        self.htmlWriter = htmlWriter

    def header(self, title):
        self.htmlWriter.header()
        self.htmlWriter.title(title)
        self.htmlWriter.start_body()

    def paragraph(self, text):
```

```
        self.htmlWriter.body(text)

    def footer(self):
        self.htmlWriter.end_body()
        self.htmlWriter.footer()
```

この`HtmlRenderer`が我々のアダプタークラスである。このクラスは、コンストラクタで`HtmlWriter`クラスの`htmlWriter`を受け取る。そして、ページレンダラーインタフェースのメソッドを提供する。実際に行うすべての仕事は`HtmlWriter`に委譲されている。したがって、`HtmlRenderer`クラスが行っていることは、現存の`HtmlWriter`クラスのために新しいインタフェースを提供するだけである。

```
textPage = Page(title, TextRenderer(22))
textPage.add_paragraph(paragraph1)
textPage.add_paragraph(paragraph2)
textPage.render()

htmlPage = Page(title, HtmlRenderer(HtmlWriter(file)))
htmlPage.add_paragraph(paragraph1)
htmlPage.add_paragraph(paragraph2)
htmlPage.render()
```

`Page`クラスのインスタンスは、カスタムのレンダラーを用いて作成される。ここで示した例では、我々はデフォルト幅22文字の`TextRenderer`を与えている。また、`HtmlRenderer`アダプター経由で使われる`HtmlWriter`も与えている。`HtmlWriter`には出力を行う`file`が与えられ（そのコードはここでは示さない）、デフォルトの出力先である`sys.stdout`は使われない。

2.2 Bridgeパターン

機能と実装を分離したい場合、Bridgeパターンが用いられる。

Bridgeパターンを用いない古典的なアプローチは、ひとつ以上の抽象基底クラスを作り、各基底クラスにふたつ以上の実装を与えることによって行われる。しかし、Bridgeパターンを用いれば、ふたつの独立したクラス階層を作れる。「抽象的」なクラス階層は機能を定義し（たとえば、インタフェースや高レベルのアルゴリズムなど）、「具象的」なクラス階層は、最終的に呼び出されることになる抽象機能の実装を提供する。抽象クラスは、実装クラスのインスタンスをひとつ用いる――このインスタンスが機能

と実装の「橋渡し」となる。

　前節のAdapterパターンの例では、HtmlRendererクラスはBridgeパターンに基づいているとも言える。なぜなら、HtmlRendererクラスは、HtmlWriterを用いてその描画機能を提供しているからである。

　本節では、棒グラフの描画を行うクラスを作成する場合について考える。棒グラフの描画にはある特定のアルゴリズムが用いられるが、実際に描画する実装は他のクラスで行いたいとする。barchart1.pyはそのような要件を満たしたプログラムであり、Bridgeパターンが使用されている。

```
class BarCharter:

    def __init__(self, renderer):
        if not isinstance(renderer, BarRenderer):
            raise TypeError("Expected object of type BarRenderer, got {}".
                    format(type(renderer).__name__))
        self.__renderer = renderer

    def render(self, caption, pairs):
        maximum = max(value for _, value in pairs)
        self.__renderer.initialize(len(pairs), maximum)
        self.__renderer.draw_caption(caption)
        for name, value in pairs:
            self.__renderer.draw_bar(name, value)
        self.__renderer.finalize()
```

　BarCharterクラスは、render()メソッドのなかで棒グラフの描画アルゴリズムを実装する。その描画アルゴリズムは、棒グラフを描画するためのインタフェースを持つレンダラーの実装によって行われる。ここでは、棒グラフのインタフェースとして、initialize(*int*, *int*)、draw_caption(*str*)、draw_bar(*str*, *int*)、finalize()の4つのメソッドを定義する。

　前節のように、ここでもisinstance()を用いる。isinstance()を用いて、渡されたrendererオブジェクトが、我々の必要とするインタフェースをサポートするかどうかテストする（棒グラフの描画を行うクラスに特定の基底クラスを継承させることはない）。しかし、ここでは、前のように10行程度のコードからなるクラスを作成せず、次に示す2行のコードで代替する。これだけで、インタフェース確認用のクラスが作成される。

```
@Qtrac.has_methods("initialize", "draw_caption", "draw_bar", "finalize")
class BarRenderer(metaclass=abc.ABCMeta): pass
```

上のコードによりBarRendererクラスが定義される。BarRendererクラスは、abcモジュールの利用に必要なメタクラスを持っている。BarRendererクラスはQtrac.has_methods()関数に渡され、クラスのデコレータが返される。このデコレータによって、カスタマイズされた__subclasshook__()クラスメソッドが、そのクラスに追加される。そして、BarRendererがisinstance()の引数として渡されるたびに、__subclasshook__()は与えられたメソッドが存在するかどうかを確認する（クラスのデコレータに馴染みのない読者は、先に2.4節、特に2.4.2節を読み、それからここに戻ってくるとよいだろう）。

```
def has_methods(*methods):
    def decorator(Base):
        def __subclasshook__(Class, Subclass):
            if Class is Base:
                attributes = collections.ChainMap(*(Superclass.__dict__
                    for Superclass in Subclass.__mro__))
                if all(method in attributes for method in methods):
                    return True
            return NotImplemented
        Base.__subclasshook__ = classmethod(__subclasshook__)
        return Base
    return decorator
```

Qtrac.pyモジュールのhas_methods()関数はメソッドの名称を受け取り、クラスのデコレータ関数を作成して返す。デコレータ自体は、__subclasshook__()関数を作成し、これをクラスメソッドとして基底クラスへ追加する（そのために、classmethod()という組み込み関数を用いる）。このカスタマイズされた__subclasshook__()関数のコードは、基本的に前に2.1節で示したコードと同じである。しかし、今回は、ハードコードされた基底クラスを用いる代わりに、デコレート（装飾）されたクラス（Base）を使用している。そして、ハードコードされたメソッド名の代わりに、クラスのデコレータに渡されたメソッド名（methods）を用いている。

同様なメソッドの確認機能は、汎用的な抽象基底クラスから継承することによって行うことも可能である。たとえば、次のように記述できる。

```
class BarRenderer(Qtrac.Requirer):
    required_methods = {"initialize", "draw_caption", "draw_bar",
        "finalize"}
```

上のコードはbarchart3.pyから抜粋したものである。Qtrac.Requirerクラス（ここでは示されていないが、Qtrac.pyにある）は抽象基底クラスであり、クラスのデコレータである@has_methodsと同じ確認作業を行う。

```
def main():
    pairs = (("Mon", 16), ("Tue", 17), ("Wed", 19), ("Thu", 22),
            ("Fri", 24), ("Sat", 21), ("Sun", 19))
    textBarCharter = BarCharter(TextBarRenderer())
    textBarCharter.render("Forecast 6/8", pairs)
    imageBarCharter = BarCharter(ImageBarRenderer())
    imageBarCharter.render("Forecast 6/8", pairs)
```

このmain()関数はデータをセットし、ふたつの異なるレンダラーの実装を用いて、それぞれ棒グラフを生成する。結果は図2-2のようになる。また、インタフェースとクラスの関係を図2-3に示す。

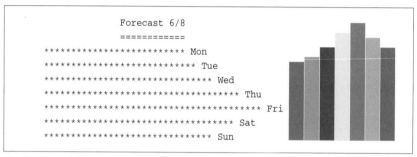

図2-2　テキスト版ならびにイメージ版の棒グラフ

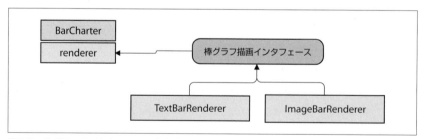

図2-3　棒グラフのインタフェースとクラス

```
class TextBarRenderer:

    def __init__(self, scaleFactor=40):
```

```
        self.scaleFactor = scaleFactor

    def initialize(self, bars, maximum):
        assert bars > 0 and maximum > 0
        self.scale = self.scaleFactor / maximum

    def draw_caption(self, caption):
        print("{0:^{2}}\n{1:^{2}}".format(caption, "=" * len(caption),
                self.scaleFactor))

    def draw_bar(self, name, value):
        print("{} {}".format("*" * int(value * self.scale), name))

    def finalize(self):
        pass
```

TextBarRendererクラスは棒グラフのインタフェースを実装しており、そのテキストをsys.stdoutに描画（出力）する。当然ながら、出力ファイルをユーザーが自分で定義できるようにするのは簡単であろう。また、Unix系システムで、より魅力的な出力のためにUnicodeのボックス描画文字とカラーを用いることも、同じく簡単に行えるはずだ。

TextBarRendererのfinalize()メソッドは実際何も行っていないが、棒グラフのインタフェースを満たすために存在していることに注意してほしい。

Pythonの標準ライブラリは非常に幅広いパッケージを扱い、"batteries included"すなわちバッテリー同梱とも呼ばれるが、驚くことに、主要な機能がひとつ欠けている。それはビットマップ画像とベクター画像を読み書きするパッケージである。Python標準ライブラリには、そのようなパッケージが存在しない。これに対するひとつの解決策は、サードパーティーのライブラリを使用することである。たとえば、Pillow (https://pillow.readthedocs.org/) のようなマルチプラットフォームのライブラリや、画像フォーマットに特化したライブラリがある。また、GUIツールキットライブラリでも画像の読み書きを行える。ほかの解決策としては、自分自身で画像を操作するライブラリを作ることである――これについては、後ほど3.12節で説明する。もしGIF画像だけに限定できるのであれば、Tkinter[1]を利用できる (Tcl/Tk 8.6ベースのPythonであれば、PNGフォーマットも扱える)。

---

[1] Tkinterでの画像操作はメインスレッド（つまり、GUIスレッド）で行わなければならない。並行的に画像操作を行いたいのであれば、別のアプローチをとる必要がある。詳細は4.1節で説明する。

barchart1.pyでは、ImageBarRendererクラスはcyImageモジュールの利用を試み、失敗した場合にはImageモジュールを用いる。両者の違いは重要ではないので、いずれもImageという名前で参照することにする。このふたつのモジュールは本書が提供するコードに含まれる。コードの内容は後ほど説明する（Imageは3.12節、cyImageは5.2.2節参照）。また補足として、barchart2.pyでは、cyImageやImageの代わりにTkinterが用いられている（本書ではbarchart2.pyのコードは示さない）。

ImageBarRendererはTextBarRendererよりも複雑であるから、まずスタティック変数を解説し、それからひとつずつそのメソッドを見ていくことにする。

```
class ImageBarRenderer:

    COLORS = [Image.color_for_name(name) for name in ("red", "green",
              "blue", "yellow", "magenta", "cyan")]
```

Imageモジュールは、32ビットの符号なし整数を用いてピクセルを表現する。その32ビットのデータのなかに、4つの色要素——アルファ（透明度）、赤、緑、青——がエンコードされる。Imageモジュールは、Image.color_for_name()という関数を提供する。この関数は色名称——X11のrgb.txtにある色名称（たとえば、"senna"）、またはHTMLスタイルの名称（たとえば、"#A0522D"）——を受け取り、対応する符号なし整数を返す。

ここでは、棒グラフのバーのための色のリストを作成する。

```
    def __init__(self, stepHeight=10, barWidth=30, barGap=2):
        self.stepHeight = stepHeight
        self.barWidth = barWidth
        self.barGap = barGap
```

この__init__()を通じて、棒グラフのバーの描画方法について初期設定を行う。

```
    def initialize(self, bars, maximum):
        assert bars > 0 and maximum > 0
        self.index = 0
        color = Image.color_for_name("white")
        self.image = Image.Image(bars * (self.barWidth + self.barGap),
                maximum * self.stepHeight, background=color)
```

このinitialize()メソッド（そして、このあとに続くメソッド）は、棒グラフのインタフェースの一部であるので、なんらかの実装を行わなければならない。ここでは、バーの数と幅そして最大の高さに比例したサイズを持つ新しい画像を生成し、白で描

画する。

　self.index変数は、描画対象とするバーを記録するために用いる（0からスタートする）。

```
def draw_caption(self, caption):
    self.filename = os.path.join(tempfile.gettempdir(),
        re.sub(r"\W+", "_", caption) + ".xpm")
```

Imageモジュールはテキストの描画をサポートしていないため、与えられたキャプション名は、画像のファイル名として用いることにする。

Imageモジュールは、標準でふたつの画像フォーマットをサポートしている。ひとつは白黒画像用にXBM（.xbm）。もうひとつはカラー画像用にXPM（.xpm）である。もしPyPNGモジュール（https://pypi.python.org/pypiを参照）がインストールされていれば、ImageモジュールはPNGフォーマットもサポートする。棒グラフはカラー画像であるから、ここではXPMフォーマットを使用する。

```
def draw_bar(self, name, value):
    color = ImageBarRenderer.COLORS[self.index %
        len(ImageBarRenderer.COLORS)]
    width, height = self.image.size
    x0 = self.index * (self.barWidth + self.barGap)
    x1 = x0 + self.barWidth
    y0 = height - (value * self.stepHeight)
    y1 = height - 1
    self.image.rectangle(x0, y0, x1, y1, fill=color)
    self.index += 1
```

このdraw_bar()メソッドはCOLORSシーケンスから色を選択する（色の数よりバーの数が多い場合、再度先頭の色から順に用いる）。そして、現在のバー（self.index）の座標（左上と右下の隅）を計算し、self.imageインスタンスに座標と塗りつぶす色を与え、四角形を描画させる。最後に、self.indexをインクリメントし、次のバーに備える。

```
def finalize(self):
    self.image.save(self.filename)
    print("wrote", self.filename)
```

ここでは、単に画像を保存し、その旨をユーザーに報告しているだけである。

　明らかに、TextBarRendererとImageBarRendererの実装は根本から異なっている。しかし、どちらも棒グラフの具象的な実装をBarCharterクラスに提供するために、

ブリッジとして利用できる。

2.3 Compositeパターン

　Compositeパターンを用いれば、階層構造からなるオブジェクトに対して統一した操作を行える。オブジェクトが他のオブジェクトを（階層の一部として）含む場合、および含まない場合のどちらであってもかまわない。オブジェクトが他のオブジェクトを含むことができる場合、それは「容器」として機能し、一方、オブジェクトが他のオブジェクトを含むことができない場合、それは「中身」として機能する。つまり、Compositeパターンを用いれば、オブジェクトが容器か中身かを気にすることなく、統一した操作ができる。なお、容器となるオブジェクトは「合成物（コンポジット、composite）」と呼ばれる。これ以降、容器となるオブジェクトを「コンポジットオブジェクト」、中身となるオブジェクトを「非コンポジットオブジェクト」と呼ぶことにする。

　Compositeパターンの実装方法として古典的なものは、コンポジットオブジェクトと非コンポジットオブジェクトに同じ基底クラスを持たせることである。コンポジットオブジェクトと非コンポジットオブジェクトは、通常、コアとなるメソッドは共通である。さらに、コンポジットオブジェクトの場合は、要素（子オブジェクト）の追加や削除、列挙を行うメソッドを持つ。

　Compositeパターンは、Inkscapeのような描画ソフトで、オブジェクトをグループ化したり、グループ化の解除を行ったりするときなどに、よく用いられる。ユーザーがコンポーネント（部品）のグループ化または解除を行うとき、コンポーネントは単一の要素（たとえば、長方形）かもしれないし、他の要素から構成される合成物（たとえば、多くの異なる形状から構成される顔の絵）かもしれない。このような場合にもCompositeパターンは対応できる。

　それでは、実践的な例を見ていくことにしよう。まずmain()関数では、「中身」である非コンポジットオブジェクトと「容器」であるコンポジットオブジェクトをいくつか生成し、それらをまとめて出力している。以下にstationery1.pyから抜粋したコードとその出力結果を示す。

コード

```
def main():
    pencil = SimpleItem("Pencil", 0.40)
    ruler = SimpleItem("Ruler", 1.60)
```

```
eraser = SimpleItem("Eraser", 0.20)
pencilSet = CompositeItem("Pencil Set", pencil, ruler, eraser)
box = SimpleItem("Box", 1.00)
boxedPencilSet = CompositeItem("Boxed Pencil Set", box, pencilSet)
boxedPencilSet.add(pencil)
for item in (pencil, ruler, eraser, pencilSet, boxedPencilSet):
    item.print()
```

出力

```
$0.40 Pencil
$1.60 Ruler
$0.20 Eraser
$2.20 Pencil Set
    $0.40 Pencil
    $1.60 Ruler
    $0.20 Eraser
$3.60 Boxed Pencil Set
    $1.00 Box
    $2.20 Pencil Set
        $0.40 Pencil
        $1.60 Ruler
        $0.20 Eraser
    $0.40 Pencil
```

SimpleItemには名前と値段がある。一方、CompositeItemには名前があり、さらに任意の数のSimpleItemまたはCompositeItemsを持てる。そのため、コンポジットが持つ要素は際限なくネストされる可能性がある。コンポジットの値段は、それに含まれるアイテムの値段の合計である。

この例では、鉛筆セット(pencil set)は、鉛筆、定規、消しゴムから構成されている。また、箱入り鉛筆セット(boxed pecil set)では、箱と鉛筆セットを作り、さらに鉛筆を1本追加している。箱入り鉛筆セットの階層は**図2-4**のようになる。

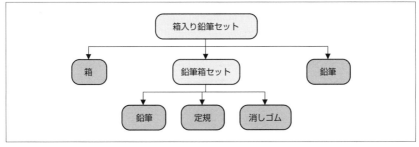

図2-4　コンポジットオブジェクトと非コンポジットオブジェクトによる階層

本節では、Compositeパターンについて異なるふたつの実装方法を紹介する。ひとつは古典的アプローチを用いる。もうひとつは、コンポジットオブジェクトと非コンポジットオブジェクトの両方をひとつのクラスだけで表現する。

2.3.1　古典的なコンポジット/非コンポジットによる階層

古典的なアプローチは、すべてのアイテムに（つまり、コンポジットも、非コンポジットにも）抽象基底クラスを持たせる。コンポジットの場合は、その抽象基底クラスを継承した別の抽象クラスを用いる。クラス階層は図2-5のようになる。それでは、AbstractItem基底クラスから見ていこう。

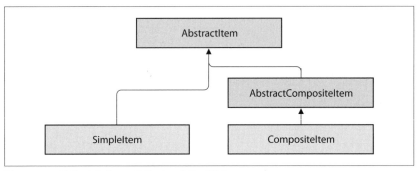

図2-5　コンポジットと非コンポジットのクラス階層

```
class AbstractItem(metaclass=abc.ABCMeta):

    @abc.abstractproperty
    def composite(self):
        pass

    def __iter__(self):
        return iter([])
```

我々が望むことは、すべてのサブクラスがコンポジットであるかどうかを判定できるようにすることである。そして、すべてのサブクラスをイテラブルにすることである（標準の挙動は、空のシーケンスのイテレータを返すことである）。

AbstractItemクラスは、少なくとも抽象メソッドもしくは抽象プロパティをひとつ持つから、AbstractItemオブジェクトを生成することはできない（ちなみに、Python 3.3からは、「@abstractproperty def *method*(...):　....」の代わりに

「@property @abstractmethod def *method*(...): ...」と書ける)。

```python
class SimpleItem(AbstractItem):

    def __init__(self, name, price=0.00):
        self.name = name
        self.price = price

    @property
    def composite(self):
        return False
```

　SimpleItemクラスは、非コンポジットオブジェクトとして用いられる。この例では、SimpleItemは、nameとpriceという属性を持つ。

　SimpleItemはAbstractItemを継承しているため、すべての抽象メソッドと抽象プロパティを実装しなければならない (この例では、compositeプロパティだけであるが)。また、AbstractItemの__iter__()メソッドは抽象メソッドではないので、ここで実装する必要はない。基底クラスの実装では、空のシーケンスのイテレータが返される。SimpleItemはコンポジットではないので、空シーケンスのイテレータを返すのは理にかなっており、それでいて、SimpleItemとCompositeItemを統一して扱える (少なくとも、繰り返し処理においては)。たとえば、両者が混在したとしても、itertools.chain()のような関数に渡せる。

```python
    def print(self, indent="", file=sys.stdout):
        print("{}${:.2f} {}".format(indent, self.price, self.name),
              file=file)
```

　コンポジットと非コンポジットを整形して出力するために、上記のprint()メソッドを用いる。このprint()メソッドは、ネストされたアイテムを適切なインデントとともに出力する。

```python
class AbstractCompositeItem(AbstractItem):

    def __init__(self, *items):
        self.children = []
        if items:
            self.add(*items)
```

　このクラスは、CompositeItemsの基底クラスとして機能し、コンポジットと非コンポジットの追加や削除、列挙を行うメソッドを提供する。AbstractCompositeItem

クラスは、抽象プロパティであるcompositeを継承しているが、その実装を行っていないため、インスタンス化することはできない。

```
def add(self, first, *items):
    self.children.append(first)
    if items:
        self.children.extend(items)
```

add()メソッドは、ひとつ以上のアイテム（SimpleItemsまたはCompositeItems）を受け取り、それらをコンポジットの子リスト（children）に追加する。ここでは、引数のfirstを取り除いて、*itemsだけを引数にすることはできなかった。もしそうしたならば、アイテムの数がゼロの場合も追加できてしまうからであり、それ自体に害があるというのではないが、ユーザーが書くコードにおいて論理的な誤りを起こす可能性がある（アンパックの詳細については、1章のコラム「シーケンスのアンパック／ディクショナリのアンパック」を参照）。ちなみに、循環参照を許可しないためのチェックは行っていない。たとえば上のコードでは、コンポジットアイテムは自分自身を追加できてしまう。

後ほど2.3.2節で、このメソッドを1行のコードで実装する。

```
def remove(self, item):
    self.children.remove(item)
```

アイテムの削除には、上のように一度にひとつのアイテムだけしか削除できない単純な方法を用いた。もちろん、削除するアイテムはコンポジットの可能性もある。その場合、コンポジットに含まれる子アイテム、そして、その小アイテムの子アイテム...と順に削除される。

```
def __iter__(self):
    return iter(self.children)
```

__iter__()という特殊メソッドを実装することによって、コンポジットアイテムの子アイテムをforループや内包表記、ジェネレータで列挙できる。item in self.children: yield itemのようにメソッドの中身を書くことが多いと思われるが、self.childrenはシーケンス（リスト）であるから、組み込み関数のiter()を使った列挙が可能である。

```
class CompositeItem(AbstractCompositeItem):
```

```
        def __init__(self, name, *items):
            super().__init__(*items)
            self.name = name

        @property
        def composite(self):
            return True
```

このCompositeItemクラスは具象コンポジットアイテムとして用いられる。このクラスは、コンポジット自身の名前（name）属性を持つが、コンポジットを扱う操作（子アイテムの追加・削除・列挙）は基底クラスに任せている。このクラスでは、抽象プロパティのcompositeが実装されており、抽象プロパティや抽象メソッドはほかにないので、CompositeItemをインスタンスとして生成できる。

```
        @property
        def price(self):
            return sum(item.price for item in self)
```

この読み取り専用のpriceプロパティはいくぶん巧妙なやり方を用いている。コンポジットアイテムの値段は、その子アイテムの値段を合計することで求めている。子アイテムがコンポジットオブジェクトの場合、さらにその子アイテムの値段を合計するといったように、sum()という組み込み関数の引数にジェネレータ式を用いることで、再帰的な計算を行っている。

「for item in self」という式は、selfのイテレータを取得するために、iter(self)を呼び出すことになる。その結果として、特殊メソッドである__iter__()が呼び出され、このメソッドはself.childrenのイテレータを返す。

```
        def print(self, indent="", file=sys.stdout):
            print("{}${:.2f} {}".format(indent, self.price, self.name),
                  file=file)
            for child in self:
                child.print(indent + "  ")
```

そしてCompositeItemでも、便利なprint()メソッドを提供している。ただし、最初の1行はSimpleItem.print()からコピーしただけである。

この例のSimpleItemとCompositeItemは、ほとんどのユースケースに対応できるように設計されている。よりきめ細かい階層が望まれたとしても、それら（または、それらの抽象基底クラス）をサブクラス化することで対応できる。

ここで示した4つのクラス——AbstractItem、SimpleItem、AbstractCompositeItem、CompositeItem——は問題なく動作している。しかし、コードは必要以上に長く、統一されたインタフェースを持っていない。なぜなら、コンポジットはadd()やremove()などのメソッドを持つが、非コンポジットはそれらを持たないからである。次節では、この問題を解決する。

2.3.2　単一クラスによるコンポジット/非コンポジット

前節の4つのクラス（ふたつは抽象、ふたつは具象）は、それぞれの仕事量が多すぎるように思われる。また、コンポジットだけがadd()とremove()メソッドをサポートしているから、それらは完全に統一されたインタフェースを提供していない。もし、わずかなオーバーヘッドを許容してくれるのであれば、コンポジットと非コンポジットの両方をひとつのクラスで表せる（非コンポジットアイテムの場合は空のリスト属性をひとつ、コンポジットアイテムの場合はfloatをひとつ追加する程度である）。さらに、これによって、完全に統一されたインタフェースを持てるようになる。これ以降、どのようなアイテムであっても——たとえ、それが非コンポジットであっても——、add()やremove()を呼び出せる。

本節では、新しいItemクラスを作成する。このクラスは、他のクラスを使用せずに、コンポジットと非コンポジットのどちらでも利用できる。本節で使用するコードはstationery2.pyから抜粋したものである。

```
class Item:

    def __init__(self, name, *items, price=0.00):
        self.name = name
        self.price = price
        self.children = []
        if items:
            self.add(*items)
```

__init__()メソッドの引数はまったく整っていない。しかし、このあと見ていくように、アイテムを生成する際に、呼び出し側がItem()を呼び出すことを期待していないため、これはこのままでよい。

アイテムには名前を与えなければならない。また、すべてのアイテムには値段があり、ここではデフォルトの値段が与えられている。さらに、アイテムには0個以上の子アイテム（*items）を持つ可能性があり、それはself.childrenに格納される（非コンポ

ジットの場合は空のリストになる）。

```
@classmethod
def create(Class, name, price):
    return Item(name, price=price)

@classmethod
def compose(Class, name, *items):
    return Item(name, *items)
```

クラスオブジェクトを呼び出すことによってアイテムを生成する代わりに、ここでは、便利なファクトリークラスメソッドをふたつ提供する。これらのファクトリーメソッドは、よりシンプルな引数を受け取り、アイテムを返す。そのため、これからは、`SimpleItem("Ruler", 1.60)`や`CompositeItem("Pencil Set", pencil, ruler, eraser)`と書く代わりに、`Item.create("Ruler", 1.60)`や`Item.compose("Pencil Set", pencil, ruler, eraser)`のように書ける。そして、もちろん、これらのアイテムはすべて同じ型（Item）である。当然ながら、`Item()`を直接用いることも可能である。たとえば、`Item("Ruler", price=1.60)`や`Item("Pencil Set", pencil, ruler, eraser)`と呼び出すこともできる。

```
def make_item(name, price):
    return Item(name, price=price)

def make_composite(name, *items):
    return Item(name, *items)
```

また、先ほどのクラスメソッドと同じことを行うファクトリー関数をふたつ提供する。これらの関数は、モジュールとして使う場合に役に立つ。たとえば、このItemクラスがItem.pyモジュールにあるとすれば、`Item.Item.create("Ruler", 1.60)`と書く代わりに、`Item.make_item("Ruler", 1.60)`と書ける。

```
@property
def composite(self):
    return bool(self.children)
```

アイテムはコンポジットの場合と非コンポジットの場合があるから、このcompositeプロパティは以前のものと異なっている。Itemがコンポジットの場合、そのself.childrenリストは空ではない。

```
def add(self, first, *items):
    self.children.extend(itertools.chain((first,), items))
```

add()メソッドは以前の2.3.1節のものより効率的なアプローチを採用しており、コードが若干異なっている。itertools.chain()関数は任意の数のイテラブルを受け取り、渡されたすべてのイテラブルを連結し、それをひとつのイテラブルとして返す。

このメソッドは、コンポジットの場合もそうでない場合も、いつでも呼び出せる。非コンポジットの場合は、この呼び出しによってコンポジットへ変換される。

非コンポジットをコンポジットへ変換することによって生じる副作用がある。それは、そのアイテム自体の値段が実質的に隠されてしまう、ということである。なぜなら、その値段は子アイテムの値段の合計になるからである。この設計については、別の方針をとることは、もちろん可能である（たとえば、値段を保持するなど）。

```
def remove(self, item):
    self.children.remove(item)
```

そして上記は、アイテムの削除のためのremove()メソッドである。コンポジットアイテムの最後の子が取り除かれた場合は、そのアイテムは非コンポジットになるだけである。すると、アイテムの値段は、子アイテムの値段の合計ではなく（子は存在しない）、プライベート属性のself.__priceになる。我々は、__init__()メソッドですべてのアイテムに対して値段を設定しているため、これは常に正常に動作する。

```
def __iter__(self):
    return iter(self.children)
```

この__iter__()メソッドはコンポジットのリストchildrenのイテレータを返す。非コンポジットの場合は、空のシーケンスを返す。

```
@property
def price(self):
    return (sum(item.price for item in self) if self.children else
            self.__price)

@price.setter
def price(self, price):
    self.__price = price
```

priceプロパティは、コンポジットと非コンポジットの両方で正しく動作しなければならない。コンポジットの場合は子アイテムの値段の合計、非コンポジットの場合はそ

のアイテムの値段を返す。

```
def print(self, indent="", file=sys.stdout):
    print("{}${:.2f} {}".format(indent, self.price, self.name),
          file=file)
    for child in self:
        child.print(indent + "  ")
```

このprint()メソッドは、前節のCompositeItem.print()メソッドと同じであるが、コンポジットと非コンポジットの両方で正しく動作する。アイテムが非コンポジットの場合、その子要素を列挙しようとしても、空シーケンスのイテレータが返されるため、無限再帰の危険性はない。

Pythonの柔軟性によって、コンポジットと非コンポジットを作成する作業は単純なものになった。ストレージのオーバーヘッドを最小にするため、分離したクラスとして作成することもできたし、単一のクラスとして完全に統一したインタフェースを持たせることもできた。

「3.2 Commandパターン」では、このCompositeパターンのさらなるバリエーションについて見ていく。

2.4 Decoratorパターン

一般的に、デコレータ (decorator) は関数であり、なんらかの関数をひとつだけ引数として受け取り、その受け取った関数を拡張する機能を持たせ、同じ名前の新しい関数として返す。デコレータは、自分の関数をフレームワークのなかへ簡単に統合するように用いられることが多くある (たとえば、ウェブフレームワークによって多く用いられる)。

Decoratorパターンはとても役に立つため、Pythonでは標準でその機能をサポートしている。Pythonでは、関数とメソッドの両方にデコレータを適用でき、さらに、クラスデコレータもサポートしている。ちなみに、クラスデコレータは、クラスをただひとつの引数として受け取り、機能を追加した新しいクラスを同じ名前で返す関数である。クラスデコレータは、サブクラスの代わりとして用いられることもある。

Pythonの組み込み関数であるproperty()は、デコレータとして利用できる。そのような例は、これまでにいくつか見てきた (たとえば、前節のcompositeとpriceプロパティなど)。また、Pythonの標準ライブラリは、組み込みのデコレータをいくつか

含んでいる。たとえば、@functools.total_orderingというクラスデコレータは、__eq__()と__lt__()などの特殊メソッド（それぞれ、"=="と"<"の比較演算子に対応する）を実装したクラスに適用できる。このクラスデコレータを用いれば、他の比較演算子（<、<=、==、!=、=>、>）も新しいバージョンに置き換えられ、デコレータクラスはすべての比較演算子をサポートすることになる。

　デコレータは、関数、メソッド、またはクラスを、唯一の引数として受け取る。そのため、理論的には、デコレータにパラメータを付与することはできない。しかし、そのことは実践上問題になることはない。というのは、このあと見ていくように、パラメータの指定可能なデコレータファクトリーを作れるからである。このファクトリーがデコレータ関数を返し、返されたデコレータ関数が関数・メソッド・クラスをデコレートする。

2.4.1　関数デコレータとメソッドデコレータ

　関数とメソッドのデコレータは同じ構造である。そのデコレータの最初の作業は、ラッパー関数（本書ではそれをwrapper()と呼ぶことにする）を作ることである。このラッパー関数のなかでは、元の関数を呼ぶべきであるが、その呼び出しを行う前にどのような前処理を行うかは自由に決められる。また、呼び出しのあとで、結果への後処理も自由に行えるし、戻り値として何を返すかも自由である。そして最後に、デコレータの結果としてラッパー関数を返し、元の関数をこの関数に置き換える（関数名は元の関数名を用いる）。

　defやclassとインデントを揃え、@（アットマーク）を書き、そのあとにデコレータの名前を書くことで、関数・メソッド・クラスへのデコレータを適用できる。また、デコレータをスタックのように積み重ねていくことも可能である。つまり、**図2-6**のように、デコレータ関数にデコレータを適用するといったことを何重にも繰り返せる。

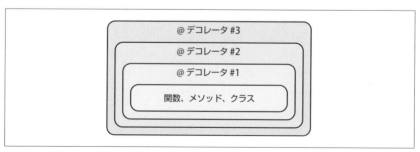

図2-6　積み重なったデコレータ

```
@float_args_and_return
def mean(first, second, *rest):
    numbers = (first, second) + rest
    return sum(numbers) / len(numbers)
```

上のコードでは、`@float_args_and_return`デコレータ（このあとすぐに示す）を用いて、`mean()`関数をデコレートしている。デコレートされる側の`mean()`関数はふたつ以上の数字を引数として受け取り、その平均値を`float`として返す。一方、デコレートされた`mean()`関数は――元の関数を置き換えているから、`mean()`として呼ぶ――、`float`に変換可能なふたつ以上の引数を受け取る。もしデコレータを用いなければ、`mean(5, "6", "7.5")`は`TypeError`を発生させる。なぜなら、`int`に`str`を足し合わせることはできないからである。しかし、デコレータを用いた場合、`float("6")`と`float("7.5")`は適切な数値であるため、正常に加算できる。

ちなみに、デコレータの構文は、実際には単なるシンタックスシュガー（糖衣構文：同じ意味を持つが別の書き方のできる構文）にすぎない。実際、上のコードは次のように書くこともできる。

```
def mean(first, second, *rest):
    numbers = (first, second) + rest
    return sum(numbers) / len(numbers)
mean = float_args_and_return(mean)
```

ここでは、デコレータを用いずに関数を作成し、それから、デコレータを自ら呼び出すことで、自身をデコレートされた関数に置き換えている。デコレータを用いることは非常に便利ではあるが、時にはデコレータを関数として直接呼び出す必要がある。2.4.2.1節の例では、組み込みの`@property`デコレータを`ensure()`関数のなかで直接呼んでいる。また、2.2節の例では、組み込みの`@classmethod`デコレータを`has_methods()`関数のなかで直接呼び出している。

```
def float_args_and_return(function):
    def wrapper(*args, **kwargs):
        args = [float(arg) for arg in args]
        return float(function(*args, **kwargs))
    return wrapper
```

`float_args_and_return()`関数は関数のデコレータであるため、唯一の引数として関数を受け取る。ラッパー関数の引数を`*args`と`**kwargs`にしたのは慣例に基づいたものであり、これにより、どのような引数でも受け取れる（1章のコラム「シーケン

スのアンパック／ディクショナリのアンパック」を参照）。引数がどのようなものであっても、それは元の関数によって処理されるため、すべての引数を元の関数に渡さなければならい。

　この例では、ラッパー関数のなかで、渡された位置指定引数（positional argument）を浮動小数点数型のリストに置き換えている。そして、適切に修正が施された*argsを用いて元の関数を呼び出し、その結果をfloatに変換して返す。そして、ラッパーが作成されると、それをデコレータの結果として返す。

　残念ながら、デコレートされた関数の__name__属性は、元の関数名の代わりとして、"wrapper"という名前に設定されてしまい、docstring（ドキュメンテーション文字列）も持たない（たとえ、元の関数にdocstringがあったとしても、それは失われてしまう）。そのため、この置き換え作業は完璧であるとは言えない。この欠点を解決するために、Pythonの標準ライブラリには@functools.wrapsというデコレータが含まれている。これはデコレータの内部でラッパー関数をデコレートするために利用でき、さらに、ラッパー関数の__name__と__doc__属性を、元の関数の名前とdocstringに設定できる。

```
def float_args_and_return(function):
    @functools.wraps(function)
    def wrapper(*args, **kwargs):
        args = [float(arg) for arg in args]
        return float(function(*args, **kwargs))
    return wrapper
```

　これが別バージョンのデコレータである。今回は、@functools.wrapsデコレータを用いている。これによって、デコレータの内部で作成されるwrapper()関数の__name__属性は、渡される関数と同じ名前に設定される（たとえば、"mean"）。そして、wrapper()関数は元の関数のdocstringを持つ（この例では空であるが）。これによって、スタックトレースにおいてデコレートされた関数の名前が正しく表示されるとともに、その元の関数のdocstringにアクセスできる。そのため、常に@functools.wrapsを用いたほうがよいと言える。

```
@statically_typed(str, str, return_type=str)
def make_tagged(text, tag):
    return "<{0}>{1}</{0}>".format(tag, escape(text))

@statically_typed(str, int, str) # 任意の型を指定できる
```

```
def repeat(what, count, separator):
    return ((what + separator) * count)[:-len(separator)]
```

　静的型付けを行うためのstatically_typed()関数はデコレータファクトリー（デコレータを作成する関数）であり、ここではmake_tagged()とrepeat()関数をデコレートするために用いられる。statically_typed()関数は、関数・メソッド・クラスのいずれかを引数としてひとつだけ受け取るわけではないので、デコレータではない。ここでは、デコレートされる関数が受け取る可能性のある位置指定引数の型や数（加えて、必要に応じて戻り値の型）を指定したいので、デコレータにパラメータを与える必要がある。そして、その指定する内容は関数によって異なるため、必要なパラメータ（位置指定引数とキーワード引数のそれぞれに1つ）を受け取り、デコレータを返すstatically_typed()という関数を作る。

　そのためPythonが@statically_typed(...)というコードに到達したら、与えられた引数でstatically_typed()関数を呼び出す。返された関数が、直後に記述されている関数（この例ではmake_tagged()やrepeat()）のデコレータとして使用される。

　デコレータファクトリーの作成は次のパターンに従う。最初にデコレータ関数を作成し、その関数のなかで先ほど示したようにラッパー関数を作る。通常は、そのラッパー関数の最後で、オリジナルの関数の実行結果が（必要に応じて修正や置き換えを行ったうえで）返される。そして、デコレータの末尾で、ラッパーが返される。最後に、デコレータファクトリー関数の末尾で、デコレータが返される。

```
def statically_typed(*types, return_type=None):
    def decorator(function):
        @functools.wraps(function)
        def wrapper(*args, **kwargs):
            if len(args) > len(types):
                raise ValueError("too many arguments")
            elif len(args) < len(types):
                raise ValueError("too few arguments")
            for i, (arg, type_) in enumerate(zip(args, types)):
                if not isinstance(arg, type_):
                    raise ValueError("argument {} must be of type {}"
                                     .format(i, type_.__name__))
            result = function(*args, **kwargs)
            if (return_type is not None and
                not isinstance(result, return_type)):
                raise ValueError("return value must be of type {}".format(
```

```
                    return_type.__name__))
            return result
        return wrapper
    return decorator
```

 実際のコードは上記のようになる。ここでは、デコレータ関数を作ることから始めている。decorator()という名前を付けているが、名前はなんでもよい。デコレータ関数のなかでは、前と同じように、ラッパー関数を作成する。ただし今回は、ラッパーのなかがいくぶん複雑になっている。ラッパーのなかでは、元の関数を呼び出す前に、位置指定引数すべてに対して、その引数の個数と型をチェックし、もし戻り値の型が指定されていれば、その戻り値のチェックも行う。そして、元の関数の実行結果を返す。

 ラッパーが作られると、デコレータはそのラッパーを返す。そして最後に、そのデコレータ自体が返される。そのため、たとえばPythonが@statically_typed(str, int, str)というソースコードに到達した場合、statically_typed()関数が呼ばれることになる。statically_typed()関数はdecorator()関数を作り、それを返す――decorator()関数では、statically_typed()関数に渡された引数を利用できる。続いて、@に戻り、Pythonは返されたdecorator()関数を実行し、後続の関数――defステートメントで定義される関数、もしくは他のデコレータによって返された関数のどちらか――に実行結果を渡す。ここでは、後続の関数をrepeat()としよう。その場合、decorator()関数の唯一の引数として、そのrepeat()関数が渡される。そのdecorator()関数は、続いて、新しいwrapper()関数を作ってstatically_typed()関数で指定された引数を渡す。そして、そのラッパーを返し、Pythonは元のrepeat()関数をラッパーに置き換える。

 statically_typed()関数によってdecorator()関数が作られるときに、wrapper()関数が作られるが、wrapper()関数は、その周辺の情報――特に、typesタプルとreturn_typeキーワード引数――が取り込まれた状況で呼び出される。この点には注意してほしい。関数やメソッドが、このような周囲の情報を取り込む場合、それは**クロージャ**（closure）と呼ばれる。Pythonがクロージャをサポートしているおかげで、ファクトリー関数やデコレータ、デコレータファクトリーにパラメータを渡せる。

 デコレータに引数や戻り値の静的型チェックを行わせることは、静的型付き言語（CやC++、Javaなど）からPythonに移って来た人にとっては魅力的に見えるかもしれない。しかしそれは、ランタイム時のパフォーマンスを下げることになる（コンパイル型言語ではそのような影響はない）。さらに言えば、動的型付き言語において型チェック

を行うことは"パイソニック"ではないが、Pythonの柔軟性を示しているとも言える（も
しコンパイル時の静的型チェックを行いたいのであれば、Cythonを使った方法があり、
これは5.2節で見ていく）。これよりも便利な方法として、パラメータに対してバリデー
ション（検証）を行うというものがある。これについては次節で見ていく。

　デコレータを書くのには少し慣れが必要かもしれないが、そのパターン自体は単純な
ものである。パラメータを受け取らないデコレータの場合は、ラッパーを返すデコレー
タ関数を作るだけであった。この手順は、`@float_args_and_return`デコレータで
紹介した。また、次の例の`@Web.ensure_logged_in`デコレータでも、同じパターン
が使われる。一方、パラメータを受け取るデコレータの場合、デコレータを作成するデ
コレータファクトリーを作った（デコレータファクトリーが作成したデコレータは、内部
でラッパーを作成する）。そのようなパターンは、`statically_typed()`関数で使わ
れている。

```
@application.post("/mailinglists/add")
@Web.ensure_logged_in
def person_add_submit(username):
    name = bottle.request.forms.get("name")
    try:
        id = Data.MailingLists.add(name)
        bottle.redirect("/mailinglists/view")
    except Data.Sql.Error as err:
        return bottle.mako_template("error", url="/mailinglists/add",
            text="Add Mailinglist", message=str(err))
```

　一方、上のコードは、メーリングリストを管理するWebアプリケーションのコード
から抜粋したものである。このアプリケーションでは、bottle（http://bottlepy.org/）
という軽量のウェブフレームワークが使われている。ここで示した`@application.
post`デコレータは、bottleが提供しており、関数とURLを関連付けるために用いら
れる。この例で我々が行いたいことは、ユーザーがログインしている場合、ユーザー
に`mailinglists/add`ページへアクセスさせることだけである。もしログインしてい
ない場合は、`login`ページへ遷移させる。ここでは、ユーザーがログインしているか
どうかを確認するコードをすべて書くようなことは行っていない。代わりに、`@Web.
ensure_logged_in`デコレータを作成することによって、ログインに関連した作業を
行っているのである。そのため、我々が書く関数のなかに、ログイン関連のコードが散
乱することはない。

```
def ensure_logged_in(function):
    @functools.wraps(function)
    def wrapper(*args, **kwargs):
        username = bottle.request.get_cookie(COOKIE,
                secret=secret(bottle.request))
        if username is not None:
            kwargs["username"] = username
            return function(*args, **kwargs)
        bottle.redirect("/login")
    return wrapper
```

ウェブサイトにユーザーがログインすると、ログインページのコードは、ユーザー名とパスワードの認証を行う。認証に成功した場合、ユーザーのブラウザのクッキーに認証情報を保存し、セッションが終了するまでの間ずっと利用する。

たとえばメーリングリストへのメンバーの追加など、@ensure_logged_inによってデコレートされた関数を持つページがユーザーによって要求されると、そこで定義されたwrpper()関数が呼び出される。ラッパーはクッキーからユーザー名を取得しようと試みる。もしそれに失敗した場合、ユーザーはログインしていないため、そのWebアプリケーションのログインページへと遷移する。もしユーザーがログインしている場合は、キーワード引数にユーザー名を追加し、デコレート対象の関数を呼び出し、その結果を返す。これによって、デコレート対象の関数が呼ばれるときは、ユーザーが正しくログインしていると保証でき、そのユーザー名にアクセスできる。

2.4.2　クラスデコレータ

読み書き可能なプロパティをたくさん持つクラスを作成することはよくある。そのようなクラスにおいては、似たようなゲッターとセッター用のコードが何度も書かれる。ここでは、本を表すBookクラスについて考えることにする。このクラスには、タイトル、ISBN、価格、数量の4つの要素があるとする。そして、それぞれの要素には@propertyデコレータが必要であり、コードは基本的にすべて同じであるとしよう（たとえば、@property def title(self): return titleのようなコードからなる）。また、セッターメソッドも4つ必要であり、それぞれに、その要素のためのバリデーションが含まれる。価格と数量については、最小値と最大値を除けば、バリデーションのコードは同じである。このようなクラスがたくさん存在すれば、重複したコードも多くなるだろう。

幸いにも、Pythonがクラスデコレータに対応しているおかげで、重複は取り除ける。

たとえば、本章の最初のほうでは、インタフェースをチェックするために、カスタマイズしたクラスデコレータを用いた (2.2節)。そのクラスデコレータを用いることによって、10行程度の重複したコードを毎回書く必要がなくなった。ここでは別の例として、Bookクラスの実装について見ていく。このBookクラスには、バリデーション付きのプロパティが4つ含まれる (それに加えて、読み取り専用のプロパティがひとつある)。

```python
@ensure("title", is_non_empty_str)
@ensure("isbn", is_valid_isbn)
@ensure("price", is_in_range(1, 10000))
@ensure("quantity", is_in_range(0, 1000000))
class Book:

    def __init__(self, title, isbn, price, quantity):
        self.title = title
        self.isbn = isbn
        self.price = price
        self.quantity = quantity

    @property
    def value(self):
        return self.price * self.quantity
```

このコード中のself.title、self.isbn、self.price、self.quantityはすべてプロパティである。そのため、__init__() メソッドのなかで代入操作が行われると、それぞれに対応するプロパティのセッターによってバリデーションが行われる。しかし、ここでは、これらのプロパティのゲッターとセッターのコードをひとつひとつ書くようなことはしていない。その代わりに、4つのクラスデコレータを用いて、我々が必要としている機能を実装している。

　ensure()関数は、パラメータとしてプロパティ名とバリデーション関数を受け取り、クラスデコレータを返す。このクラスデコレータは、直後に記述されたクラスに適用されることになる。

　この例では、最初に何も手の加えられていないBookクラスが作成され、それからquantityのensure()が呼び出される。この呼び出しによって、クラスデコレータが適用され、そのデコレータが返される。結果として、Bookクラスはquantityプロパティが拡張されたクラスとなる。続いて、priceのensure()が呼び出され、クラスデコレータが適用される。これにより、Bookクラスは、quantityとpriceプロパティも拡張されたクラスとなる。このプロセスがあと2回繰り返され、最終的にBookクラ

スは4つのプロパティを持つことになる。

　このプロセスは、一見したところ逆の順番で起こっているように思うかもしれない（つまり、最初に title プロパティが拡張され、次に isbn といった順番）。実際には次の擬似コードで示すような手順で拡張が起こっている。

```
ensure("title", is_non_empty_str)( # 擬似コード
    ensure("isbn", is_valid_isbn)(
        ensure("price", is_in_range(1, 10000))(
            ensure("quantity", is_in_range(0, 1000000))(class Book: ...))))
```

　この擬似コードが示すように、class Book というステートメントを最初に実行しなければならない。なぜなら、Book のクラスオブジェクトは ensure() 呼び出しのパラメータとして必要であり、これにより返されるクラスオブジェクトは、そのひとつ前の ensure() が必要とし、さらにそれによって返されるクラスオブジェクトも同様に…といった具合に処理が進むからである。

　値段（price）と数量（quantity）には同じバリデーション関数が使われており、異なる箇所はパラメータだけであることに注目してほしい。実際、is_in_range() 関数はファクトリー関数である。ここでは、与えられた最小値と最大値がハードコードされた別の is_in_range() 関数を作成して返す。

　このあとすぐに見ていくように、ensure() 関数によって返されるクラスデコレータは、対象のクラスにプロパティを追加する。このプロパティのセッターは、該当のプロパティに対してバリデーション関数を呼び出す。このとき、バリデーション関数に対して、プロパティの名前とそのプロパティに設定される新しい値のふたつの要素が引数として渡される。バリデーション関数は、その値が適切である場合は何もしないが、そうでなければ、例外を発生させる（たとえば、ValueError を発生させる）。ensure() の実装を見る前に、バリデーション関数をいくつか見てみよう。

```
def is_non_empty_str(name, value):
    if not isinstance(value, str):
        raise ValueError("{} must be of type str".format(name))
    if not bool(value):
        raise ValueError("{} may not be empty".format(name))
```

　このバリデーション関数 is_non_empty_str() は、Book の title プロパティの値が空の文字列でないかどうかを検証する。また、ValueError を表示する場合を考慮して、エラーメッセージにはそのプロパティ名が含まれている。

```
def is_in_range(minimum=None, maximum=None):
    assert minimum is not None or maximum is not None
    def is_in_range(name, value):
        if not isinstance(value, numbers.Number):
            raise ValueError("{} must be a number".format(name))
        if minimum is not None and value < minimum:
            raise ValueError("{} {} is too small".format(name, value))
        if maximum is not None and value > maximum:
            raise ValueError("{} {} is too big".format(name, value))
    return is_in_range
```

このis_in_range()関数は、新しいバリデーション関数を作成するファクトリー関数である。そのバリデーション関数は、自身に渡される値が数値かどうか、そして、その数値が指定された範囲に収まっているかどうかを検証する（数値の判定には、抽象基底クラスのnumbers.Numberを用いる）。作成されたバリデーション関数はそのまま返される。

```
def ensure(name, validate, doc=None):
    def decorator(Class):
        privateName = "__" + name
        def getter(self):
            return getattr(self, privateName)
        def setter(self, value):
            validate(name, value)
            setattr(self, privateName, value)
        setattr(Class, name, property(getter, setter, doc=doc))
        return Class
    return decorator
```

ensure()関数はクラスデコレータを作成する。このクラスデコレータは、プロパティ名、バリデーション関数、省略可能なdocstringの3つの要素をパラメータとして受け取る。そのため、ensure()によって返されるクラスデコレータがクラスに対して用いられるたびに、追加された新しいプロパティによってそのクラスは拡張されることになる。

上記のコードのdecorator()関数は、唯一の引数としてクラスを受け取る。decorator()関数は、最初にプライベートな属性の名前を作成する。バリデーション対象のプロパティの値は、このプライベートな属性に格納される（このBookの例では、self.titleプロパティの値は、self.__titleというプライベートな属性に格納される）。続いて、そのプライベートな属性に格納された値を返すゲッター関数を定

義する。組み込み関数のgetattr()関数は、オブジェクトと属性名を受け取り、その属性値を返す（または、AttributeErrorを発生させる）。そして、セッター関数を定義する。このセッター関数は、指定されたvalidate()関数を呼び、（validate()が例外を発生しない場合）プライベートな属性に新しい値を設定する。組み込み関数のsetattr()関数は、オブジェクト、属性名、値を受け取り、そのオブジェクトの与えられた属性に、与えられた値を設定する（必要に応じて新しい属性を作成する）。

　ゲッター関数とセッター関数を定義したら、これらを用いて新しい（パブリックな）プロパティを作成する。新しいプロパティは、組み込み関数のsetattr()関数を用いてクラスに追加される。組み込み関数のproperty()関数は、ゲッターと、省略可能なセッターとデリーター（deleter）そしてdocstringを受け取り、プロパティを返す（ちなみに、property()関数は、前に見たように、メソッドのデコレータとしても利用できる）。以上の修正が施されたクラスは、decorator()関数により返される。decorator()関数自体は、ensure()というクラスデコレータのファクトリー関数によって返される。

2.4.2.1　クラスデコレータを用いたプロパティの追加

　先ほど2.4.2節の冒頭で示した例では、バリデーションを行いたい属性それぞれに対して@ensureというクラスデコレータを用いなければならなかった。人によっては、プロパティを積み重ねて記述することを好まないかもしれない。それよりも、より可読性の高いコードにするため、クラスの本体に属性を記述し、それぞれをクラスデコレータと組み合わせるほうを好むだろう。

```
@do_ensure
class Book:

    title = Ensure(is_non_empty_str)
    isbn = Ensure(is_valid_isbn)
    price = Ensure(is_in_range(1, 10000))
    quantity = Ensure(is_in_range(0, 1000000))

    def __init__(self, title, isbn, price, quantity):
        self.title = title
        self.isbn = isbn
        self.price = price
        self.quantity = quantity
```

```
        @property
        def value(self):
            return self.price * self.quantity
```

この新しいBookクラスは、@do_ensureというクラスデコレータとEnsureクラスのインスタンスを使用している。各Ensureはバリデーション関数を受け取る。@do_ensureクラスデコレータが、各Ensureインスタンスを、同じ名前のバリデーション付きのプロパティに置き換える。バリデーション関数(is_non_empty_str()など)は、前のバージョンと同じである。

```
    class Ensure:

        def __init__(self, validate, doc=None):
            self.validate = validate
            self.doc = doc
```

この簡単なEnsureクラスには、バリデーション関数が格納される。この関数は、プロパティのセッターと、(必要に応じて)docstringに対して適用される。たとえば、Bookクラスのtitle属性はEnsureインスタンスであるが、Bookクラスが作成されると、@do_ensureがすべてのEnsureインスタンスをプロパティに置き換える。そのため、title属性はtitleプロパティに変更され、そのセッターとしてはEnsureインスタンスのバリデーション関数が使われる。

```
    def do_ensure(Class):
        def make_property(name, attribute):
            privateName = "__" + name
            def getter(self):
                return getattr(self, privateName)
            def setter(self, value):
                attribute.validate(name, value)
                setattr(self, privateName, value)
            return property(getter, setter, doc=attribute.doc)
        for name, attribute in Class.__dict__.items():
            if isinstance(attribute, Ensure):
                setattr(Class, name, make_property(name, attribute))
        return Class
```

このクラスデコレータdo_ensureは3つの処理から構成される。ひとつ目として、make_property()という関数を入れ子(ネスト)で定義する。この関数は名前(たとえば、"title")とEnsure型の属性を受け取る。プロパティのセッターにアクセスを

試みた際に、バリデーション関数が呼ばれるようにする。ふたつ目として、対象のクラスの属性をすべて列挙し、Ensure型のインスタンスを新しいプロパティで置き換える。3つ目の処理として、修正されたクラスを返す。

デコレータによる処理が完了すると、すべてのEnsure属性は、同じ名前のバリデーション付きのプロパティに置き換わっている。

入れ子の関数を使わず、if isinstance()の後ろに同じコードを置けばよいと思われるかもしれない。しかし、こうすると、遅延バインディング（late binding）のために正しく動作しない。そのため、ここでは関数として分離して配置することが必要不可欠である。このような問題は、デコレータやデコレータファクトリーを作成するときにはよくあるが、関数を分離すること —— 可能であればネストにすること —— によって解決できる。

2.4.2.2　サブクラスの代わりとしてのクラスデコレータ

基底クラスにメソッドやデータをいくつか備えさせ、その基底クラスから複数のサブクラスを派生させることがある。これによって、メソッドやデータの重複を避けられ、追加のサブクラスを作るのも容易である。しかし、継承されたメソッドやデータがサブクラスのなかで修正されないとしたら、クラスデコレータを用いても同じことを実現できる。

たとえば、後ほどMediatedという基底クラスを使用するが、この基底クラスには、self.mediatorというデータ属性とon_change()メソッドがある（3.5節）。このクラスはButtonとTextというふたつのクラスによって継承されるが、どちらの場合も、データとメソッドは変更せずに使用する。

```
class Mediated:

    def __init__(self):
        self.mediator = None

    def on_change(self):
        if self.mediator is not None:
            self.mediator.on_change(self)
```

これはmediator1.pyから抜粋したコードである。このMediatedクラスは基底クラスであり、このクラスから通常のシンタックスで —— つまり、class Button(Mediated): ...やclass Text(Mediated): ...のように —— 継承が行われ

る。しかし、もし継承したon_change()メソッドをサブクラスで修正する必要がないのであれば、サブクラス化の代わりにクラスデコレータを利用できる。

```
def mediated(Class):
    setattr(Class, "mediator", None)
    def on_change(self):
        if self.mediator is not None:
            self.mediator.on_change(self)
    setattr(Class, "on_change", on_change)
    return Class
```

これもmediator1.pyから抜粋したコードである。このクラスデコレータも通常と同じように——つまり、@mediated class Button: …や@mediated class Text: …といった具合に——使う。デコレートされたクラスは、サブクラスを使う場合とまったく同じ機能を備えている。

関数やクラスのデコレータは非常に強力でありながら、手頃で使いやすい。そして、クラスデコレータは、サブクラスの代替手法として使えるケースがあることを見てきた。デコレータを作成するというのはメタプログラミングの簡単な形式であり、クラスデコレータは、より複雑な形式のメタプログラミング（メタクラスなど）の代わりとして利用できる。

2.5 Facadeパターン

あるサブシステムのインタフェースが複雑すぎたり、低レベルすぎたりして実用性に欠ける場合、Facadeパターンを用いて、そのサブシステムへの統一されたシンプルなインタフェースを提供できる。

Pythonの標準ライブラリでは、gzip、tar、zipなどで圧縮されたファイルを扱うためのモジュールが提供されているが、それらは圧縮形式ごとに異なるインタフェースを持つ。ここでは、統一されたシンプルなインタフェースを用いて、それらのアーカイブファイル（.gzip、.tar、.zip）にアクセスして解凍できるようにしたい。ひとつの解決策としては、Facadeパターンを用いて、シンプルで高レベルなインタフェースを提供できる。このインタフェースのなかで行われる実際の仕事の多くは、標準ライブラリが受け持つ。

図2-7は、我々がユーザーに提供したいと考えているインタフェース（filenameプロパティ、names()メソッド、unpack()メソッド）を示している。このインタフェー

スについてFacade（ファサード、建物の前面の意）を提供する。Archiveインスタンスは、アーカイブファイルの名前だけを持つ。内部にアーカイブされているデータの取得を求められた場合にのみ、実際にアーカイブファイルを開く（本節で示すコードはUnpack.pyから抜粋している）。

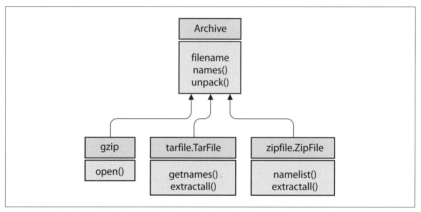

図2-7　Archive facade

```
class Archive:

    def __init__(self, filename):
        self._names = None
        self._unpack = None
        self._file = None
        self.filename = filename
```

　self._names変数には、アーカイブファイルの名前を返す「コーラブルオブジェクト（callable object：呼び出し可能オブジェクト）」を格納することが期待される。同様に、self._unpack変数はコーラブルを保持するためにあり、self._unpackを呼び出すと、すべてのアーカイブファイルがカレントディレクトリに解凍される。self._fileは、アーカイブファイルのファイルオブジェクトを保持するためのものである。self.filenameは読み書き用のプロパティであり、アーカイブファイルのファイル名が格納される。

```
    @property
    def filename(self):
        return self.__filename
```

```
@filename.setter
def filename(self, name):
    self.close()
    self.__filename = name
```

たとえば、*archive.filename* = *newname*のようなステートメントによってファイル名が変更されたとすると、現在のアーカイブファイルが開かれていればまず閉じる。ここでは、すぐに新しいアーカイブを開かずに、必要なときになって初めて開くといった「遅延評価」を用いている。

```
def close(self):
    if self._file is not None:
        self._file.close()
    self._names = self._unpack = self._file = None
```

仕様としては、Archiveクラスを使う人がインスタンスが使い終われば、上のclose()メソッドを呼ぶことが期待される。close()メソッドは、ファイルオブジェクトが開いていれば閉じ、self._names、self._unpack、self._file変数にNoneを設定する。

すぐにわかることだが、我々はArchiveクラスをコンテキストマネージャ（context manager）として実装している。そのため、withステートメントを用いる限り、ユーザー自身の手でclose()を呼び出す必要はない。

```
with Archive(zipFilename) as archive:
    print(archive.names())
    archive.unpack()
```

上のコードではzipファイルのArchiveを作成し、その名前をコンソールに出力し、現在のディレクトリにそのすべてのファイルを解凍する。archiveはコンテキストマネージャであるから、withステートメントのスコープを抜けると、自動的にarchive.close()が呼ばれる。

```
def __enter__(self):
    return self

def __exit__(self, exc_type, exc_value, traceback):
    self.close()
```

Archiveをコンテキストマネージャにするために行うことは、上のふたつのメソッド

を定義するだけである。`__enter__()`メソッドはself (Archiveインスタンス) を返し、この値が「with ... as」で指定した変数に設定される。`__exit__()`メソッドでは、アーカイブのファイルオブジェクトを閉じる (開いていた場合)。また、`__exit__()`メソッドは (暗黙のうちに) Noneを返すから、withブロックで発生した例外は通常どおり伝播する。

```
def names(self):
    if self._file is None:
        self._prepare()
    return self._names()
```

このメソッドはアーカイブされているファイルのリストを返す。もし対象のアーカイブが開かれていなければ、そのアーカイブを開き、(`self._prepare()`を用いて) `self._names`と`self._unpack`に、適切なコーラブルを設定する。

```
def unpack(self):
    if self._file is None:
        self._prepare()
    self._unpack()
```

このメソッドはすべてのアーカイブされているファイルを解凍する。ただし、このあと見ていくように、解凍を行うのは、それらの名前がすべて"安全"である場合に限定している。

```
def _prepare(self):
    if self.filename.endswith((".tar.gz", ".tar.bz2", ".tar.xz",
            ".zip")):
        self._prepare_tarball_or_zip()
        # 訳注：tar形式のファイルは、英語でtarballと呼ばれる。そのため、ここで
        # はメソッド名に_prepare_tarball_or_zip()という名前が用いられる。
    elif self.filename.endswith(".gz"):
        self._prepare_gzip()
    else:
        raise ValueError("unreadable: {}".format(self.filename))
```

この`_prepare()`メソッドは、他の適切なメソッドに処理を委譲する。tarファイルとzipファイルでは、必要とするコードがほとんど同じであるから、同じメソッドで準備処理を行う。しかしgzipファイルは操作が異なるため、それ専用に別のメソッドを用意する。

準備を行うメソッドでは、`self._names`と`self._unpack`変数に対して、コーラブ

ルを設定する。なお、names()とunpack()メソッドのなかでは、それぞれのコーラブルが呼び出される。

```python
def _prepare_tarball_or_zip(self):
    def safe_extractall():
        unsafe = []
        for name in self.names():
            if not self.is_safe(name):
                unsafe.append(name)
        if unsafe:
            raise ValueError("unsafe to unpack: {}".format(unsafe))
        self._file.extractall()
    if self.filename.endswith(".zip"):
        self._file = zipfile.ZipFile(self.filename)
        self._names = self._file.namelist
        self._unpack = safe_extractall
    else: # .tar.gz、.tar.bz2、.tar.xzのいずれかで終わるファイル名
        suffix = os.path.splitext(self.filename)[1]
        self._file = tarfile.open(self.filename, "r:" + suffix[1:])
        self._names = self._file.getnames
        self._unpack = safe_extractall
```

この_prepare_tarball_or_zip()メソッドでは、まずsafe_extractall()関数を作成する。safe_extractall()関数は、アーカイブの名前をすべて検証し、もし安全でない名前が存在したら、ValueErrorを発生させる。もしすべての名前が安全であれば、tarfile.TarFile.extractall()やzipfile.ZipFile.extractall()メソッドを呼び出す。

アーカイブファイルの拡張子に応じて、tarfile.TarFileまたはzipfile.ZipFileを開き、そのファイルオブジェクトをself._fileに設定する。そして、self._namesに対応するバウンドメソッド(namelist()またはgetnames())を設定し、self._unpackに先ほど定義したsafe_extractall()を設定する。この関数はクロージャであり、そのときのselfを記憶できるから、self._fileにアクセスし、適切なextractall()を呼び出せる(コラム「バウンドメソッドとアンバウンドメソッド」参照)。

> ## バウンドメソッドとアンバウンドメソッド
>
> バウンドメソッド (bound method) は、クラスのインスタンスに関連付けられたメソッドである。たとえば、Formというクラスにはupdate_ui()というメソッドがあるとする。もしFormクラスのメソッドのなかで、bound = self.update_uiと書けば、Form.update_ui() メソッドへの参照がboundに割り当てられ、そのForm.update_ui() メソッドは、ある特定のインスタンス (self) に結びつけられる。バウンドメソッドは、bound()といったように、直接呼び出せる。
>
> アンバウンドメソッド (unbound method) は、関連付けられたインスタンスを持たないメソッドである。たとえば、unbound = Form.update_uiと書けば、unboundにForm.update_ui() メソッドへの参照が割り当てられるが、特定のインスタンスへの結びつき (バインド) を持たないアンバウンドメソッドとなる。そのため、このメソッドを呼び出す際には、最初の引数として、適切なインスタンスを渡さなければならない。つまり、form = Form(); unbound(form)といった具合である。厳密に言えば、Python 3ではアンバウンドメソッドという概念が廃止された。そのため、そのunboundは、実際には関数オブジェクトである (このことは、メタプログラミングにおいて、重要な場合がある)。

```
def is_safe(self, filename):
    return not (filename.startswith(("/", "\\")) or
        (len(filename) > 1 and filename[1] == ":" and
        filename[0] in string.ascii_letter) or
        re.search(r"[.][.][/\]", filename))
```

悪意のあるアーカイブファイルを解凍してしまえば、重要なシステムファイルを、悪意のある危険なファイルで上書きされてしまう危険性がある。そのため、絶対パスや相対パスが含まれるファイルを開くべきではない。そこで、上のようなis_safe() メソッドを定義している。また、常に権限のないユーザーとして——つまり、rootや管理者としてではなく——アーカイブを開くべきである。

もしファイル名がスラッシュまたはバックスラッシュ (つまり、絶対パス) で始まっていれば、このメソッドはFalseを返す。また、../や..\ (相対パス)、または、D:で

始まる場合（DはWinodwsのドライブ名）にもFalseを返す。

つまり、絶対パスまたは相対パスの要素を持つファイル名が危険であると判断される。それ以外のファイルであれば、このメソッドはTrueを返す。

```python
def _prepare_gzip(self):
    self._file = gzip.open(self.filename)
    filename = self.filename[:-3]
    self._names = lambda: [filename]
    def extractall():
        with open(filename, "wb") as file:
            file.write(self._file.read())
    self._unpack = extractall
```

この`_prepare_gzip()`メソッドは、アーカイブを開き、そのファイルオブジェクトを`self._file`に設定する。そして、`self._names`と`self._unpack`に、それぞれ適切なコーラブルを設定する。`extractall`関数では、自分でデータの読み書きを行わなければならない。

Facadeパターンは、使いやすいシンプルなインタフェースを作るときに、非常に便利である。Facadeパターンの良い点は、低レベルの詳細から解放されることである。一方、悪い点は、細やかな制御ができなくなることである。しかし、Facadeパターンは、その内部にある機能を隠したり、排除したりはしない。そのため、ほとんどの場合Facadeパターンを利用できる。より詳細な制御が必要であれば、より低レベルのクラスを用意すればよい。

FacadeパターンとAdapterパターンは、表面上は似ている。異なる点としては、Facadeパターンが複雑なインタフェースの上にシンプルなインタフェースを提供するのに対して、Adapterパターンは他のインタフェース——これは必ずしも複雑とは限らない——の上に統一されたインタフェースを提供している点である。もちろん、両方のパターンを一緒に使うことも可能である。たとえば、アーカイブファイル（.tarや.zip、Windowsの.cabファイルなど）を扱うために、各フォーマットに対してアダプターを使いインタフェースを定義する。そして、ユーザーがどのファイルフォーマットを扱うか気にする必要がないように、Facadeパターンを使って上位レイヤとして統一したインタフェースを提供する。

2.6 Flyweightパターン

　比較的小さなオブジェクトがたくさん存在し、その多くが同じものであるという場面を考えよう。Flyweightパターンは、そのような重複するオブジェクトを効率よく操作したいときに使用する。このパターンにおいては、ユニークなインスタンスは一度だけ生成し、そのインスタンスがほかで必要なときは、それを共有することで対処する。

　Pythonでは、オブジェクトの参照を用いることにより、自然とFlyweightなアプローチがとられる。たとえば、文字列のリストがあるとする。それは長いリストであり、その要素の多くが重複している。この場合、文字列ではなく、オブジェクトへの参照（つまり、変数）を格納すれば、メモリを大幅に節約できるだろう。

```
red, green, blue = "red", "green", "blue"
x = (red, green, blue, red, green, blue, red, green)
y = ("red", "green", "blue", "red", "green", "blue", "red", "green")
```

　このxタプルには、8つのオブジェクトの参照によって、3つの文字列が格納されている。一方、yタプルには、8つのオブジェクトの参照によって、8つの文字列が格納されている。なぜ「8つ」のオブジェクトの参照かというと、このコードが「_anonymous_item0 = "red"、…、_anonymous_item7 = "green"; y = (_anonymous_item0, ... _anonymous_item7)」と同じであることを考えれば納得できるだろう。

　PythonでFlyweightパターンの恩恵を得るもっとも簡単な方法は、おそらく、ディクショナリを用いることである。このディクショナリに存在するユニークなオブジェクトは、それぞれユニークな「キー」によって識別される「値」として格納される。たとえば、CSS (Cascading Style Sheet) によって指定されたフォントによるHTMLページをたくさん作成するとしたら、必要に応じて毎回新しいフォントを作るのではなく、前もって必要なものを作り（もしくは要求された時点で作り）、それをディクショナリに保存できる。そのようにすれば、フォントが必要になったときは、ディクショナリから取り出せる。これによって、同じフォントは、何度必要になったとしても、一度だけ作成すればよい。

　ある状況においては、必ずしも小さいとは言えないたくさんのオブジェクトがあり、そのオブジェクトのほとんどすべてがユニークである場合があるかもしれない。そのような状況においてメモリ使用量を減らすひとつの方法は、__slots__を用いることである。

```
class Point:

    __slots__ = ("x", "y", "z", "color")

    def __init__(self, x=0, y=0, z=0, color=None):
        self.x = x
        self.y = y
        self.z = z
        self.color = color
```

　これは、3次元位置（x、y、z）と色（color）の属性を持つ、単純なPointクラスである。このPointクラスは、__slots__のおかげで、インスタンスごとにそれ専用のプライベートなディクショナリ（self.__dict__）を持つ必要がないため、メモリの節約になる。しかしこれによって、実行中に新たな属性を動的に設定できなくなる（このクラスはpointstore1.pyより抜粋したものである）。

　あるテスト用のマシンでは、このPointをタプルとして100万個生成するのに約2.5秒かかり、そのプログラムは183MBのメモリを要した。一方、slotsを用いなければ、ほんの少しだけ速く処理できたが、312MBのメモリを消費することになった。

　Pythonはスピードのためにメモリを犠牲にすることが多い。しかし、状況によっては、このトレードオフの関係を逆転させたいことがしばしばある。

```
class Point:

    __slots__ = ()
    __dbm = shelve.open(os.path.join(tempfile.gettempdir(), "point.db"))
```

　これは、ふたつ目のPointクラス（pointstore2.py）の最初のほうだけを抜き出したものである。このクラスは、DBM（キー/値）データベースを使用している（DBMはハードディスク上のファイルである）。DBMへの参照はスタティック変数（クラスレベル）のPoint.__dbm変数に格納される。すべてのPointは同じDBMファイルを共有する。ここでは、最初にそのDBMファイルを開き、それを利用できる状態にしている。shelveモジュールは、指定したDBMファイルが存在しない場合、それを自動で作成する（DBMファイルを正しくクローズする方法については、後ほど見ていく）。

　shelveモジュールを用いれば、Pythonオブジェクトを永続ストレージとして保存できる。shelveモジュールは、値をpickle（ピクル）化して保存したり、値を非pickle

化して取得できる[※1]（Pythonのpickleフォーマットは本質的に安全ではない。なぜなら、非pickle化を行うプロセスにおいては、任意のPythonコードを実行できてしまうからである。したがって、信頼できないソースからのデータの非pickle化や、信頼できない方法でアクセスされたデータの非pickle化は行うべきではない。そのような状況でpickleを使いたいとすれば、代案として、チェックサムや暗号化のような、我々自身の手によるセキュリティ手法を適用すべきである）。

```
def __init__(self, x=0, y=0, z=0, color=None):
    self.x = x
    self.y = y
    self.z = z
    self.color = color
```

この`__init__()`メソッドは`pointstore1.py`とまったく同じであるが、その内部では、DBMファイルへ、引数の値がセットされる。

```
def __key(self, name):
    return "{:X}:{}".format(id(self), name)
```

この`__key()`メソッドは、Pointの属性であるx、y、z、colorへの「キー」となる文字列を提供する。そのキーは、16進数によるインスタンスのID（組み込み関数`id()`によって返されるユニークな数字）とその属性の名前によって表される。たとえば、IDが3954827であるPointがあるとすれば、そのx属性は"3C588B:x"、そのy属性は"3C588B:y"といったようなキーを用いて、それらの属性値が格納される。

```
def __getattr__(self, name):
    return Point.__dbm[self.__key(name)]
```

Pointの属性にアクセスするたびに、この`__getattr__()`メソッドが呼び出される（たとえば、*x=point.x*）。

DBMデータベースのキーと値はbytesでなければならない。幸いにも、PythonのDBMモジュールはstrまたはbyesのどちらかのキーを受け取り、標準のエンコーディング（UTF-8）を用いて、その内部でbytesへの変換を行う。そして、もし（ここで行うように）shelveモジュールを使えば、shelveが必要に応じてbytesとの相互変換を行ってくれるから、pickle可能な値はどのようなものでも格納できる。

[※1] 訳注：pickle化とは、Pythonのオブジェクトをバイト（bytes）へと変換することを言う。非pickle化（unpickle）とは、その逆の操作、つまり、バイトをオブジェクトへ変換することを言う。

そのため、ここでは、適切なキーを取得し、それに対応する値を取り出せる。そして、shelveモジュールのおかげで、取り出した値は (pickle化された) bytes からオリジナルの型に変換される (たとえば、ポイントのcolorはintやNoneへ変換される)。

```
def __setattr__(self, name, value):
    Point.__dbm[self.__key(name)] = value
```

Pointの属性が設定されるたびに (たとえば、point.y=y)、この__setattr__() メソッドが呼び出される。ここでは、適切なキーを取得し、その値を設定している。その内部では、shelveモジュールがその値を (pickle化された) bytes へ変換している。

```
atexit.register(__dbm.close)
```

Pointクラスの最後では、上のようにatexitモジュールのregister()関数を用いて、プログラムの終了時にDBMのclose() メソッドが呼び出されるように登録する。

前と同じテスト用のマシンでは、このPointクラスを100万個生成するのに約1分必要であった。しかし、そのプログラムは29MBのメモリだけしか占有しなかった (加えて、ハードディスクには361MBのファイルがある)。ちなみに、最初のバージョンでは、183MBのメモリを必要とした。DBMにデータを入れるのにかかる時間はかなり長いが、一旦それが終われば、OSがよく使用するファイルをキャッシュするため、データを高速に探し出せる。

2.7 Proxyパターン

Proxyパターンは、あるオブジェクトを別のオブジェクトの"代理人"としたいときに使用する。かの有名なGoF本では、Proxyパターンについての使用例がいくつか示されている。ひとつ目の例に「リモートプロキシ」があり、その例では、ローカルオブジェクト (手元にあるオブジェクト) がリモートオブジェクト (ネットワークの向こう側にあるオブジェクト) の代理をする。RPyCライブラリは、まさしくこの例に合致する。このライブラリを使うとサーバー上でオブジェクトを作成でき、クライアント上でそのリモートオブジェクトのプロキシ (代理人) を利用できる (このライブラリについては、6.2節で紹介する)。ふたつ目の例は「仮想プロキシ」である。これは、「重いオブジェクト」を生成する代わりに、最初に「軽いオブジェクト」を生成し、「重いオブジェクト」が実際に必要になった段階で、その生成を行うというものである。本節では、こ

の「仮想プロキシ」の例について詳しく見ていく。3つ目の例は、「プロテクションプロキシ（protection proxy）」である。これは、クライアントのアクセス権限に応じて異なるレベルのアクセスを提供するものである。4つ目の例は、オブジェクトがアクセスされたときに、追加でなんらかのアクションを実行する「スマート参照プロキシ（smart reference proxy）」である。このすべてのプロキシに対して、同じコーディング方針で実装できるが、4番目のケースではディスクリプタ[※1]を用いて実装することも可能である（たとえば、@propertyデコレータを用いて、プロパティを置き換える）。

　このパターンは単体テストにおいても使用できる。たとえば、常に利用できるとは限らないリソースや開発途中の不完全なクラスにアクセスするためのコードをテストする必要がある場合、そのリソースやクラスのためのプロキシを作成することによってテストを行える。そのプロキシは完全なインタフェースは提供するが、実際には何も行わない。Python 3.3にはunittest.mockライブラリが含まれており、モックオブジェクトを追加したり、欠けたメソッドの代わりにスタブを追加できるため、このアプローチは非常に便利である（https://docs.python.org/3/library/unittest.mock.htmlを参照）。

　本節の例では、複数の画像をあらかじめ用意し、最終的にはそのなかのひとつだけを使用するといった状況を想定する。我々は、Imageモジュールと、それと似た機能でより高速なcyImageモジュールを持っている（両モジュールは、それぞれ3.12節と5.2.2節で説明する）が、これらのモジュールはともに画像データをメモリに展開する。我々は最終的に1枚の画像だけが必要であるため、軽量な画像プロキシを作成したほうがよい。つまり、必要な画像が決まるまで、その画像を実際には生成しないほうがよい。

　Image.Imageクラスのインタフェースには、コンストラクタに加えて、10個のメソッドがある。具体的には、load()、save()、pixel()、set_pixel()、line()、rectangle()、ellipse()、size()、subsample()、scale()である（ここでは、Image.Image.color_for_name()やImage.color_for_name()といった、モジュール関数も兼ねたスタティックなメソッドは含まれていない）。

　我々のプロキシクラスでは、Image.Imageのメソッドのうち、我々のニーズを満たすのに十分なものだけを実装する。それでは、どのようにプロキシが使われるか見ていくことにしよう。コードはimageproxy1.pyから抜粋している。また、最終的に描画

[※1] ディスクリプタについては、『Programming in Python 3』（邦題『Python 3 プログラミング徹底入門』ピアソン桐原）やPythonのオンラインドキュメント（https://docs.python.org/3/reference/datamodel.html#descriptors）に詳しい説明がある。

される画像は**図2-8**のようになる。

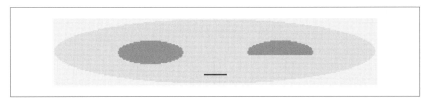

図2-8 描画画像

```
YELLOW, CYAN, BLUE, RED, BLACK = (Image.color_for_name(color)
    for color in ("yellow", "cyan", "blue", "red", "black"))
```

最初に、Imageモジュールの`color_for_name()`関数を使って、上のように色の定数をいくつか作成する。

```
image = ImageProxy(Image.Image, 300, 60)
image.rectangle(0, 0, 299, 59, fill=YELLOW)
image.ellipse(0, 0, 299, 59, fill=CYAN)
image.ellipse(60, 20, 120, 40, BLUE, RED)
image.ellipse(180, 20, 240, 40, BLUE, RED)
image.rectangle(180, 32, 240, 41, fill=CYAN)
image.line(181, 32, 239, 32, BLUE)
image.line(140, 50, 160, 50, BLACK)
image.save(filename)
```

　上のコードでは、画像のプロキシを作り、Imageクラスを渡している。そして、この画像プロキシに対して描画命令を行い、得られた画像を保存する。このコードは、`ImageProxy()`ではなく`Image.Image()`を使っても、同じ結果になる。しかし、画像プロキシを使うことによって、`save()`メソッドが呼ばれるまで実際の画像は作成されない。そのため、保存前に画像生成にかかわるコスト（メモリと処理速度）はきわめて低い。そして、もしその画像を保存前に破棄するようなことがあったとしても、ほとんど何も失わずに済む。これに比べて`Image.Image`を用いる場合は、当初から高いコストがかかる。たとえば、画像の全ピクセル値を格納する配列を作ったり、四角形のなかのピクセルを塗りつぶしたりするといった処理が必要である。しかし、その画像が最終的に破棄されるとしたら、処理はすべて無駄になる。

```
class ImageProxy:
```

```
        def __init__(self, ImageClass, width=None, height=None, filename=None):
            assert (width is not None and height is not None) or \
                    filename is not None
            self.Image = ImageClass
            self.commands = []
            if filename is not None:
                self.load(filename)
            else:
                self.commands = [(self.Image, width, height)]

        def load(self, filename):
            self.commands = [(self.Image, None, None, filename)]
```

必要なインタフェースを実装していれば（たとえ画像にとって必要なインタフェースをすべて実装していなくても）、上の`ImageProxy`クラスは`Image.Image`や`Image`インタフェースを満たす画像のクラスの代理として機能する。`ImageProxy`は画像を保持する代わりに、描画コマンドのリストを`self.commands`として保持する。この描画コマンドはタプルであり、ひとつ目の要素は関数またはアンバウンドメソッドで、残りの要素は、その関数またはメソッドに渡される引数である。

`ImageProxy`を生成するときには、幅（`width`）と高さ（`height`）、またはファイル名（`filename`）を渡されなければならない。ファイル名が渡された場合、`ImageProxy.load()`が呼び出され、画像読み込みのためのコマンド——`Image.Image()`コンストラクタと、引数として`None`、`None`、`filename`——が設定される。ここで注意してほしいことは、`ImageProxy.load()`が呼ばれると、それよりも前のコマンドは破棄されるということである。つまり、読み込みのコマンドが最初のコマンドとして設定される。また、もし幅と高さが与えられると、`Image.Image()`コンストラクタと、その幅と高さが引数としてコマンドのリストに格納される。

もしプロキシのサポートしていないメソッド（たとえば`pixel()`）が呼び出されると、そのメソッドは見つからないため、Pythonは`AttributeError`を発生させる——このふるまいは我々の望みどおりである。プロキシでは処理できないメソッドに対する別のアプローチとしては、そのようなメソッドが呼ばれた時点で、実際の画像を生成することが考えられる。以降は、実際の画像を使用できる（ここでは示していないが、`imageproxy2.py`では、そのようなアプローチを採用している）。

```
        def set_pixel(self, x, y, color):
            self.commands.append((self.Image.set_pixel, x, y, color))
```

```
        def line(self, x0, y0, x1, y1, color):
            self.commands.append((self.Image.line, x0, y0, x1, y1, color))

        def rectangle(self, x0, y0, x1, y1, outline=None, fill=None):
            self.commands.append((self.Image.rectangle, x0, y0, x1, y1,
                outline, fill))

        def ellipse(self, x0, y0, x1, y1, outline=None, fill=None):
            self.commands.append((self.Image.ellipse, x0, y0, x1, y1,
                outline, fill))
```

　Image.Imageクラスの描画インタフェースは、line()、rectangle()、ellipse()、set_pixel()の4つのメソッドから構成されている。ImageProxyクラスはこのインタフェースを完全にサポートしており、これらのコマンドをself.commandsリストに追加するが、まだ実行はしない。

```
        def save(self, filename=None):
            command = self.commands.pop(0)
            function, *args = command
            image = function(*args)
            for command in self.commands:
                function, *args = command
                function(image, *args)
            image.save(filename)
            return image
```

　上のsave()メソッドが示すように、画像を保存するときになって初めて、画像が実際に生成される(その時点で、メモリや処理のためのコストが発生する)。ImageProxyの設計上、最初のコマンドは新しい画像を生成するコマンド(幅と高さを引数とするもの、もしくは、読み込みを行うもの)である。そのため、最初のコマンドは特別なものとして扱い、その戻り値——その型はImage.ImageまたはcyImage.Image——を保持しておく。そして、残りのコマンドをひとつずつ呼び出していく。呼び出す関数はアンバウンドメソッド——つまり、特定のインスタンスに結びついていないメソッド——であるため、引数のひとつ目にimageを渡す。そして最後に、Image.Image.save()メソッドを呼び出して画像を保存する。

　Image.Image.save()メソッドは何も値を返さない(もしエラーが起これば例外を発生させることはあるが)。一方、ImageProxyのインタフェースは、さらなる処理を想定して、生成したImage.Imageを返すように若干の変更が加えられている。もし返された値が無視されても、何もなかったように破棄されるだけである(Image.

Image.save()を呼び出したときと同様の挙動である)。そのため、この変更によって害を及ぼすことはないはずである。ちなみに、imageproxy2.pyでは、Image.Image型のimageプロパティがあり、これが必要に応じて画像の生成を行うため、わざわざImage.Imageを返すような変更は必要ない。

　ここでやってきたような「コマンドの蓄積」をうまく活用すれば、アンドゥの機能を実現できる。詳しくは「3.2 Commandパターン」「3.8 Stateパターン」を参照してほしい。

＊＊＊＊＊＊＊＊＊＊＊＊＊＊

　以上見てきたように、「構造に関するデザインパターン」はすべてPythonで実装することができた。AdapterパターンとFacadeパターンは、新しいコンテキストにおいて、クラスの再利用を容易にした。Bridgeパターンは、あるクラスのエレガントな機能を別のクラスのなかに埋め込み、Compositeパターンは、オブジェクトの階層を構築する。ただし、Compositeパターンの目的であればディクショナリで事足りるから、Pythonにおいては、その必要性は低い。また、Decoratorパターンは非常に便利であるので、Pythonはデコレータを直接サポートしており、さらにはそのアイデアを(メソッドや関数だけでなく)クラスまで適用できるように拡張されている。Pythonでオブジェクトを参照するやり方は、Flyweightパターンの変種であるとも言える。そして、Proxyパターンを Pythonで実装することはとても簡単であった。さて、我々は、デザインパターンのオブジェクトの「作成」に関する議論を終えることにして、続いて「ふるまい」に関するテーマに進む。たとえば、単一のオブジェクトやそのグループに対して、どのように仕事を行わせるか、といったことである。次章では、そういった「ふるまいに関するデザインパターン」を見ていく。

3章
ふるまいに関するデザインパターン

「ふるまいに関するデザインパターン」では、いかにして物事を成し遂げるか、ということに力点が置かれている。これらのパターンは、処理について考えたり整理するための強力な方法を提供する。前のふたつの章で見てきたいくつかのパターンと同じように、本章で紹介するパターンのなかには、Pythonの組み込み構文によって直接サポートされているものもある。

ところで、Perlには、「やり方はひとつではない」(there's more than one way to do it : TMTOWTDI) という有名な標語がある。一方、Pythonの生みの親であるティム・ピータースの『the Zen of Python[※1]』には、次の一文がある――「仕事をするための当然の方法はひとつある。むしろ、ひとつだけだと言いたいところだ」。しかし、このように言ってはいるが、他のプログラミング言語と同じく、Pythonでも複数のやり方が存在する。たとえば、リスト内包表記（forループで代用できる）やジェネレータ（yieldステートメントを含む関数で代用できる）がPythonにあることを考えれば、複数のやり方が存在することは明らかである。また、このあと見ていくように、Pythonがコルーチンをサポートしたことによって、物事を成し遂げる新しい方法が加わっている。

3.1　Chain of Responsibilityパターン

Chain of Responsibilityパターンは、なんらかの要求を行う送信者と、その要求を処理する受信者を分離するように設計されている。そのため、ある関数が別の関数をダイレクトに呼ぶのではなく、最初の関数は、"鎖（チェーン）"のようにつながってい

※1　インタラクティブなPythonプロンプトで「import this」と入力すれば、『the Zen of Python』(Python公案) が表示される。

る受信者にその要求を渡すことだけを行う。その鎖の最初の受信者は、その要求を処理してそこで鎖を断ち切るか、その鎖の次の受信者にその要求を渡すかを選択する。2番目の受信者もそれと同じように動作する。鎖が断ち切られない限り、3番目、4番目…と最後にたどり着くまで続く（最後の受信者が処理できない場合は、その要求を無視するか、例外を発生させるか選択できるだろう）。

ここでは、イベントを処理するユーザーインタフェースについて考える。いくつかのイベントはユーザーによって発生し（たとえば、マウスイベントやキーイベント）、また別のいくつかはシステムによって発生する（たとえば、タイマーイベント）。次節では、古典的なアプローチを用いてイベントハンドラの鎖を作成する。さらに次節では、コルーチンを用いたパイプラインベースのアプローチを用いる。

3.1.1　古典的な鎖

本節では、「イベントハンドラの鎖」を作成するために、古典的な方法を用いる。ここでは、各イベントに対してイベントハンドラのクラスがそれぞれひとつ存在している。

```
handler1 = TimerHandler(KeyHandler(MouseHandler(NullHandler())))
```

上のコードでは、ハンドラクラスを4つ用いて鎖を作成している。この鎖は図3-1のようになる。対応できないイベントは破棄されるため、`MouseHandler`の引数として、`NullHandler()`ではなく、`None`を渡す（または何も渡さない）だけでもよい。

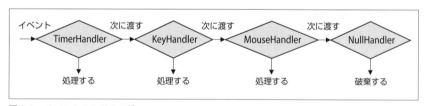

図3-1　イベントハンドラの鎖

各ハンドラはひとつのイベントだけを処理するように設計されているため、この鎖はどのような順番でも問題ない。

```
while True:
    event = Event.next()
    if event.kind == Event.TERMINATE:
        break
```

```
handler1.handle(event)
```

イベントは通常、ループのなかで処理される。ここでは、TERMINATEイベントが発生した場合、そのループから抜け、アプリケーションが終了する。それ以外では、イベントはイベントハンドラの鎖へ渡される。

```
handler2 = DebugHandler(handler1)
```

ここでは、新しいハンドラを生成している（handler1に再度代入することも可能であったが、handler2という新しい変数を用いた）。このデバッグを行うハンドラ（DebugHandler）は、鎖の先頭に配置しなければならない。なぜなら、このデバッグハンドラはイベントを処理するのではなく、鎖に渡されたイベントを監視して報告するのが目的だからである。デバッグハンドラは、受け取ったすべてのイベントを後続のハンドラに渡す。

このようにすれば、ループのなかでhandler2.handle(event)を呼び出せる。今までどおりイベントを処理できるのに加え、どのようなイベントを受け取ったかをデバッグ用として出力できる。

```
class NullHandler:

    def __init__(self, successor=None):
        self.__successor = successor

    def handle(self, event):
        if self.__successor is not None:
            self.__successor.handle(event)
```

このNullHandlerクラスはイベントハンドラの基底クラスであり、イベントを処理するためのインタフェースを備えている。もし後任者（successor）となるハンドラを伴ってインスタンスが生成された場合、そのインスタンスにイベントが渡されたときはその後任者もにイベントが渡される。もし後任者がいなければ、単にそのイベントは破棄される。解釈されなかったイベントについては、ログに記録したり例外を発生させたりできる。我々のプログラムがサーバー上で実行される場合などは、ログを残したほうがよいだろう。しかし、GUIの世界では、「解釈できないイベントは無視する」という挙動が一般的である。

```
class MouseHandler(NullHandler):
```

```
    def handle(self, event):
        if event.kind == Event.MOUSE:
            print("Click: {}".format(event))
        else:
            super().handle(event)
```

MouseHandlerでは__init__()メソッドを再実装していないため、基底クラスの__init__()が使われる。よって、self.__successor変数は正しく作成される。

このハンドラクラスはマウスイベント（Event.Mouse）だけを処理し、それ以外のイベントは、（もし後任者がいれば）その鎖の後任者に渡す。

KeyHandlerとTimerHandlerクラス（ここでは両方とも示していない）は、MouseHandlerとまったく同じ構造である。異なる箇所は、ハンドラはそれぞれに特有のイベント（たとえば、Event.KEYPRESSやEvent.TIMER）に反応し、それらを処理するということだけである。

```
class DebugHandler(NullHandler):

    def __init__(self, successor=None, file=sys.stdout):
        super().__init__(successor)
        self.__file = file

    def handle(self, event):
        self.__file.write("*DEBUG*: {}\n".format(event))
        super().handle(event)
```

DebugHandlerクラスは他のクラスとは異なり、イベントの処理を行わない。DebugHandlerクラスは鎖の先頭に配置され、ファイルまたはこれに準ずるオブジェクトを受け取り、イベント発生時にはファイルにイベントの内容を出力する。

3.1.2 コルーチンベースの鎖

returnの代わりにyield式がひとつ以上用いられた関数またはメソッドをジェネレータと言う。yieldにたどり着くたびに、返すべき値が生成され、その関数またはメソッド内のすべての状態が保たれたまま実行が中断される。この時点で、値を受け取る側に処理のフローが移る。呼び出し先の関数は「一時停止」の状態ではあるが、処理のフローをブロックしない。そして、その関数が再度呼ばれるとき、yieldの次から実行が再開される。そのため、ジェネレータをイテレートすることによって（たとえば、for value in generatorなど）、またはnext()を呼ぶことによって、値はジェネレー

タから pull される (引き出される)。

　コルーチン (coroutine) は、ジェネレータと同じように yield 式を用いるが、その挙動は異なる。コルーチンは無限ループを実行し、一時的に停止した最初の (もしくは唯一の) yield 式において、値が送られてくるのを待ち続ける。値が送られてきた場合、その送られてきた値を yield 式の値として受け取り、処理を行う。その処理が終われば、ループを再開し、次の yield 式の値が再び到来するのを待ちながら停止状態になる。つまり、コルーチンの send() や throw() メソッドを呼び出すと、値がコルーチンへ push される (押しつけられる)。

　Python では、関数またはメソッドに yield が含まれていれば、それはジェネレータである。しかし、@coroutine デコレータと無限ループを用いることで、ジェネレータをコルーチンに変換できる (デコレータと @functools.wraps については、2.4.1 節参照)。

```
def coroutine(function):
    @functools.wraps(function)
    def wrapper(*args, **kwargs):
        generator = function(*args, **kwargs)
        next(generator)
        return generator
    return wrapper
```

　このラッパーはジェネレータ関数を一度だけ呼び出し、生成されたジェネレータを generator 変数に設定する。ジェネレータは、呼び出しの際の状態を記憶する。つまりジェネレータとは、オリジナルの関数と呼び出し時の内部状態 (引数とローカル変数) とを組み合わせたものである。続いてラッパーは、組み込み関数の next() を一度だけ用いて、ジェネレータを先に進める (ジェネレータ内の最初の yield 式まで処理を進める)。そしてジェネレータが、現在の状態とともに wrapper() の呼び出し元に返される。返されたジェネレータ関数はコルーチンであり、最初の (もしくは唯一の) yield 式では、値を受け取る準備ができている。

　ジェネレータを呼び出せば、以前に停止された場所 (つまり、最後に実行された yield 式の場所) から処理が再開される。しかし、*generator*.send(*value*) という構文を用いてコルーチンに値を送れば、その値はコルーチンのなかで yield 式の結果として受け取られ、処理が再開される。

　コルーチンから値を受け取ることも、コルーチンへ値を送ることも可能である。その

ため、コルーチンを用いてパイプラインを作れる。このパイプラインを用いれば、イベントハンドラの鎖を作れる。こうすれば、`successor`を鎖状につなげて一連の処理を行うような仕組みを別途作る必要がなくなる。

```
pipeline = key_handler(mouse_handler(timer_handler()))
```

上のコードでは、ネストされた関数呼び出しを用いて、鎖 (`pipeline`) を作成する。呼び出される関数はすべてコルーチンであり、各関数では最初の`yield`式まで実行される。そして、そこで実行が停止され、実行の再開か値の受け取りを待つ。

`NullHandler`を使う代わりに、鎖の最後のハンドラには何も渡していない。これがどのように機能するかは、このあとに示すコルーチン`key_handler()`を見ればわかるだろう。

```
while True:
    event = Event.next()
    if event.kind == Event.TERMINATE:
        break
    pipeline.send(event)
```

古典的なアプローチと同じく、鎖がイベントを処理する準備が整ったら、ループのなかでイベントを処理する。各ハンドラ関数はコルーチン（ジェネレータ関数）であるため、`send()`メソッドを持っている。そのため、処理するイベントを手にしたら、それをパイプラインに送信する (`send`)。この例では、イベントの値は、最初に`key_handler()`コルーチンに送信される。`key_handler()`は、イベントを処理するか、もしくは、次のコルーチンにイベントを送信する。前バージョンと同じで、ハンドラの順番は重要ではない（どのような順番でも正常に動作する）。

```
pipeline = debug_handler(pipeline)
```

ハンドラの順番が重要なケースは、上のコードだけである。`debug_handler()`コルーチンは、イベントをこっそり見張り、そのイベントを次のコルーチンに渡すだけなので、鎖の先頭に配置しなければならない。この新しいパイプラインの準備が整えば、`pipeline.send(event)`を用いて、順番にイベントを渡していける。

```
@coroutine
def key_handler(successor=None):
    while True:
        event = (yield)
```

```
        if event.kind == Event.KEYPRESS:
            print("Press: {}".format(event))
        elif successor is not None:
            successor.send(event)
```

このコルーチンは、送信先の後任者となるコルーチン（またはNone）を受け取り、無限ループを開始する。@coroutineデコレータを用いることにより、key_handler()はyield式まで実行されることが保証される。そのため、pipeline鎖が作成されると、この関数はyield式までたどり着き、そこでブロックされ、yieldは値が送信されるのを待つ（もちろん、ブロックされるのはコルーチンのなかでの話であり、プログラム全体ではブロックされない）。

一旦、このコルーチンに値が設定——直接的に、もしくはパイプラインの他のコルーチンから——されると、コルーチンはその値をeventの値として受け取る。もしそのイベントが、このコルーチンの処理できるタイプ（たとえば、Event.KEYPRESS）であれば、実際に処理され（この例では、単に出力しているだけ）、イベントの送信はそこで打ち切られる。もしイベントが処理できないタイプであり、後任となるコルーチンが存在すれば、イベントは次のコルーチンに送られる。もし後任となるコルーチンがなければ、そのイベントは処理されず、単に破棄される。

コルーチンがイベントを処理（もしくは破棄）したあとには、処理はwhileループの先頭に戻る。そして、再び、yieldの場所でパイプラインへ値が送られてくるのを待つ。

mouse_handler()とtimer_handler()コルーチン（ここでは両方とも示していない）は、key_handler()とまったく同じ構造を持つ。唯一の違いは、それらが処理するイベントの種類と出力するメッセージの内容だけである。

```
@coroutine
def debug_handler(successor, file=sys.stdout):
    while True:
        event = (yield)
        file.write("*DEBUG*: {}\n".format(event))
        successor.send(event)
```

debug_handler()はイベントの受信を待機し、イベントを受信したらその詳細を出力し、次のコルーチンにそのイベントを送信する。

コルーチンはジェネレータと同じ仕組みを使用するが、両者は異なる方法で動作する。通常のジェネレータでは、一度にひとつの値をpullする（たとえば、for x in range(10)のように）。一方、コルーチンでは、send()を用いて、一度にひとつの値

をpushする。この二面性は、Pythonは多くの異なる種類のアルゴリズムを整理された自然な方法で表現できる、ということを意味している。たとえば、本節で示したコルーチンベースの鎖は、以前に示した古典的な鎖に比べてはるかに少ないコードで実装できる。

なお、コルーチンについては、「3.5 Mediatorパターン」で再度見ていくことにする。

Chain of Responsibilityパターンは、もちろん、ここで示した例以外にも、他の多くのコンテキストで使用できる。たとえば、サーバーに入ってくる要求を処理するために、このパターンを使うこともできるだろう。

3.2 Commandパターン

Commandパターンは、コマンド（命令）をオブジェクトとしてカプセル化するために用いられる。これにより、たとえば、遅延実行を行うための一連のコマンドを構築したり、取り消し可能なコマンドを作ったりできる。我々はすでにImageProxyの例（2.7節）で、このCommandパターンの基本的な使い方を見てきた。本節では、さらに一歩踏み込んで、取り消し可能なコマンドと複数のコマンドをまとめた「マクロ」クラスを作成する。

それでは、先にCommandパターンを使用するコードを見てみよう。そのあとで、そこで使用されたクラス（UndoableGridとGrid）、そして、アンドゥとマクロ機能を備えたCommandモジュールについて見ていく。

```
grid = UndoableGrid(8, 3)      # (1) Empty
redLeft = grid.create_cell_command(2, 1, "red")
redRight = grid.create_cell_command(5, 0, "red")
redLeft()                      # (2) Do Red Cells
redRight.do()                  # redRight()と同じ
greenLeft = grid.create_cell_command(2, 1, "lightgreen")
greenLeft()                    # (3) Do Green Cell
rectangleLeft = grid.create_rectangle_macro(1, 1, 2, 2, "lightblue")
rectangleRight = grid.create_rectangle_macro(5, 0, 6, 1, "lightblue")
rectangleLeft()                # (4) Do Blue Squares
rectangleRight.do()            # rectangleRight()と同じ
rectangleLeft.undo()           # (5) Undo Left Blue Square
greenLeft.undo()               # (6) Undo Left Green Cell
rectangleRight.undo()          # (7) Undo Right Blue Square
redLeft.undo()                 # (8) Undo Red Cells
redRight.undo()
```

図3-2は、HTMLで描画されたグリッドを示している。それらは、8つの異なる時間におけるグリッドであり、ひとつ目はグリッドが作成された直後のものである（空のグリッド）。以降に続くグリッドは、それぞれがコマンドまたはマクロを作成して呼び出した直後の状態である（コマンドは直接呼び出すかdo()メソッドを用いる）。さらに、undo()を呼び出したあとのグリッドの状態も続けて示されている。

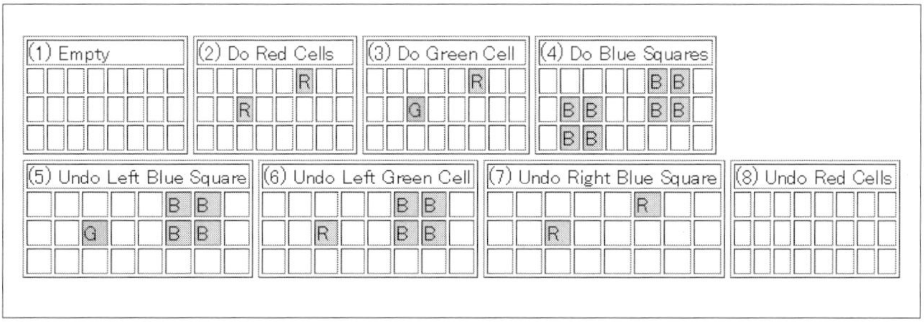

図3-2　グリッドの結果

```
class Grid:

    def __init__(self, width, height):
        self.__cells = [["white" for _ in range(height)]
                        for _ in range(width)]

    def cell(self, x, y, color=None):
        if color is None:
            return self.__cells[x][y]
        self.__cells[x][y] = color

    @property
    def rows(self):
        return len(self.__cells[0])

    @property
    def columns(self):
        return len(self.__cells)
```

このGridクラスは単純な画像のようなクラスであり、色の名前をリストのリストとして格納する。

cell()メソッドはゲッターとセッターの両方で利用できる。color引数がNoneのときはゲッターとして動作し、colorが与えられているときはセッターとして動作する。

rowsとcolumnsは読み込み専用のプロパティであり、グリッドの行・列の要素数を返す。

```
class UndoableGrid(Grid):

    def create_cell_command(self, x, y, color):
        def undo():
            self.cell(x, y, undo.color)
        def do():
            undo.color = self.cell(x, y)  # これだ!
            self.cell(x, y, color)
        return Command.Command(do, undo, "Cell")
```

取り消し可能なコマンドをGridにサポートさせるために、メソッドをふたつ追加したサブクラスUndoableGridを作成する。上のコードでは、メソッドのひとつを示す。

すべてのコマンドは、Command.Command型またはCommand.Macro型でなければならない。前者はdoとundoというコーラブル（callable）と、省略可能な説明文を受け取る。後者は、同じく省略可能な説明文と、それに加えてCommand.Commandを好きなだけ追加できる。

create_cell_command()メソッドでは、引数としてセルの位置と色を受け取り、Command.Commandを生成するために必要なふたつの関数を作成する。これらの関数は、単に与えられた色を設定するだけである。

もちろん、do()やundo()という関数が定義された時点では、do()コマンドが適用される直前にそのセルが何色であるかを知ることはできないため、取り消し（undo）後の色は不明である。我々はこの問題を解決するため、do()関数の内部で現在のセルの色を取り出し、undo()関数の属性として、その色を設定する（グリッド上の色の変更は、そのあとに行う）。この方法がうまくいくのは、do()関数がクロージャであるからである。つまり、do()関数は、引数として渡されたx、y、colorの状態を参照できる。作成されたばかりのundo()関数についても同様である。

一旦、do()とundo()関数を作成したら、その関数と簡単な説明文を指定して新しいCommadn.Commandを作り、呼び出し側に返す。

```
    def create_rectangle_macro(self, x0, y0, x1, y1, color):
        macro = Command.Macro("Rectangle")
        for x in range(x0, x1 + 1):
            for y in range(y0, y1 + 1):
                macro.add(self.create_cell_command(x, y, color))
```

```
        return macro
```

　create_rectangle_macro()は、UndoableGridでアンドゥを可能にするためののふたつ目のメソッドである。このメソッドは、与えられた矩形領域を塗りつぶすマクロを作成する。塗りつぶされる各セルには、UndoableGridクラスのもうひとつのメソッドであるcreate_cell_command()が適用され、得られたコマンドがマクロに追加される。すべてのコマンドが追加されたら、マクロが返される。

　このあと見ていくように、コマンドとマクロは両方ともdo()メソッドとundo()メソッドをサポートしている。コマンドとマクロは同じメソッドをサポートしており、コマンドがマクロに含まれる構造をしているので、互いの関係は「2.3 Compositeパターン」の変形版でもある。

```
    class Command:

        def __init__(self, do, undo, description=""):
            assert callable(do) and callable(undo)
            self.do = do
            self.undo = undo
            self.description = description

        def __call__(self):
            self.do()
```

　Command.Commandは、ふたつのコーラブルを受け取る。そのふたつとは、doコマンドとundoコマンドである。callable()関数はPython 3.3からの組み込み関数である。それより前のバージョンでは、def callable(function): return isinstance(function, collections.Callable)という関数を代わりに利用できる。

　Command.Commandは、__call__()特殊メソッドを実装しているおかげで、そのまま呼び出せる。もしくは、do()メソッドで呼び出すこともできる。コマンドの取り消しはundo()メソッドを呼ぶことで行う。

```
    class Macro:

        def __init__(self, description=""):
            self.description = description
            self.__commands = []

        def add(self, command):
```

```
        if not isinstance(command, Command):
            raise TypeError("Expected object of type Command, got {}".
                format(type(command).__name__))
        self.__commands.append(command)

    def __call__(self):
        for command in self.__commands:
            command()

    do = __call__

    def undo(self):
        for command in reversed(self.__commands):
            command.undo()
```

　Command.Macroクラスは、一連のコマンドを単一の処理としてカプセル化するために用いる[※1]。Command.MacroはCommand.Commandと同じインタフェースを備える。つまり、do()とundo()メソッドを持ち、それを直接呼び出せる。さらに、このマクロはadd()メソッドを持ち、これによりCommand.Commandを追加できる。

　マクロについては、コマンドは逆の順番で取り消しを行わなければならない。たとえば、あるマクロを作成し、コマンドとしてA、B、Cを追加したとする。そのマクロを実行する（つまり、直接呼び出すか、do()メソッドを呼び出す）と、最初にA、続いてB、最後にCという順番でマクロの処理が実行される。そのため、undo()を呼び出すときは、C、B、Aという順番で実行する必要がある。

　Pythonでは、関数やバウンドメソッド、その他のコーラブルは第一級オブジェクト（first-class object）[※2]であり、リストやディクショナリなどのデータ構造に格納できる。この点において、PythonはCommandパターンを実装するのに理想的な言語であると言える。このパターンを用いれば、do/undo機能、マクロ処理、遅延実行などを行える。

※1　マクロの実行を単一の処理として話しているが、並行処理という観点ではアトミックな処理ではない。ロックを適切に使えば、アトミックにすることは可能である。

※2　訳注：第一級オブジェクトとは、生成や代入、受け渡しといった、基本的な操作を行えるオブジェクトのこと。

3.3 Interpreter パターン

Interpreter パターンでの要件は2つある。ひとつはユーザーがアプリケーションに対して文字列を渡せることで、もうひとつはこの文字列をプログラムとして扱いアプリケーションを操作できることである。

もっとも基本的なレベルにおいては、アプリケーションはユーザーから（もしくは他のプログラムから）文字列を受け取り、それを正しく解釈（そして実行）しなければならない。たとえば、数字を表す文字列をユーザーから受け取る場合を考えよう。数値を得るための簡単な —— そして、スマートではない —— 方法としては、`i = eval(userCount)`を用いるというものがある。たとえば、入力文字列が`"1234"`のような場合を期待しているわけだが、`"os.system('rmdir /s /q C:\\\\')"`のように有害な文字列を指定されるかもしれないため、これは危険な方法である。

たいていは、あるデータ型を想定した文字列が与えられた場合、Pythonを使って、その値を直接に、そして安全に取得できる。

```
try:
    count = int(userCount)
    when = datetime.datetime.strptime(userDate, "%Y/%m/%d").date()
except ValueError as err:
    print(err)
```

上のコードでは、ふたつの文字列に対して、安全な解析を試みている。ひとつは`int`へ、もうひとつは`datetime.date`への変換を行っている。

もちろん、文字列を単一の値へと解釈する以上のことを行いたい場合もある。たとえば、アプリケーションに計算機の機能を備えさせたい場合や、ユーザーが作ったコードをアプリケーション上のデータに適用させたい場合などが考えられる。そのようなニーズに対してよくとられるアプローチのひとつは、ドメイン固有言語（Domain Specific Language、DSL）を作ることである。Pythonであれば、たとえば、再帰下降構文解析器（recursive descent parser）を記述することによって、このような言語を簡単に作れる。しかし、PLY（http://www.dabeaz.com/ply/）やPyParsing（http://pyparsing.wikispaces.com/）をはじめとするサードパーティーの解析用ライブラリを用いたほうが

簡単である[※1]。

もしユーザーを信頼できるのであれば、Pythonインタープリタ自体にアクセスさせることも可能である。これはまさに、Pythonに含まれるIDLE IDE (Integrated Development Environment) が行っていることである。ただし、IDLEはユーザーのコードがクラッシュした場合を想定して、別スレッドでコードを実行している。

3.3.1 eval()を用いた式評価

組み込み関数のeval()は受け取った文字列をひとつの式として評価し（この際、グローバルとローカルなコンテキストが渡される）、その結果を返す。この関数があれば、簡単な計算機アプリケーションを作るには十分である。そこで本節では、calculator.pyを実際に作成する。まずは、その使い方から見ていくことにする。

```
$ ./calculator.py
Enter an expression (Ctrl+D to quit): 65
A=65
ANS=65
Enter an expression (Ctrl+D to quit): 72
A=65, B=72
ANS=72
Enter an expression (Ctrl+D to quit): hypotenuse(A, B)
name 'hypotenuse' is not defined
Enter an expression (Ctrl+D to quit): hypot(A, B)
A=65, B=72, C=97.0
ANS=97.0
Enter an expression (Ctrl+D to quit): ^D
```

このユーザーは、直角三角形の二辺の長さを入力し、math.hypot()関数を使って、その斜辺の長さを計算している（一度間違った関数名を入力している）。式が入力されると、calculator.pyプログラムは、これまでに定義された変数（そのユーザーがアクセス可能な変数）と現在の式の答えを出力する。この例では、ユーザーが入力したテキストを太字で示し、ユーザーの入力の最後にはエンターキーが入力されているものとする。また、^DはCtrl+Dを意味する。

この計算機をできるだけ便利にするために、それぞれの計算結果を変数に格納する。その変数はAから始まりB、C...と続き、Zまで行き着くと、またAに戻る。これに加えて、

[※1] 解析（PLYとPyParsingを含む）については、拙著『Programming in Python 3』（邦題『Python 3プログラミング徹底入門』ピアソン桐原）で扱っている。

mathモジュールのすべての関数と定数 (たとえば、hypot()、e、pi、sin() など) を
その計算機プログラムの名前空間に読み込み、ユーザーがモジュール名の指定なしに
それらの関数にアクセスできるようにする (たとえば、math.cos() ではなく cos() と
して呼べる)。

評価できない文字列が入力されたら、プログラムはエラーメッセージを出力する。そ
して既存のコンテキストがすべて保たれた状態で、再度プロンプトを表示する。

```
def main():
    quit = "Ctrl+Z,Enter" if sys.platform.startswith("win") else "Ctrl+D"
    prompt = "Enter an expression ({} to quit): ".format(quit)
    current = types.SimpleNamespace(letter="A")
    globalContext = global_context()
    localContext = collections.OrderedDict()
    while True:
        try:
            expression = input(prompt)
            if expression:
                calculate(expression, globalContext, localContext, current)
        except EOFError:
            print()
            break
```

我々は、ユーザーが終了したことを示すためにEOF(End Of File)を用いた。これは、
その計算機はシェルのパイプラインで使えるということを意味する。つまり、リダイレ
クトによってファイル入力を受け取れるだけでなく、対話モードとしてユーザー入力も
受け取れる。

また、現在使用している変数 (A、B、... など) を記録することによって、計算が実行
されるたびに、それらの変数を更新することができる。しかし、単にその変数を文字列
として他の関数に渡すことはできない。なぜなら、関数に渡す際に文字列はコピーされ
るため、渡した変数の内容を変更することはできないからである。これに対するあまり
よくない解決策としては、グローバル変数を使うことが考えられる。よりよい解決策は、
たとえば、current = ["A"] のように、ひとつの要素だけからなるリストを使うこと
である。このリストはcurrentとして渡せるほか、current[0]でアクセスすること
で、その文字列を読むことも変更することも可能である。

この例では、さらにモダンなアプローチを採用した。それは、小さな名前空間を作り、
それにletterという属性をひとつ追加し、その値を"A"にする、というものである。

これによって、我々はcurrentという単純な名前空間インスタンスを自由にどこへでも渡せる。letterという属性を持つので、current.letterという構文で、その属性を読んだり変更したりできる。

　types.SimpleNamespaceというクラスが導入されたのはPython 3.3からである。それより前のバージョンでは、current = type("_", (), dict(letter="A"))()というコードで代替できる。このコードは、「_」と呼ばれる新しいクラスを作り、そのクラスの属性であるletterに"A"を初期値として設定する。組み込み関数のtype()は、引数がひとつの場合はそのオブジェクトの型を返す。もし、クラス名、基底クラスのタプル、ディクショナリの属性が引数として渡されたら、新しいクラスが作成される。もし空のタプルを渡せば、基底クラスはobjectになる。我々が必要とするものはクラスではなくインスタンスであるから、type()を呼び出したあとで即座に()を使ってそのクラス自体を呼び出し、返されたインスタンスをcurrentに代入している。

　組み込み関数のglobals()を用いれば、現在のグローバルコンテキストを取得できる。この組み込み関数を呼び出すと、修正可能なディクショナリが返される（たとえば、1.3節で見たように、そのディクショナリには要素を追加できる）。また、組み込み関数のlocals()を用いれば、現在のローカルコンテキストを取得することもできる。ただし、この関数によって返されるディクショナリは修正してはいけない。

　ここでは、mathモジュールの定数と関数が備わったグローバルコンテキストと空のローカルコンテキストを提供したい。グローバルコンテキストはディクショナリでなければならないが、ローカルコンテキストはディクショナリはもちろんのこと、対応付けが可能なオブジェクトであればどのようなものでもよい。ここでは、collections.OrderedDict ── 追加された順番を覚えているディクショナリ ── をローカルコンテキストとして使うことにする。

　この計算機はインタラクティブに使用できるため、ここでは無限ループのなかでイベントを受け取り、EOFに到達した場合に終了するようにしている。ループのなかでは、入力のためのプロンプトをユーザーへ表示する（終了方法も併せて示す）。もしなんらかのテキストをユーザーが入力したら、calculate()関数を呼び出し、その計算を実行し結果を出力する。

```
import math

def global_context():
    globalContext = globals().copy()
```

```
        for name in dir(math):
            if not name.startswith("_"):
                globalContext[name] = getattr(math, name)
        return globalContext
```

ヘルパー関数のglobal_context()は、プログラムのグローバルなモジュールと関数および変数のコピーをローカルなディクショナリに保存することから始める。ここではシャローコピーが使われる。そして、mathモジュールのパブリックな定数と関数をすべて列挙し、その非修飾名（unqualified name）をglobalContextディクショナリに追加し、その値としてmathモジュールの定数または関数の参照先を設定する。そのため、たとえば上のコードの実行中にnameが"factorial"であれば、この名前はglobalContextのキーとして追加され、その値にはmath.factorial()関数（への参照）が設定される。これにより、計算機のユーザーは非修飾名を使える。

より単純なアプローチは、from math import *を実行し、globals()からの戻り値を直接使用することだろう。そうすれば、globalContextディクショナリを使わずに済む。そのようなアプローチは、mathモジュールを使うぶんにはおそらく問題ないだろう。しかし、我々がここでとったアプローチは、どんなモジュールに対しても適切なコントロールができるだろう。

```
    def calculate(expression, globalContext, localContext, current):
        try:
            result = eval(expression, globalContext, localContext)
            update(localContext, result, current)
            print(", ".join(["{}={}".format(variable, value)
                for variable, value in localContext.items()]))
            print("ANS={}".format(result))
        except Exception as err:
            print(err)
```

このcalculate()関数では、先ほど作成したグローバルとローカルなコンテキストを使用して文字列の式を評価するようにPythonに指示している。もしeval()が成功すれば、計算結果をローカルコンテキストに追加し、変数名と計算結果を出力する。もし例外が発生すれば、それを安全に出力する。我々はローカルコンテキストにcollections.OrderedDictを使用しているから、そのitems()メソッドが返す要素の並び順は、それが追加された順番である（もし普通のディクショナリを使用していたら、順番に出力するにはsorted(localContext.items())と書く必要があっただろう）。

Exceptionを使用して、すべての例外をキャッチすることは通常好ましくない作法である。しかし、ユーザーが入力する式にはどのような種類の例外でも発生する可能性があるから、今回のケースでは理にかなっていると言える。

```
def update(localContext, result, current):
    localContext[current.letter] = result
    current.letter = chr(ord(current.letter) + 1)
    if current.letter > "Z":  # 上限は26個
        current.letter = "A"
```

このupdate()関数は、計算結果を新しい変数に代入する。変数名は「A...Z A...Z ...」というサイクルであるから、ユーザーが式を26回入力すれば、最後の結果はZの値として代入され、次の結果はAの値として上書きされる。

eval()関数はどのような式でも評価できる。もし信頼できないソースから得た式を実行するとしたら、これは危険性を含んでいると言える。代替案としては、標準ライブラリのast.literal_eval()関数を使うことである。この関数は制約が強いが、安全性は増す。

3.3.2 exec()を用いたコード評価

組み込み関数のexec()は、任意の数のPythonコードを実行するために利用できる。eval()とは違い、exec()は単一の式だけに限定されない。また、exec()は常にNoneを返す。コンテキストはeval()と同じ方法、つまりグローバルとローカルのディクショナリを通して、exec()に渡せる。処理結果は、引数として渡したローカルコンテキストを通して取得できる。

本節では、genome1.pyというプログラムを見ていく。このプログラムはgenome変数(A、C、G、Tからなるランダムな文字列)を作り、そのゲノムに対して、コンテキストを用意して8種のユーザーコードを実行する。

```
context = dict(genome=genome, target="G[AC]{2}TT", replace="TCGA")
execute(code, context)
```

上のコードは、ユーザーのコード用のデータを含んだcontextディクショナリを作成する。そして、与えられたコンテキストで、Codeオブジェクト(code)を実行する。

```
TRANSFORM, SUMMARIZE = ("TRANSFORM", "SUMMARIZE")

Code = collections.namedtuple("Code", "name code kind")
```

ユーザーのコードは、Codeという名前付きのタプル (namedtuple) によって提供される。このCodeは、名前 (name)、コードの文字列 (code)、その種類 (kind。値はTRANSFORMかSUMMARIZE) の3つの属性を持つ。ユーザーのコードが実行されると、resultオブジェクトもしくはerrorオブジェクトが生成される。もしそのコードの種類がTRANSFORMであれば、resultは新しいゲノムの文字列であり、SUMMARIZEであれば、resultは数字になる。もちろん、ユーザーのコードが要件を満たさない場合もありえるため、それに対応できるロバスト性を持たせるよう努めた。

```
def execute(code, context):
    try:
        exec(code.code, globals(), context)
        result = context.get("result")
        error = context.get("error")
        handle_result(code, result, error)
    except Exception as err:
        print("'{}' raised an exception: {}\n".format(code.name, err))
```

このexecute()関数は、そのプログラム自体のグローバルコンテキストと提供されたローカルコンテキストの下で、exec()を使ってユーザーのコードを実行する。そして、resultとerrorオブジェクト——どちらかはユーザーのコードによって作成されているはずである——を取り出し、handle_result()関数に渡す。

前節のeval()の例と同じで、ユーザーコードが任意の例外を発生させる可能性があるため、Exception例外を用いた (通常であれば、その使用は避けるべきである)。

```
def handle_result(code, result, error):
    if error is not None:
        print("'{}' error: {}".format(code.name, error))
    elif result is None:
        print("'{}' produced no result".format(code.name))
    elif code.kind == TRANSFORM:
        genome = result
        try:
            print("'{}' produced a genome of length {}".format(code.name,
                len(genome)))
        except TypeError as err:
            print("'{}' error: expected a sequence result: {}".format(
                code.name, err))
    elif code.kind == SUMMARIZE:
        print("'{}' produced a result of {}".format(code.name, result))
    print()
```

handle_result()では、もしerrorがNoneでなければ、そのエラーを出力する。errorがNoneで、かつresultもNoneであれば、"produced no result"（実行結果が生成されなかった）というメッセージを出力する。もしresultが存在し、ユーザーコードの種類がTRANSFORMであれば、genomeにresultを代入し、新しいgenome文字列の長さを出力する。ここでtry ... exceptブロックを用いているのは、我々のプログラムをユーザーコードのエラーから守るためである（たとえば、TRANSFORMのための文字列や他のシーケンスではなく、単一の値が返される、など）。もしresultの種類がSUMMARIZEであれば、その結果を含む要約を出力する。

genome1.pyプログラムには、8つのCodeオブジェクトがある。最初のふたつ（このすぐあとに見る）は正しいコードであり、3つ目には構文エラーがある。4つ目はエラーを報告し、5つ目は何もしない。6つ目は種類が不正であり、7つ目はsys.exit()を呼ぶ。7つ目でプログラムが終了するから、8つ目には到達しない。次に示すのがプログラムの出力結果である。

```
$ ./genome1.py
'Count' produced a result of 12

'Replace' produced a genome of length 2394

'Exception Test' raised an exception: invalid syntax (<string>, line 4)

'Error Test' error: 'G[AC]{2}TT' not found

'No Result Test' produced no result

'Wrong Kind Test' error: expected a sequence result: object of type
'int' has no len()
```

出力を見てわかるように、ユーザーコードは、そのプログラム自身と同じインタープリタで実行されるため、ユーザーコードによってそのプログラムを終了させたり、クラッシュさせたりできる。

```
    Code("Count",
"""
import re
matches = re.findall(target, genome)
if matches:
    result = len(matches)
else:
```

```
        error = "'{}' not found".format(target)
""", SUMMARIZE)
```

これは "Count" という Code 要素である。この要素のコードは、ひとつだけの式を扱う eval() と比べ、より多くのことを行える。target と genome 文字列は、exec() のローカルコンテキストとして渡された context オブジェクトから取得される。そして、新しい変数 (result や error など) は、暗黙的に context オブジェクトに格納される。

```
    Code("Replace",
"""
import re
result, count = re.subn(target, replace, genome)
if not count:
    error = "no '{}' replacements made".format(target)
""", TRANSFORM)
```

"Replace" という Code 要素のコードは、genome 文字列に対して簡単な変換を行う。簡単な変換とは、target の正規表現に一致したすべての部分文字列を replace 文字列に置き換える、というものである。

re.subn() 関数 (そして、*regex*.subn() メソッド) は、re.sub() (そして、*regex*.sub()) とまったく同じ文字列置換を行う。しかし、sub() 関数が文字列だけを返すのに対して、subn() 関数は文字列とともに置換された部分文字列の数も併せて返す。

genome1.py プログラムの execute() と handle_result() 関数は、使いやすくわかりやすいが、プログラムが脆弱である。もしユーザーのコードがクラッシュすれば——または、単に sys.exit() を呼び出せば——我々のプログラムも終了してしまう。次節では、この問題に対する解決策を示す。

3.3.3　サブプロセスを用いたコード評価

我々のアプリケーションがユーザーコードからの被害を防ぐひとつの方法として、プロセスを分離することが考えられる。本節では、genome2.py と genome3.py を用いて、Python インタープリタをサブプロセスで実行する方法を示す。そこでは、インタープリタにプログラムを与え、標準入力を通して実行し、標準出力を読むことでその結果を取得する。

genome2.py と genome3.py は、genome1.py とまったく同じ 8 つの Code オブジェ

クトを持っている。ここでは、genome2.pyの結果を示す（genome3.pyの結果も同じである）。

```
$ ./genome2.py
'Count' produced a result of 12

'Replace' produced a genome of length 2394

'Exception Test' has an error on line 3
    if genome[i] = "A":
                 ^
SyntaxError: invalid syntax

'Error Test' error: 'G[AC]{2}TT' not found

'No Result Test' produced no result

'Wrong Kind Test' error: expected a sequence result: object of type
'int' has no len()

'Termination Test' produced no result

'Length' produced a result of 2406
```

　ここで注意することは、7番目のCode要素は`sys.exit()`を呼び出すが、genome2.pyのプログラムは単に"produced no result"と報告するだけで、続けて"Length"のコードが実行されるという点である（genome1.pyでは、`sys.exit()`呼び出しによってプログラムが終了し、出力の最終行は"...error: expected a sequence..."であった)。また、genome2.pyのエラー報告のほうがわかりやすいということにも注意してほしい（たとえば、"Exception Test"コードの構文エラーなど)。

```
context = dict(genome=genome, target="G[AC]{2}TT", replace="TCGA")
execute(code, context)
```

　コンテキストの作成およびそのコンテキストにおけるユーザーコードの実行は、上のようにgenome1.pyのときと同じである。

```
def execute(code, context):
    module, offset = create_module(code.code, context)
    with subprocess.Popen([sys.executable, "-"], stdin=subprocess.PIPE,
            stdout=subprocess.PIPE, stderr=subprocess.PIPE) as process:
        communicate(process, code, module, offset)
```

このexecute()関数では、moduleというコード文字列を作成することから始める。このコード文字列には、ユーザーコードといくつかの補助的なコードが含まれる。offsetはユーザーコードより前に追加されたコードの行数であり、エラーメッセージで正確な行番号を示すために使われる。続いて、execute()関数はサブプロセスを開始し、そのサブプロセスのなかでPythonインタープリタの新しいインスタンスを実行する。Pythonインタープリタのパスはsys.executableで指定される。引数に-（ハイフン）を指定することで、sys.stdinに送られてきたPythonコードをインタープリタが実行できる[※1]。サブプロセスとのやりとり——moduleコードをプロセスに送信することも含む——は、我々が実装したcommunicate()関数で行われる。

```
def create_module(code, context):
    lines = ["import json", "result = error = None"]
    for key, value in context.items():
        lines.append("{} = {!r}".format(key, value))
    offset = len(lines) + 1
    outputLine = "\nprint(json.dumps((result, error)))"
    return "\n".join(lines) + "\n" + code + outputLine, offset
```

このcreate_module関数は行のリスト（lines）を作成する。このリストは、サブプロセスのPythonインタープリタで実行される新しいPythonモジュールを構成する。最初の行ではjsonモジュールをインポートする。これは、実行結果を開始プロセス（つまり、genome2.py）に返すために用いる。2番目の行では、result変数とerror変数を初期化し、これらの変数が存在することを保証する。そして、コンテキスト変数のための行を追加する。最後に、resultとerror——これらはユーザーコードによって変更されているかもしれない——をJSONを用いてエンコードし、文字列のなかに格納する。この文字列は、ユーザーコードが実行されたあとに、sys.stdoutへ出力される。

```
UTF8 = "utf-8"

def communicate(process, code, module, offset):
    stdout, stderr = process.communicate(module.encode(UTF8))
    if stderr:
        stderr = stderr.decode(UTF8).lstrip().replace(", in <module>", ":")
        stderr = re.sub(", line (\d+)",
            lambda match: str(int(match.group(1)) - offset), stderr)
```

[※1] Python 3.2では、subprocess.Popen()関数はコンテキストマネージャ（withステートメント）をサポートする。

```
            print(re.sub(r'File."[^"]+?"', "'{}'  has an error on line "
                   .format(code.name), stderr))
            return
    if stdout:
        result, error = json.loads(stdout.decode(UTF8))
        handle_result(code, result, error)
        return
    print("'{}' produced no result\n".format(code.name))
```

communicate()関数は、先ほど作成したモジュールコードをサブプロセスのPythonインタープリタへ送り実行し、結果が生成されるのを待つ。インタープリタの実行が終われば、標準出力と標準エラー出力は、ローカル変数のstdoutとstderrに集められる。ここでは、"生の (raw)"バイトを使ってすべてのやりとりが行われているため、module文字列をUTF-8でエンコードされたバイト列にエンコードする必要がある。

もしエラー出力にデータがあれば (たとえば、例外の発生や、sys.stderrに何か書き込まれるなど)、報告された行番号 (ユーザーコードの前に追加された行も含む) をユーザーコードの実際の行番号に置き換え、File "<stdin>"というテキストをCodeのオブジェクト名で置き換える。そして、このエラーテキストを文字列として出力する。

re.sub()呼び出しは、行番号の (\d+) にマッチする文字列を取得し、ふたつ目の引数で与えたlambda関数によって、そのマッチした文字列を置き換える (ふたつ目の引数には文字列を与えるのが普通だが、ここでは計算を行う必要があるため、lambda関数を与える)。そのlambda関数は数字をint型に変換し、オフセットを減算し、新しい行番号を文字列として返す。これによって、ユーザーコードの前に別の行がどれだけ挿入されしたとしても、エラーメッセージの行番号はユーザーコードと整合性がとれる。

もしエラー出力へのデータがなく、標準出力にあれば、その出力バイトを文字列——JSONフォーマットであることが期待される——へとデコードし、resultとerrorのふたつのタプルからなるPythonオブジェクトへと変換する。そして、我々が実装したhandle_result()関数を呼び出す (この関数は、genome1.py、genome2.py、genome3.pyですべて同じであり、その内容は3.3.2節で示した)。

genome2.pyプログラムのユーザーコードは、genome1.pyと同じである。ただし、genome2.pyでは、ユーザーコードの前後にサポート用のコードを追加している。JSONフォーマットを使ってユーザーコードの実行結果を返すことは安全で便利で

あるが、返すことのできるデータ型が、ディクショナリ、list、str、int、float、bool、Noneに制限されてしまう（ディクショナリやlistが格納する型も、ここで挙げた型に限定される）。

genome3.pyはgenome2.pyとほとんど同じであるが、実行結果をpickle化して返している。そのため、この方法は、Pythonのほとんどの型で使用できる。

```
def create_module(code, context):
    lines = ["import pickle", "import sys", "result = error = None"]
    for key, value in context.items():
        lines.append("{} = {!r}".format(key, value))
    offset = len(lines) + 1
    outputLine = "\nsys.stdout.buffer.write(pickle.dumps((result, error)))"
    return "\n".join(lines) + "\n" + code + outputLine, offset
```

このcreate_module()関数はgenome2.pyのものとほとんど同じである。小さな違いは、sysをインポートする必要があるということである。大きな違いは、jsonモジュールのloads()とdumps()メソッドはstrを対象とする一方、pickleモジュールの同等の関数はbyteを対象にする、という点である。そのため、ここでは、間違ったエンコードを防ぐために、生のバイトを直接sys.stdoutのバッファへ書き出さなければならない。

```
def communicate(process, code, module, offset):
    stdout, stderr = process.communicate(module.encode(UTF8))
    ...
    if stdout:
        result, error = pickle.loads(stdout)
        handle_result(code, result, error)
        return
```

genome3.pyのcommunicate()メソッドは、loads()メソッド呼び出しの行を除いて、genome2.pyと同じである。JSONデータについては、そのバイトをUTF-8のstrにデコードしなければならないが、ここでは、その生バイトを直接処理する。

ユーザーまたは他のプログラムから受け取った任意の数のPythonコードを実行するためにexec()を使えば、そのコードはPythonインタープリタおよびその標準ライブラリ全体へ完全にアクセスできる。そして、サブプロセスで分離したPythonインタープリタ上でユーザーコードを実行することで、たとえそれがクラッシュし終了しても、我々のプログラムはその影響を受けずに済む。しかし、ユーザーコードが悪質なことをまったく行わないようにすることはできない。信頼できないコードを実行するためには、

なんらかのサンドボックス（隔離された実行環境）を利用する必要があるかもしれない。たとえば、PyPyインタープリタ（http://pypy.org/）により提供されているものを使うことなどが考えられる。

ユーザーコードが完了するのを待つ間、処理をブロックすることが許容される場合もある。しかし、ユーザーコードにバグが含まれていたら（たとえば、無限ループなど）、永遠に待たされる可能性がある。それに対するひとつの解決策は、サブプロセスを別のスレッドで作り、メインスレッドでタイマーを使用することが考えられる。もしタイマーが時間切れになれば、サブプロセスを強制終了し、ユーザーに問題を報告すればよい。なお、並行プログラミングについては次章で扱う。

3.4　Iteratorパターン

Iteratorパターンは、コレクション型データやオブジェクト集合に対して、その実装の内部を公開せずに、その要素に順番にアクセスする方法を提供する。このパターンはとても役に立つため、Pythonはビルトインの形でサポートしている。また、イテレーション用の特殊メソッドが提供されており、これを実装すれば、自分のクラスをイテレーション可能なクラスにできる。

イテレーションをサポートするには、シーケンス型プロトコルを満たすか、または組み込み関数のiter()を使用するか、もしくはイテレータ型プロトコルを満たすかのいずれかを行う。次節では、それぞれの使用例を見ていく。

3.4.1　シーケンス型プロトコルのイテレータ

あるクラスにイテレータの機能を備えさせるためのひとつの方法は、そのクラスにシーケンス型プロトコルというルールをサポートさせることである。そのためには、__getitem__()という特殊メソッドを実装しなければならない。この特殊メソッドは0から始まる整数インデックスを受け取り、イテレーションの末端に到達した場合はIndexError例外を発生させる。

コード
```
for letter in AtoZ():
    print(letter, end="")
print()
```

```
for letter in iter(AtoZ()):
    print(letter, end="")
print()
```

出力

ABCDEFGHIJKLMNOPQRSTUVWXYZ
ABCDEFGHIJKLMNOPQRSTUVWXYZ

上のコードでは、ふたつの方法で、AtoZ()オブジェクトを作成し、それを列挙する。このオブジェクトは最初にAという文字を返し、B、C、...、Zと続く。このオブジェクトをイテラブルにするには複数の方法があるが、まずは__getitem__()メソッドを実装する方法をこれから示す。

ふたつ目のループでは、組み込み関数のiter()を用いて、AtoZクラスのインスタンスに対してイテレータを取得している。このケースでは、iter()が必要ないのは明らかである。しかし、このあと見ていくとおり、あるケースにおいてiter()が役に立つ。

```
class AtoZ:

    def __getitem__(self, index):
        if 0 <= index < 26:
            return chr(index + ord("A"))
        raise IndexError()
```

これがAtoZクラスのすべてである。ここでは、シーケンス型プロトコルを満たす__getitem__()メソッドを実装している。このクラスのオブジェクトに対してイテレーションを行う場合、27回目のイテレーションでIndexErrorが発生する。この例外がイテレーション中に発生すると、例外が破棄されるとともにループが終了し、ループの次にあるステートメントから処理が再開される。

3.4.2 iter()関数によるイテレータ

組み込み関数のiter()を用いれば、別の方法でイテレーションを行うことができる。ただしこの場合、iter()に渡す引数はひとつではなくふたつである。この形式を使用する場合、最初の引数はコーラブル——関数、バウンドメソッド、またはその他の呼び出し可能なオブジェクト——、ふたつ目の引数はセンチネル値（sentinel：「見張り」の意味）にする必要がある。そして、この形式が使われると、毎回のイテレーションでコー

ラブルが引数なしで呼ばれ、コーラブルが StopIteration 例外を発生させた場合、もしくはセンチネル値を返した場合に限り、イテレーションが停止する。

コード

```
for president in iter(Presidents("George Bush"), None):
    print(president, end=" * ")
print()

for president in iter(Presidents("George Bush"), "George W. Bush"):
    print(president, end=" * ")
print()
```

出力

```
George Bush * Bill Clinton * George W. Bush * Barack Obama *
George Bush * Bill Clinton *
```

Presidents() 呼び出しは、Presidents クラスのインスタンスを生成する（`__call__()` という特殊メソッドを実装したおかげで、このようなことが可能になった）。そして、このインスタンスはコーラブルである。そのため、ここではコーラブルである Presidents オブジェクトを生成し、センチネル値として None を与えている（ここでは引数がふたつ必要である）。iter() の引数がひとつの場合とふたつの場合において Python は異なる解釈をする。そのため、たとえ None であったとしてもセンチネル値は与えなければならない。

Presidents のコンストラクタはコーラブルを作成する。そのコーラブルは、George Washington もしくは指定された人物から始まり、大統領の名前を順番に返していく。上のコードでは、George Bush から始めるように指示している。ひとつ目のイテレーションの例では、センチネルに None を与えて「終わりまで進め」ということを示しているため、最後の Barack Obama までたどり着く。ふたつ目の例では、センチネルに大統領の名前を与えているため、そのセンチネルのひとつ前までで終わることになる。

```
class Presidents:

    __names = ("George Washington", "John Adams", "Thomas Jefferson",
               ...
               "Bill Clinton", "George W. Bush", "Barack Obama")
    def __init__(self, first=None):
        self.index = (-1 if first is None else
                      Presidents.__names.index(first) - 1)
```

```python
    def __call__(self):
        self.index += 1
        if self.index < len(Presidents.__names):
            return Presidents.__names[self.index]
        raise StopIteration()
```

Presidentsクラスはスタティックな（つまり、クラスレベルの）__namesというリストを持ち、このリストのなかにすべての大統領が含まれる。__init__()メソッドでは最初のインデックスを-1に設定するか、ユーザーが大統領の名前を与えた場合はその位置を最初のインデックスとして設定する。

特殊メソッドである__call__()を実装したクラスのインスタンスはコーラブルである。そのようなクラスの名前が()とともに呼び出されると、実際には__call__()メソッドが呼び出される[※1]。

このクラスの特殊メソッド__call__()では、リストにある次の大統領の名前を返すかStopIteration例外を発生させる。センチネルにNoneを指定したひとつ目の例では、このセンチネル値まで到達することはないが（__call__()はNoneを返さない）、最後の大統領までたどり着いたらStopIteration例外が発生するため、そこでイテレーションは停止する。しかし、ふたつ目の例では、センチネルとして与えた大統領が組み込み関数のiter()へ返されると、iter()自身によってStopIterationが発生し、ループが終了する。

3.4.3 イテレータプロトコルによるイテレータ

イテレータをサポートするための（おそらく）もっとも簡単な方法は、自分のクラスにイテレータプロトコルをサポートさせることである。このプロトコルを満たすには、特殊メソッド__iter__を実装し、イテレータオブジェクトを返すようにする。イテレータオブジェクトでは、__iter__()メソッドと__next__()メソッドを実装する必要がある。__iter__()メソッドはイテレータ自身を返し、__next__()メソッドは次の要素を返す（もしくは要素がない場合はStopIteration例外を発生させる）。Pythonのforループとinステートメントは、内部でこれらのメソッドを使用している。__iter__()メソッドを実装するための簡単な方法は、それをジェネレータにする（も

[※1] 関数を第一級オブジェクトとしてサポートしない言語では、コーラブルインスタンスは「Functor（関手）」と呼ばれる。

くはジェネレータを返すようにする）ことである。ジェネレータはイテレータプロトコルを満たしている（ジェネレータの詳細については3.1.2節参照）。

本節では、単純なバッグ（bag）クラス（マルチセットとも呼ばれる）を作成する。このバッグはsetに似たコレクションクラスであるが、アイテムが重複してもかまわない。このバッグの例を図3-3に示す。読者の予想どおり、バッグをイテラブルにするが、ここではそのための方法を3つ示す。本節で示すコードはすべて、特に明記しない限り、Bag1.pyから抜粋したものである。

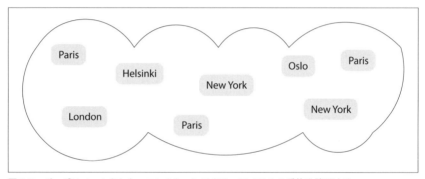

図3-3　バッグはソートされないコレクションであり、アイテムの重複を許可する

```
class Bag:

    def __init__(self, items=None):
        self.__bag = {}
        if items is not None:
            for item in items:
                self.add(item)
```

バッグのデータは、プライベートなディクショナリのself.__bagのなかに格納される。このディクショナリのキーはハッシュ可能な値（たとえば、そのアイテムの名前など）であればどのようなものでもよい。そして値は、バッグのなかでのこのアイテムの個数を示す。初期要素として、ユーザーは好きなアイテムを追加することもできる。

```
    def add(self, item):
        self.__bag[item] = self.__bag.get(item, 0) + 1
```

self.__bagはcollections.defaultdictではないため、すでに存在するアイテムだけをインクリメントするように注意しなければならない。そうしないと、KeyError

例外が発生する。そのため、ここではdict.get()メソッドを用いる。これにより、アイテムが存在する場合はそのアイテムの個数を、アイテムが存在しない場合は0を取得できる。そして、そのディクショナリにあるアイテムの個数を1だけ加算する。

```
def __delitem__(self, item):
    if self.__bag.get(item) is not None:
        self.__bag[item] -= 1
        if self.__bag[item] <= 0:
            del self.__bag[item]

    else:
        raise KeyError(str(item))
```

バッグのなかに存在しないアイテムを削除しようとすれば、そのアイテムを文字列として含むKeyError例外が発生する。その一方で、もしバッグに対象のアイテムが存在すれば、その個数をひとつ減らす。もしその個数が0以下になれば、そのアイテムをバッグから削除する。

バッグ内のアイテムに順序はないため、特殊メソッド__getitem__()と__setitem__()はバッグにとって意味はないので実装しない。その代わりに、アイテムの追加にbag.add()を使い、アイテムの削除にdel bag[item]を使う。そして、バッグのなかに特定のアイテムがいくつ存在するかを確認するためにbag.count(item)を使う。

```
def count(self, item):
    return self.__bag.get(item, 0)
```

このcount()メソッドは単に、与えられたアイテムがバッグのなかにどれだけ存在するかを返す(存在しない場合は0を返す)。このメソッドの別の実装案としては、そのアイテムが存在しない場合はKeyError例外を発生させるというものが考えられる。そうするためには、上のコードのボディをreturn self.__bag[item]に変更すればよい。

```
def __len__(self):
    return sum(count for count in self.__bag.values())
```

この__len__()メソッドは、バッグのなかに存在する重複するアイテムをすべて個別に数え上げる必要があるため、簡単にはいかない。ここでは、self.__bagの値(アイテムの個数)をすべて列挙し、組み込み関数のsum()を用いて、その和を求めている。

```
        def __contains__(self, item):
            return item in self.__bag
```

この`__contains__()`メソッドは、与えられたアイテムが少なくともひとつは含まれる場合に`True`を返し、それ以外は`False`を返す。

イテレーションに関するコードを別にすれば、Bagのメソッドはすべて見てきたことになる。ここからは、イテレーションについて見ていくことにしよう。以下にBag1.pyモジュールのBag.`__iter__()`メソッドを示す。

```
        def __iter__(self): # アイテムのリストを作成するが、これは不必要！
            items = []
            for item, count in self.__bag.items():
                for _ in range(count):
                    items.append(item)
            return iter(items)
```

このメソッドはアイテムのリストを作り、その個数分のアイテムを追加し、そのリストのイテレータを返す。しかし、大きなバッグの場合は巨大なリストを作ることになり、とても効率が悪い。そこで、この方法に代わる、よりよい方法をふたつ見ていく。

```
        def __iter__(self):
            for item, count in self.__bag.items():
                for _ in range(count):
                    yield item
```

このコードはBag2.pyから抜粋したものであり、Bag1.pyと異なる箇所はここで示したコードだけである。

ここでは、バッグのアイテムを列挙し、各アイテムとその個数を取得しながら、その個数分だけ`yield`を使用している。このメソッドをジェネレータにするためにわずかながらオーバーヘッドがあることは確かだが、アイテムの個数の影響を受けず、もちろん、別のリストを作成する必要もないため、Bag1.pyよりも効率がよい。

```
        def __iter__(self):
            return (item for item, count in self.__bag.items()
                    for _ in range(count))
```

上のコードはBag3.pyの`__iter__()`メソッドである。このコードはBag2.pyと実質的に同じである。唯一の違いは、`yield`を使ってジェネレータを実装する代わりに、ジェネレータ式を返している点である。

本書で示したバッグの実装はいずれも正しく動作する。しかし、そのバッグの実装は、標準ライブラリのcollections.Counterというクラスにも用意されているということを覚えておこう。

3.5 Mediatorパターン

他のオブジェクトとのやりとりをカプセル化するオブジェクトを「メディエータ（仲介者）」と言う。メディエータは、Mediatorパターンを用いて作成できる。Mediatorパターンを用いれば、複数のオブジェクトが互いに知らない状況であっても、オブジェクト間でメディエータを介してやりとりできる。たとえば、ボタンオブジェクトがクリックされる状況を考えよう。Mediatorパターンを用いれば、やるべきことはメディエータにその旨を伝えるだけである。するとメディエータは、ボタンのクリックに関心を示しているすべてのオブジェクトにクリックの発生を通知する。テキストやボタンを備えたフォーム、そして、それに関連するメソッドのためのメディエータを図3-4に示す。

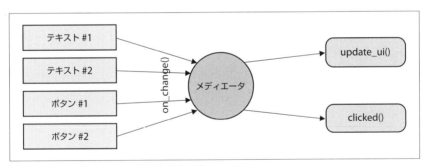

図3-4　フォームのウィジェットにおけるメディエータ

このパターンは、GUIプログラミングにおいて非常に有用である。実際、Python用のすべてのGUIツールキット（たとえば、Tkinter、PyQt/PySide、PyGObject、wxPythonなど）が同じような機能を提供している。Tkinterの例については7章で見ていく。

本節では、メディエータを実装するふたつのアプローチを見ていく。ひとつ目はきわめて古典的な方法、ふたつ目はコルーチンを用いた方法である。両者ともに、架空のユーザーインタフェースのツールキットを想定しており、Form、Button、Textというクラスが用意される（それらの実装も後ほど見ていく）。

3.5.1 古典的な Mediator

本節では、フォームのために、古典的なメディエータ——オブジェクト間のやりとりを仲介するオブジェクト——を作成する。ここで示すコードはすべて mediator1.py から抜粋したものである。

```
class Form:

    def __init__(self):
        self.create_widgets()
        self.create_mediator()
```

この __init__() メソッドは、本書で示す多くの関数やメソッドと同様に徹底的なリファクタリングが行われており、やるべき仕事をすべて専用の関数に任せている。

```
    def create_widgets(self):
        self.nameText = Text()
        self.emailText = Text()
        self.okButton = Button("OK")
        self.cancelButton = Button("Cancel")
```

このフォームは、ユーザー名とメールアドレスのためのテキスト入力ウィジェットと、[OK]と[Cancel]というふたつのボタンを持つ。当然ながら、実際のユーザーインタフェースにはラベルウィジェットも含まれ、レイアウトのためのコードも必要になるだろう。しかし、この例ではMediatorパターンを示すことだけが目的であるため、そのような作業は省略する。TextとButtonクラスについては、このあとすぐに見ていく。

```
    def create_mediator(self):
        self.mediator = Mediator(((self.nameText, self.update_ui),
            (self.emailText, self.update_ui),
            (self.okButton, self.clicked),
            (self.cancelButton, self.clicked)))
        self.update_ui()
```

ここでは、フォーム全体のためにメディエータオブジェクトをひとつ作成する。このオブジェクトは、ウィジェットとコーラブルのペアをひとつ以上受け取る。それぞれのペアには、メディエータがサポートしなければならない関係性が指定されている。ここで示した例では、コーラブルはすべてバウンドメソッドである (2章のコラム「バウンドメソッドとアンバウンドメソッド」を参照)。ここで我々が指示しているのは、「テキスト入力ウィジェットが変更されたら、Form.update_ui() メソッドを呼べ」ということ

と、「ボタンがクリックされたら、Form.clicked()メソッドを呼べ」ということである。メディエータを作成したら、update_ui()メソッドを呼び、フォームの初期化を行う。

```
def update_ui(self, widget=None):
    self.okButton.enabled = (bool(self.nameText.text) and
                             bool(self.emailText.text))
```

両方のテキスト入力ウィジェットに文字が入力されていれば、このupdate_ui()メソッドは[OK]ボタンを有効にし、そうでない場合は無効にする。明らかに、テキスト入力ウィジェットのどちらかひとつが変更されるたびに、このメソッドは呼ばれるべきである。

```
def clicked(self, widget):
    if widget == self.okButton:
        print("OK")
    elif widget == self.cancelButton:
        print("Cancel")
```

このclicked()メソッドは、ボタンが押されるたびに呼ばれるよう設計されている。実際のアプリケーションにおいては、ボタンのテキストを出力するよりも実用的なことを実行するだろう。

```
class Mediator:

    def __init__(self, widgetCallablePairs):
        self.callablesForWidget = collections.defaultdict(list)
        for widget, caller in widgetCallablePairs:
            self.callablesForWidget[widget].append(caller)
            widget.mediator = self
```

Mediatorクラスではメソッドをふたつ実装するが、ひとつ目が上の__init__()である。ここでは、キーがウィジェットで、その値がひとつ以上のコーラブルのリストであるディクショナリを作りたい。そのために、ここではdefaultdictを用いている。defaultdictのアイテムにアクセスした場合に、そのアイテムが存在しなければ、最初にディクショナリに渡したファクトリー関数によって作成された値が追加される。この例では、ディクショナリにはlistオブジェクトを渡している（list()を実行すると、新しい空リストを返す）。そのため、最初に特定のウィジェットをディクショナリで探すと、キーがそのウィジェットで値が空リストである新しいアイテムが追加される。そしてすぐあとに、指定されたコーラブルがリストに追加される。これ以降、そのウィ

ジェットをキーとしてディクショナリにアクセスすると、そのリストを参照することになる。またここでは、ウィジェットのmediator属性にこのメディエータ(self)を設定する。

このメソッドは、widgetCallablePairsのなかで出現する順番どおりに、バウンドメソッドを追加していく。順番が問題にならないのであれば、defaultdictのコンストラクタの引数にlistの代わりにsetを渡すこともできる。その場合、バウンドメソッドを追加するために、list.append()の代わりにset.add()を用いる。

```
def on_change(self, widget):
    callables = self.callablesForWidget.get(widget)
    if callables is not None:
        for caller in callables:
            caller(widget)

    else:
        raise AttributeError("No on_change() method registered for {}"
            .format(widget))
```

仲介される側のオブジェクト(Mediated Object)、つまり、Mediatorに渡されるウィジェットの状態が変わるときは必ず、メディエータのon_change()メソッドを呼ぶようにする。このメソッドは、ウィジェットに関連するすべてのバウンドメソッドを取得して呼び出す。

```
class Mediated:

    def __init__(self):
        self.mediator = None

    def on_change(self):
        if self.mediator is not None:
            self.mediator.on_change(self)
```

Mediatedは、仲介されるクラスの基底クラスとして設計された。このクラスはメディエータオブジェクトへの参照を持つ。そして、もしon_change()メソッドが呼ばれたら、引数をこのウィジェットとして(つまり、selfとして)、そのメディエータのon_change()メソッドを呼ぶ。

この基底クラスのメソッドは、サブクラスで修正されないので、ここでは継承の代わりにクラスデコレータを用いることも可能である(2.4.2.2節参照)。

```
class Button(Mediated):

    def __init__(self, text=""):
        super().__init__()
        self.enabled = True
        self.text = text

    def click(self):
        if self.enabled:
            self.on_change()
```

このButtonクラスはMediatedを継承している。継承によって、このボタンには、self.mediator属性とon_change()メソッドが付与される。このon_change()メソッドは、ボタンの状態が変化した（クリックされた場合など）ときに呼び出される。

そのためこの例では、Button.click()を呼び出すとButton.on_change()（これはMediatedから継承したメソッド）が呼び出され、その結果さらにメディエータのon_change()メソッドが呼び出される。そして、メディエータのon_change()メソッドを呼び出すと、そのボタンに関連したメソッドが呼び出される——この場合は、そのボタンをwidget引数として、Form.clicked()メソッドが呼ばれる。

```
class Text(Mediated):

    def __init__(self, text=""):
        super().__init__()
        self.__text = text

    @property
    def text(self):
        return self.__text

    @text.setter
    def text(self, text):
        if self.text != text:
            self.__text = text
            self.on_change()
```

Textクラスの構造はButtonクラスと同じであり、Mediatedを継承する。

どのようなウィジェット（ボタンやテキスト入力など）でも、Mediatedを継承し、状態が変更するときにon_change()を呼びさえすれば、そのあとのやりとりはMediatorが行ってくれる。もちろん、Mediatorを生成するときは、ウィジェットとそれに関連するメソッドを登録しなければならない。フォームのウィジェットは疎結合

であり、直接的な——そして、往々にして脆弱な——関係を回避できる。

3.5.2　コルーチンベースのMediator

メディエータは、メッセージ（on_change()呼び出し）を受け取り、それを対象のオブジェクトに渡す「パイプライン」として見なせる。3.1.2節ですでに見てきたように、コルーチンを用いれば同等の機能を実現できる。ここで示すコードはすべてmediator2.pyから抜粋したものであり、ここで示さないコードはすべて前節のmediator1.pyと同一である。

本節で採用したアプローチは前節とは異なる。前節では、ウィジェットとメソッドを関連付け、ウィジェットが変更通知を受け取ると、メディエータはそれに関連するメソッドを呼び出した。

ここでは、すべてのウィジェットにメディエータを与えるが、実際このメディエータはコルーチンのパイプラインである。ウィジェットの状態が変更されると、パイプラインへウィジェット自身を送り、そして、変更に応答するアクションを行うかどうか決定するために、パイプラインのコンポーネント（つまり、コルーチン）に決定を委ねる。

```
def create_mediator(self):
    self.mediator = self._update_ui_mediator(self._clicked_mediator())
    for widget in (self.nameText, self.emailText, self.okButton,
            self.cancelButton):
        widget.mediator = self.mediator
    self.mediator.send(None)
```

コルーチン版では、メディエータクラスを別のクラスとして準備する必要はない。その代わりに、コルーチンのパイプラインを作成する。このパイプラインは、self._update_ui_mediator()とself._clicked_mediator()のふたつのコンポーネント（これらはFormのメソッドである）からなる。

パイプラインの準備が整えば、各ウィジェットのmediator属性にそのパイプラインを設定する。そして最後に、パイプラインにNoneを送る。どのウィジェットもNoneではないから、Noneに関連したアクションは何も発動しないが、フォームレベルのアクション（_update_ui_mediator()にある[OK]ボタンの有効化・無効化など）が実行される。

```
@coroutine
def _update_ui_mediator(self, successor=None):
```

```
            while True:
                widget = (yield)
                self.okButton.enabled = (bool(self.nameText.text) and
                                         bool(self.emailText.text))
                if successor is not None:
                    successor.send(widget)
```

　上のコルーチンはパイプラインの一部である（@coroutineデコレータについては3.1.2節で議論した）。

　ウィジェットが変更されたことを報告するたびに、そのウィジェットはパイプラインに渡され、yield式によってwidget変数へ格納される。［OK］ボタンの有効化と無効化については、渡されるウィジェットに関係なく行われる（結局、何もウィジェットが変更されない場合、つまり、widgetがNoneの場合、フォームは単に初期化されることになる）。

　［OK］ボタンに関する処理が終わると、チェーンの次のコルーチン（もしそれが存在すれば）へ、変更されたウィジェットを渡す。

```
        @coroutine
        def _clicked_mediator(self, successor=None):
            while True:
                widget = (yield)
                if widget == self.okButton:
                    print("OK")
                elif widget == self.cancelButton:
                    print("Cancel")
                elif successor is not None:
                    successor.send(widget)
```

　ここで示すパイプラインのコルーチン_clicked_mediator()は、［OK］ボタンと［Cancel］ボタンのクリックだけに関心を持っている。変更されたウィジェットがこれらのボタンのどちらかであれば処理を行い、それ以外であれば、次のコルーチンへウィジェットを渡す。

```
        class Mediated:

            def __init__(self):
                self.mediator = None

            def on_change(self):
                if self.mediator is not None:
                    self.mediator.send(self)
```

ButtonとTextクラスはmediator1.pyと同じであるが、Mediatedクラスは上のようにわずかながら変更している。on_change()メソッドが呼ばれたら、変更されたウィジェット(self)をそのメディエータのパイプラインへ送るようにしている。

前節で述べたように、Mediatedクラスはクラスデコレータと置き換えることも可能である。本書のサンプルコードには、クラスデコレータを使用したバージョンも含まれている (2.4.2.2節参照)。Mediatorパターンは多重化——オブジェクト間の多対多の通信——を提供するために変更することもできる。「3.7 Observerパターン」や「3.8 Stateパターン」も参照のこと。

3.6　Mementoパターン

Mementoパターンは、カプセル化されたデータを乱すことなく、オブジェクトの状態を保存・復元する手段を提供する。

Pythonでは、元からこのパターンをサポートしている。pickleモジュールを用いれば、任意のPythonオブジェクトに対してpickle化と非pickle化を行える(ファイルオブジェクトはpickle化できないなど、いくつかの制約はある)。実際、Pythonでpickle化可能なものは、None、bool、bytearray、byte、complex、float、int、str、および、pickle化可能なオブジェクトだけを格納したディクショナリ、list、tuple、トップレベルの関数、トップレベルのクラス、そして、カスタマイズされたクラスで、その__dict__がpickle化可能なクラスである。つまり、多くのカスタムクラスのオブジェクトがpickle化できる、ということである。また、jsonモジュールを用いても同じことを達成できる。ただし、その場合は、ディクショナリやリストなど、Pythonの基本的な型だけがサポートされている(jsonとpickleの例は3.3.3節で見てきた)。

非常にまれなケースであるが、pickle化できるものについてなんらかの制約に苦しむことがあるかもしれない。しかし、そのような場合であっても、pickle化に関してカスタマイズされた処理を追加できる。たとえば、特殊メソッドである__getstate__()と__setstate__()、また場合によっては__getargs__()を実装できる。同様に、自分のカスタムクラスに対してJSONフォーマットを使用したいとしたら、jsonモジュールのエンコーダとデコーダを拡張できる。

自分のフォーマットやプロトコルを作成することも可能であるが、PythonはMementoパターンを十分にサポートしていることを考えると、利点はほとんどない。

非pickle化を行うことは、本質的に任意のPythonコードを実行することを意味する。そのため、物理メディアやネットワーク経由のデータなど、信頼できないソースから取得したデータを非pickle化することは危険が伴う。そのような場合は、JSONのほうが安全である。または、チェックサムや暗号化とpickle化を組み合わせることで、データに対して改変が加えられていないことを確認できる。

3.7 Observerパターン

Observerパターンは、オブジェクト間における多対多の依存関係をサポートする。多対多の依存関係とは、たとえば、ひとつのオブジェクトの状態が変化したとき、それに関連するオブジェクトすべてに通知を行いたいような場合である。このパターンに関連したパラダイムでもっともよく使われるものは、おそらくMVC（model/view/controller）だろう。MVCでは、モデルはデータを表し、ビューはデータの可視化を行い、コントローラーは入力（ユーザーのインタラクション）とモデルの間を仲介する役割を担う（ひとつのモデルに対して、ビューとコントローラーはひとつ以上存在する）。そして、モデルの変化は自動的にビューへ反映される。

MVCによるアプローチを単純化したものとして、「model/view」がよく使われている。これは、ビューがコントローラーの役割も担当する。つまり、ビューがデータの可視化とモデルへの入力の仲介というふたつの仕事を行う。Observerパターンの用語を用いれば、ビューはモデルのオブザーバー（観察者）であり、モデルはサブジェクト（被観察者）である。

本節では、最小値と最大値を表すモデルを作成する（スクロールバーやスライダーといったウィジェットや温度計などで使われる）。そして、そのモデル用にオブザーバー（ビュー）をふたつ作成する。ひとつ目は、モデルに変化があった場合にその値を出力する（HTMLを用いたプログレスバーとして表示する）。もうひとつは変化の履歴（値とタイムスタンプ）を記録する。observer.pyプログラムの実行例を次に示す。

```
$ ./observer.py > /tmp/observer.html
  0 2013-04-09 14:12:01.043437
  7 2013-04-09 14:12:01.043527
 23 2013-04-09 14:12:01.043587
 37 2013-04-09 14:12:01.043647
```

履歴データはsys.stderrに送られ、HTMLデータはsys.stdoutに送られる。こ

こでは、HTMLデータはHTMLファイルへリダイレクトしている。図3-5にHTMLページを示す。プログラムは4行41列のHTMLテーブルを出力する。最初に与えられた（空の）モデルが出力され、続いてモデルに変化があるたびにその結果を出力する。図3-6には、この例で用いた「model/view」の構造を示す。

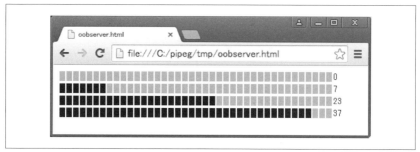

図3-5　オブザーバーの例：モデルの変化に応じたHTML出力

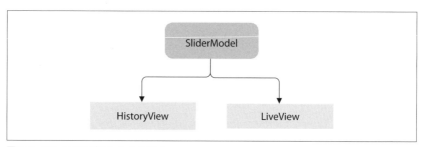

図3-6　ひとつのモデルとふたつのビュー

本節で示す例はobserver.pyであり、このプログラムではObservedという基底クラスを用いる。この基底クラスは、オブザーバーの追加と削除およびオブザーバーへの通知を行う機能を提供する。SliderModelクラスは最小値と最大値を持ち、Observedクラスを継承することによって観察の対象となる。そして、モデルを観察するビューとしてHistoryViewとLiveViewを作成する。このあと、これらのクラスすべてを見ていくことにする。それぞれのクラスがどのように使われるか、そして先ほどの実行結果と図3-5で示した図がどのようにして得られるかを知るために、最初にmain()関数を取り上げる。

```
def main():
    historyView = HistoryView()
    liveView = LiveView()
    model = SliderModel(0, 0, 40) # 最小値、現在値、最大値
    model.observers_add(historyView, liveView)
    for value in (7, 23, 37):
        model.value = value
    for value, timestamp in historyView.data:
        print("{:3} {}".format(value, datetime.datetime.fromtimestamp(
            timestamp)), file=sys.stderr)
```

上のコードでは、ふたつのビューを作成することから始める。続いて、最小値が0、現在値が0、最大値が40のモデルを作成する。そして、そのモデルのオブザーバーとして、ふたつのビューを追加する。LiveViewをオブザーバーとして追加するとすぐに最初の出力を生成する。また、HistoryViewを追加するとすぐに、最初の値とタイムスタンプを記録する。それからモデルの値を3回変更する。更新を行うたびにLiveViewはHTMLテーブルに新しい1行を追加し、HistoryViewは新しい値とタイムスタンプを記録する。

最後に、履歴全体をsys.stderr（つまり、コンソール）に出力する。datetime.datetime.fromtimestamp()関数はタイムスタンプ（time.time()によって返されたエポック[※1]からの経過秒）を受け取り、datetime.datetimeオブジェクトを返す。str.format()メソッドはとても賢く、datetime.datetimeをISO 8601フォーマットで出力する。

```
class Observed:

    def __init__(self):
        self.__observers = set()

    def observers_add(self, observer, *observers):
        for observer in itertools.chain((observer,), observers):
            self.__observers.add(observer)
            observer.update(self)

    def observer_discard(self, observer):
        self.__observers.discard(observer)
```

※1 訳注：エポック（epoch）とは、時刻の計測が始まった時点のことを言う。その年の1月1日の午前0時に"エポックからの経過時間"が0になるように設定される（http://docs.python.jp/3/library/time.html参照）。

```
def observers_notify(self):
    for observer in self.__observers:
        observer.update(self)
```

このObservedクラスは、モデルやサブジェクトのクラスによって継承されるように設計されている。Observedクラスは、オブザーバーの集合を保持している。ここにオブジェクトを追加すると、そのオブジェクトのupdate()関数を呼び、モデルの現在の状態でオブジェクトを初期化する。そして、モデルの状態が変化するたびに、その継承されたobservers_notify()メソッドを呼ぶものとする。その結果、すべてのオブジェクトのupdate()メソッドが呼ばれ、すべてのオブザーバー（ビュー）に新しい状態のモデルが表示される。

observers_add()メソッドでは巧妙なやり方が使われている。ここでは、追加するオブザーバーとしてひとつ以上のオブザーバーを受け取りたいが、*observersを用いただけでは0個以上のオブザーバーを受け取ることになってしまう。そのため、少なくともひとつのオブザーバー(observer)を受け取るのに加えて、0個以上のオブザーバー(*observers)を受け取るようにしている。受け取ったオブザーバーに対しては「タプルの連結」（たとえば、for observer in (observer,) + observers:）を用いることもできたが、ここでは代わりに、より効率のよい方法であるitertools.chain()関数を用いた。2.3.2節で述べたように、この関数は任意の数のイテラブルを受け取り、そのすべてのイテラブルを効率よく連結し、ひとつのイテラブルとして返す。

```
class SliderModel(Observed):

    def __init__(self, minimum, value, maximum):
        super().__init__()
        # これらは、プロパティのセッターが呼び出される前に行う必要がある
        self.__minimum = self.__value = self.__maximum = None
        self.minimum = minimum
        self.value = value
        self.maximum = maximum

    @property
    def value(self):
        return self.__value

    @value.setter
    def value(self, value):
        if self.__value != value:
```

```
            self.__value = value
            self.observers_notify()
    ...
```

この`SliderModel`クラスは例として用意したモデルであるが、もちろん、どのようなモデルであってもかまわない。`Observed`クラスを継承することによって、継承したクラスはプライベートなオブザーバーの集合（最初は空）、そして、`observers_add()`、`observer_discard()`、`observers_notify()`の各メソッドを持つようになる。モデルの状態が変化する——たとえば、値が変更される——たびに、`observers_notify()`メソッドを呼ばなければならない。`observers_notify()`メソッドを呼ぶことによって、オブザーバーがそれに応答できる。

このクラスは最小値（`minimum`）と最大値（`maximum`）というプロパティも持っているが、ここでは省略している。これらは`value`プロパティと構造的に同じであり、もちろん、それぞれのセッターでも`observers_notify()`が呼ばれる。

```
    class HistoryView:

        def __init__(self):
            self.data = []

        def update(self, model):
            self.data.append((model.value, time.time()))
```

`update()`メソッドは（`self`以外では）観察対象のモデルだけを引数として受け取るため、ビュー`HistoryView`はモデルのオブザーバーである。`update()`メソッドが呼ばれるたびに、「モデルの値とタイムスタンプ」のタプルを`self.data`リストに追加する。このリストを通じて、モデルに適用された変更履歴を保存する。

```
    class LiveView:

        def __init__(self, length=40):
            self.length = length
```

モデルを観察するもうひとつのビューが、上の`LiveView`である。`length`は、HTMLテーブルの1行のなかでモデルの値を表すために用いるセルの数である。

```
        def update(self, model):
            tippingPoint = round(model.value * self.length /
                (model.maximum - model.minimum))
            td = '<td style="background-color: {}"> </td>'
```

```
html = ['<table style="font-family: monospace" border="0"><tr>']
html.extend(td.format("darkblue") * tippingPoint)
html.extend(td.format("cyan") * (self.length - tippingPoint))
html.append("<td>{}</td></tr></table>".format(model.value))
print("".join(html))
```

モデルが最初に観察されるとき、そして更新されるときは、常にこの`update()`メソッドが呼ばれる。このメソッドは、モデルを表示するために、`self.length`個のセルからなる1行のHTMLテーブルを出力する。空のセルは淡い青で描画し、空でないセルは濃い青で描画する。ここでは、それぞれの種類のセルがどれだけ必要であるかを決定するために、空でないセル (もしそれが存在すれば) と空のセルの間で転換点 (`tippingPoint`) を計算している。

ObserverパターンはGUIプログラミングで広く用いられている。また、シミュレーションやサーバーといった、イベント処理を行う場面でも用いられる。そのほかにも、データベースのトリガー、Djangoのシグナル送受信システム、GUIアプリケーションフレームワークQtのシグナルとスロットのメカニズム、WebSocketなどで用いられる。

3.8　Stateパターン

オブジェクトの状態が変化すると、そのふるまいも変化するようなオブジェクト——つまり、状態 (モード) を持つオブジェクト——を作成するのが、Stateパターンである。

ここではこのデザインパターンを示すために、ふたつの状態を持つマルチプレクサ (Multiplexer) クラスを作成する。このクラスのメソッドは、インスタンスの状態に従ってふるまいが変化する。マルチプレクサがアクティブ状態にあるときは、"接続"——つまり、イベント名とコールバックのペア——を受け入れる。ここで言うコールバックとは、Pythonのコーラブル (たとえば、lambdaや関数、バウンドメソッドなど) のことである。接続が確立されたあとは、マルチプレクサにイベントが送られるたびに、そのイベントに関連付けられたコールバックが呼び出される (ただし、そのマルチプレクサがアクティブ状態でなければならない)。もしマルチプレクサが停止 (dormant) 状態にあれば、そのメソッドを呼び出しても何も行われない。

マルチプレクサの様子を表示するために、受信したイベントの数を数えるコールバック関数をいくつか作り、アクティブなマルチプレクサに接続することにする。そしてランダムなイベントをいくつかマルチプレクサに送り、コールバックがイベントの総数を

出力する。すべてのコードはmultiplexer1.pyプログラムにある。そのプログラムを実行したときの出力例を次に示す。

```
$ ./multiplexer1.py
After 100 active events: cars=150 vans=42 trucks=14 total=206
After 100 dormant events: cars=150 vans=42 trucks=14 total=206
After 100 active events: cars=303 vans=83 trucks=30 total=416
```

アクティブなマルチプレクサにランダムなイベントを100個送ったあと、そのマルチプレクサを停止状態にし、別のイベントを100個送る——これらのイベントはすべて無視される。そして、そのマルチプレクサをアクティブ状態に戻し、さらにイベントを送信する——今度は、イベントに関連したコールバックが呼び出される。

それでは、マルチプレクサの生成や接続の方法、イベントの送信方法について見ていくことにする。それから、コールバック関数とイベントクラスを紹介し、最後にマルチプレクサ自体を示す。

```
totalCounter = Counter()
carCounter = Counter("cars")
commercialCounter = Counter("vans", "trucks")

multiplexer = Multiplexer()
for eventName, callback in (("cars", carCounter),
        ("vans", commercialCounter), ("trucks", commercialCounter)):
    multiplexer.connect(eventName, callback)
    multiplexer.connect(eventName, totalCounter)
```

上のコードでは最初に、Counterクラスのインスタンスを3つ生成する。このインスタンスはコーラブルであるため、関数（たとえば、コールバック）が必要になるときはいつでも利用できる。Counterクラスは、引数で渡された名前に対して、その名前専用の独立したカウンターをひとつずつ持つ。一方、totalCounterのように専用の名前を持たない場合は、カウンターはひとつだけ持つ。

それから、新しいマルチプレクサを生成する（生成時にはデフォルトでアクティブな状態である）。続いて、コールバック関数をイベントに関連付ける。ここでは興味のあるイベントが3つあり、それらはcars、vans、trucksである。carCounter()関数はcarsイベントに、commercialCounter()関数はvansとtrucksイベントに関連付けられる。totalCounter()関数は3つのイベントすべてに関連付けられる。

```
    for event in generate_random_events(100):
        multiplexer.send(event)
    print("After 100 active events: cars={} vans={} trucks={} total={}"
            .format(carCounter.cars, commercialCounter.vans,
                    commercialCounter.trucks, totalCounter.count))
```

　上のコードでは、ランダムなイベントを100個生成し、そのイベントをひとつずつマルチプレクサに送信する。たとえばイベントが cars イベントであったとすると、マルチプレクサは carCounter() と totalCounter() 関数を呼び出し、唯一の引数としてそのイベントを渡す。同様に、もしイベントが vans もしくは trucks イベントであった場合は、commercialCounter() と totalCounter() が呼ばれる。

```
    class Counter:

        def __init__(self, *names):
            self.anonymous = not bool(names)
            if self.anonymous:
                self.count = 0
            else:
                for name in names:
                    if not name.isidentifier():
                        raise ValueError("names must be valid identifiers")
                    setattr(self, name, 0)
```

　もし名前が与えられなければ、匿名カウンター（anonymous）のインスタンスが生成され、そのカウント数は self.count に保持される。それ以外は、組み込み関数の setattr() を用いて、名前に対応した独立のカウント変数が作成される。たとえば、carCounter インスタンスには self.cars 属性が作成され、commercialCounter には self.vans と self.trucks 属性が作成される。

```
        def __call__(self, event):
            if self.anonymous:
                self.count += event.count
            else:
                count = getattr(self, event.name)
                setattr(self, event.name, count + event.count)
```

　Counter インスタンスが呼ばれると、その呼び出しはこの特殊メソッド __call__() に渡される。もしカウンターが匿名（たとえば、totalCounter）であれば、self.count がインクリメントされる。そうでなければ、そのイベント名に対応するカウン

ター属性を取得しようと試みる。たとえば、イベント名がtrucksであれば、self.trucksの値をcountに設定する。そして、countと新しいイベントのカウント数を足した数でself.trucksを更新する。

組み込み関数のgetattr()ではデフォルトの値を与えていないため、その属性（たとえば、truckなど）が存在しない場合は、期待どおりにAttributeError例外が発生する。さらにこれは、誤った名前の属性が作られないことの保証にもなる。

```
class Event:

    def __init__(self, name, count=1):
        if not name.isidentifier():
            raise ValueError("names must be valid identifiers")
        self.name = name
        self.count = count
```

Eventクラスは以上ですべてである。MultiplexerクラスによってStateパターンの例を示すことを目的としているから、このクラスはとても単純な構造にした。ちなみに、このMultiplexerクラスは「3.7 Observerパターン」の例でもある。

3.8.1 状態に適応するメソッド

クラス内の状態を扱うためのアプローチとして、ふたつの方法が考えられる。ひとつは、「状態に適応するメソッド」を用いる方法であり、これについて本節で見ていく。もうひとつのアプローチは、「状態ごとのメソッド」を用いる方法であり、次の3.8.2節で見ていく。

```
class Multiplexer:

    ACTIVE, DORMANT = ("ACTIVE", "DORMANT")

    def __init__(self):
        self.callbacksForEvent = collections.defaultdict(list)
        self.state = Multiplexer.ACTIVE
```

Multiplexerクラスには、ACTIVEとDORMANTという、ふたつの状態がある。MultiplexerインスタンスがACTIVEのときは、「状態に適応するメソッド」は役立つ仕事をするが、DORMANTのときは何も行わない。また、新しいMultiplexerが生成されると、その状態はACTIVEに設定される。

self.callbacksForEventというディクショナリのキーはイベント名で、その値は

コーラブルのリストである。

```
def connect(self, eventName, callback):
    if self.state == Multiplexer.ACTIVE:
        self.callbacksForEvent[eventName].append(callback)
```

このconnect()メソッドは、イベント名とコールバックを関連付けるために用いられる。与えられたイベント名がディクショナリに存在しなければ、self.callbacksForEventはcollectionsモジュールのdefaultdictであるから、イベント名をキーとするディクショナリの値として空のリストが作成され、そのリストが返される。また、もしそのイベント名がディクショナリに存在すれば、対応するリストが返される。そのため、どちらの場合でも、新しいコールバックを追加するためのリストを取得できる(defaultdictについては3.5.1節で議論した)。

```
def disconnect(self, eventName, callback=None):
    if self.state == Multiplexer.ACTIVE:
        if callback is None:
            del self.callbacksForEvent[eventName]
        else:
            self.callbacksForEvent[eventName].remove(callback)
```

このdisconnect()メソッドがコールバックを指定せずに呼ばれた場合は、与えられたイベント名に関連したすべてのコールバックを削除する。それ以外は、対象のコールバックのリストから指定されたコールバックだけを削除する。

```
def send(self, event):
    if self.state == Multiplexer.ACTIVE:
        for callback in self.callbacksForEvent.get(event.name, ()):
            callback(event)
```

イベントがマルチプレクサへ送られ、かつ、マルチプレクサがアクティブであれば、このsend()メソッドは、イベントに関連したコールバックをすべて列挙する。そして、それぞれのコールバックに対して、イベントを引数として呼び出す。

3.8.2 状態ごとのメソッド

multiplexer2.pyはほとんどmultiplexer1.pyと同じである。Multiplexerが前節のバージョンでは「状態に適応するメソッド」を用いたのに対して、本節では「状態ごとのメソッド」を用いている点が唯一の違いである。Multiplexerクラスには、

前節と同じくふたつの状態があり、同じ__init__()メソッドを持つ。しかし、self.state属性は、前節とは異なり、プロパティである。

```
@property
def state(self):
    return (Multiplexer.ACTIVE if self.send == self.__active_send
            else Multiplexer.DORMANT)
```

このバージョンでは、マルチプレクサは前節のように状態を保持しない。その代わりに、特定のパブリックメソッドを参照し、そのメソッドにアクティブ時用のプライベートメソッドが設定されているか否かを元に現在の状態を判断する。

```
@state.setter
def state(self, state):
    if state == Multiplexer.ACTIVE:
        self.connect = self.__active_connect
        self.disconnect = self.__active_disconnect
        self.send = self.__active_send
    else:
        self.connect = lambda *args: None
        self.disconnect = lambda *args: None
        self.send = lambda *args: None
```

状態が変更されるたびに、stateプロパティのセッターはその状態に適したメソッドを設定する。たとえば、状態がDORMANTであれば、そのパブリックメソッドに無名関数(lambda)が設定される。

```
def __active_connect(self, eventName, callback):
    self.callbacksForEvent[eventName].append(callback)
```

ここでは、プライベートなアクティブ時用のメソッドを定義している。パブリックなメソッドには、このメソッドか、もしくは何もしない無名関数が設定される。他のプライベートメソッドである__active_disconnectと__active_disconnectについては、上記の__active_connectと同じ構造であるため省略している。ここで大切な点は、これらのメソッドはどれもインスタンスの状態をチェックしていない、ということである（なぜなら、適切な状態のときだけそのメソッドが呼ばれるから、状態を確認する必要がない）。これにより、わずかながら単純化でき、少しではあるが高速化できる。

当然ながら、コルーチンに基づいたMultiplexerも簡単に実現できるが、コルーチンの例はこれまでにいくつか見てきたので、ここでは示さない。本書が提供するコード

にはmultiplexer3.pyがあり、これにはコルーチンベースのマルチプレクサが実装されている。

本節では、マルチプレクサのためにStateパターンを用いたが、この例以外にも状態（もしくはモード）を持つオブジェクトは多くの場面で登場する。

3.9　Strategyパターン

アルゴリズムの集合があり、それぞれを必要に応じて交換しながら用いたい場合、Strategyパターンを用いれば、アルゴリズムの集合をカプセル化できる。

本節の例では、指定された行数のテーブルにリストの要素を整列して出力するためのアルゴリズムをふたつ示す。ひとつはHTMLを生成するアルゴリズムだ。図3-7には、行数が2行、3行、4行のときの結果を示す。もうひとつのアルゴリズムはプレーンなテキストデータによる出力であり、結果は次のようになる（ここではテーブルの行数は4行と5行を示す）。

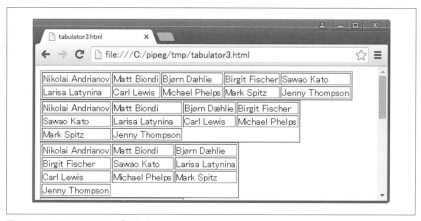

図3-7　HTMLによるテーブル出力

```
$ ./tabulator3.py
...
+-------------------+-------------------+-------------------+
| Nikolai Andrianov | Matt Biondi       | Bjørn Dæhlie      |
| Birgit Fischer    | Sawao Kato        | Larisa Latynina   |
| Carl Lewis        | Michael Phelps    | Mark Spitz        |
| Jenny Thompson    |                   |                   |
+-------------------+-------------------+-------------------+
```

```
+-------------------+-------------------+
| Nikolai Andrianov | Matt Biondi       |
| Bjørn Dæhlie      | Birgit Fischer    |
| Sawao Kato        | Larisa Latynina   |
| Carl Lewis        | Michael Phelps    |
| Mark Spitz        | Jenny Thompson    |
+-------------------+-------------------+
```

アルゴリズムを切り替え可能な実装方法はいくつか存在するだろう。ひとつのアプローチとして考えられるのは、Tabulatorインスタンスを受け取るLayoutクラスを作り、それが適切なテーブルのレイアウトを行うというものである。tabulator1.pyプログラム（ここでは示さない）のアプローチがそれである。また、状態を保持する必要がないテーブル作成器 (tabulator) の場合は、別のアプローチとして、スタティックメソッドを用いて、Tabulatorのインスタンスではなくクラスを渡す方法が考えられる。tabulator2.pyプログラム（このコードも示さない）はそのアプローチを採用している。

本節では、より単純で、より洗練された方法を示す。ここで示す方法では、関数を受け取るLayoutクラスを用いる。Layoutクラスが受け取る関数は、所望のアルゴリズムが実装されたテーブル作成の関数である。

```
WINNERS = ("Nikolai Andrianov", "Matt Biondi", "Bjørn Dæhlie",
          "Birgit Fischer", "Sawao Kato", "Larisa Latynina", "Carl Lewis",
          "Michael Phelps", "Mark Spitz", "Jenny Thompson")
def main():
    htmlLayout = Layout(html_tabulator)
    for rows in range(2, 6):
        print(htmlLayout.tabulate(rows, WINNERS))
    textLayout = Layout(text_tabulator)
    for rows in range(2, 6):
        print(textLayout.tabulate(rows, WINNERS))
```

このmain()関数ではLayoutオブジェクトをふたつ生成するが、それぞれ異なるテーブル作成の関数をパラメータとして与える。そして、それぞれのレイアウトにおいて、2行、3行、4行、5行のテーブルを出力する。

```
class Layout:

    def __init__(self, tabulator):
        self.tabulator = tabulator
```

```
    def tabulate(self, rows, items):
        return self.tabulator(rows, items)
```

このLayoutクラスはテーブル作成（tabulate）のアルゴリズムをひとつサポートする。このアルゴリズムを実装した関数は、行数とアイテムの順列を受け取り、テーブル形式の結果を返すことが期待される。

実際、このクラスはさらにシンプルにできる。次に示すコードはtabulator4.pyから抜粋したものである。

```
class Layout:

    def __init__(self, tabulator):
        self.tabulate = tabulator
```

self.tabulate属性の値はコーラブル（テーブル作成のための関数）である。main()で示した呼び出しは、tabulator3.pyとtabulator4.pyのLayoutクラスでまったく同じように機能する。

実際にテーブル作成を行うアルゴリズムはデザインパターンとは関係ないが、ここでは簡単にコードを見ていくことにする。

```
    def html_tabulator(rows, items):
        columns, remainder = divmod(len(items), rows)
        if remainder:
            columns += 1
        column = 0
        table = ['<table border="1">\n']
        for item in items:
            if column == 0:
                table.append("<tr>")
            table.append("<td>{}</td>".format(escape(str(item))))
            column += 1
            if column == columns:
                table.append("</tr>\n")
            column %= columns
        if table[-1][-1] != "\n":
            table.append("</tr>\n")
        table.append("</table>\n")
        return "".join(table)
```

どちらのテーブル作成関数でも、指定された行数でアイテムをテーブルに収めるために必要な列の数を計算しなければならない。列数が求まれば、現在の行と列の位置

を保持しながら、すべてのアイテムをひとつずつ処理していく。

`text_tabulator()`関数（ここでは示していない）も、コードは若干長くなるが、本質的には同じアプローチである。

より現実に即した状況では、コードとパフォーマンスの両方の点においてまったく異なるアルゴリズムを用意する必要があるかもしれない。そうすることで、ユーザー各自の状況に応じてトレードオフを考慮したうえで、もっとも適したアルゴリズムを選択させることが可能になる。異なるアルゴリズムをコーラブル —— lambda、関数、バウンドメソッド —— として挿入することはPythonでは簡単に行える。なぜなら、Pythonではコーラブルを第一級オブジェクト（ほかの型のオブジェクトと同じようにコレクションに渡したり格納したりできるオブジェクト）としてコーラブルを扱っているためである。

3.10 Template Methodパターン

Template Methodパターンはアルゴリズムの「ひな形」を定義する。実行内容はサブクラスによって異なる。

本節では、ふたつのメソッドを持つ`AbstractWordCounter`クラスを作成する。ひとつ目のメソッドは`can_count(filename)`である。このメソッドは、与えられたファイルのなかの単語をカウントできるかどうかをブール値で返す（ファイルの拡張子に応じて判断する）。ふたつ目のメソッドは`count(filename)`であり、このメソッドは単語の数を返す。そして、この抽象クラスのサブクラスをふたつ作成する。ひとつはプレーンなテキストファイル用の単語カウンター、もうひとつはHTMLファイル用の単語カウンターである。それでは実際に、それらのサブクラスがどのように使われるかを見みてみよう（ここで示すコードはwordcount1.pyから抜粋したものである）。

```
def count_words(filename):
    for wordCounter in (PlainTextWordCounter, HtmlWordCounter):
        if wordCounter.can_count(filename):
            return wordCounter.count(filename)
```

ここでは、すべてのクラスのすべてのメソッドをスタティックにしている。つまり、インスタンスごとに状態を保てないこと（インスタンスが存在しないため）、そして、インスタンスではなくクラスオブジェクトに対して直接働きかけることを意味する。状態を保持する必要があれば、メソッドをスタティックにせずに、インスタンスを用いたほ

うが簡単だろう。

　ここでは、サブクラスのクラスオブジェクトふたつに対して、ファイルの単語を数えられるかチェックし、可能なら実際に単語を数えて結果を返す。両者がともに数えられなければ、（暗黙的に）Noneを返し、数えられなかったことを呼び出し元に示す。

wordcount1.py
```
class AbstractWordCounter:

    @staticmethod
    def can_count(filename):
        raise
NotImplementedError()

    @staticmethod
    def count(filename):
        raise NotImplementedError()
```

wordcount2.py
```
class AbstractWordCounter(
            metaclass=abc.ABCMeta):

    @staticmethod
    @abc.abstractmethod
    def can_count(filename):
        pass

    @staticmethod
    @abc.abstractmethod
    def count(filename):
        pass
```

　上のコードは単語カウンターのインタフェースを定義した抽象クラスであり、サブクラスはこのメソッドを実装しなければならない。wordcount1.pyは、どちらかと言えば古典的なアプローチである。wordcount2.pyは、abc（abstract base calss）モジュールを用いたよりモダンなアプローチを採用している。

```
class PlainTextWordCounter(AbstractWordCounter):

    @staticmethod
    def can_count(filename):
        return filename.lower().endswith(".txt")

    @staticmethod
    def count(filename):
        if not PlainTextWordCounter.can_count(filename):
            return 0
        regex = re.compile(r"\w+")
        total = 0
        with open(filename, encoding="utf-8") as file:
            for line in file:
                for _ in regex.finditer(line):
                    total += 1
        return total
```

このサブクラス PlainTextWordCounter は、単語カウンターのインタフェースを実装している。単語の定義にはとても簡単な正規表現を用い、.txtファイルのエンコーディングはすべてUTF-8または7ビットASCII (UTF-8のサブセット) であると仮定している。

```python
class HtmlWordCounter(AbstractWordCounter):

    @staticmethod
    def can_count(filename):
        return filename.lower().endswith((".htm", ".html"))

    @staticmethod
    def count(filename):
        if not HtmlWordCounter.can_count(filename):
            return 0
        parser = HtmlWordCounter.__HtmlParser()
        with open(filename, encoding="utf-8") as file:
            parser.feed(file.read())
        return parser.count
```

このサブクラスHtmlWordCounterはHTMLファイル用の単語カウンターである。ここでは、このクラス専用のプライベートなHTMLパーサー (HtmlWordCounterのなかに埋め込まれたhtml.parser.HTMLParserのサブクラス。後述) を用いている。HTMLファイルの単語を数えるためには、そのパーサーのインスタンスを生成し、HTMLをそのインスタンスに与えるだけで済む。解析が終われば、カウントした単語数をパーサーが返す。

本筋とは関係ないが、HtmlWordCounterクラスのなかで定義されているHtmlWordCounter.__HtmlParser (このクラスが実際に単語のカウントを行っている) についても見ていく。Python標準ライブラリのHTMLパーサーは、テキストを列挙して、関連するイベント (たとえば、「開始タグ」「終了タグ」など) が発生すると特定のメソッドが呼ばれるという点で、どちらかと言えばSAX (Simple API for XML) パーサーのように機能する。そのため、パーサーを使えるようにするためには、標準ライブラリのパーサーを継承したサブクラスで、我々が興味のあるイベントに応答するメソッドを再実装する必要がある。

```python
class __HtmlParser(html.parser.HTMLParser):

    def __init__(self):
```

```
        super().__init__()
        self.regex = re.compile(r"\w+")
        self.inText = True
        self.text = []
        self.count = 0
```

　上のようにhtml.parser.HTMLParserをプライベートな内部サブクラスにして、4つの属性を追加する。self.regexは、「単語」の定義を正規表現として持つ（英字、数字またはアンダースコアからなるひとつ以上の文字）。ブール型のself.inTextは、対象とするテキストが"ユーザーに見える文字"――その逆の"ユーザーに見えない文字"は、<script>や<style>タグに囲まれた文字である――かどうかを示している。また、self.textは現在処理中のテキストがひとつまたは複数保持され、self.countは単語数である。

```
    def handle_starttag(self, tag, attrs):
        if tag in {"script", "style"}:
            self.inText = False
```

　このhandle_starttag()メソッドの名前と引数は基底クラスによって決められている（実際、すべてのhandle_...()メソッドがそうである）。デフォルトでは、これらのメソッドは何もしないため、自分の行いたい処理があれば、該当するメソッドを再実装する。

　ここでは<script>や<style>タグに囲まれた文字はカウントしたくないので、これらの開始タグに遭遇したら、テキストのカウントを行わないようにする。

```
    def handle_endtag(self, tag):
        if tag in {"script", "style"}:
            self.inText = True
        else:
            for _ in self.regex.finditer(" ".join(self.text)):
                self.count += 1
            self.text = []
```

　<script>や<style>の終了タグに達したら、テキストのカウントを再開する。そのほかの場合は、テキストが追加されたtext（テキストのリスト）を列挙し、その単語を数える。そして、そのtextを空のリストへとリセットする。

```
    def handle_data(self, text):
        if self.inText:
            text = text.rstrip()
```

```
            if text:
                self.text.append(text)
```

テキストを受け取ったら、<script>や<style>タグのなかではない場合にのみtextにテキストを追加する。

ネスト化されたプライベートなクラスをPythonがサポートしていること、およびhtml.parser.HTMLParserライブラリのおかげで、解析処理の詳細についてはHtmlWordCounterを使用するユーザーからは隠しながら、それでいて洗練された解析処理を行える。

Templateパターンは、いくつかの点において、2.2節で紹介したBridgeパターンに似ている。

3.11　Visitorパターン

Visitorパターンは、コレクションに存在するすべての要素に対してなんらかの関数を適用する場合に使われる。これは、Iteratorパターン（3.4節）の一般的な使い方とは異なる。Iteratorパターンはコレクションの要素を列挙し、その各要素のメソッドを呼び出すのが一般的である。一方、Visitorパターンは"訪問者"であるので、メソッドではなく外部の関数を呼び出す。

Pythonでは、このパターンを組み込みでサポートしている。たとえば、*newList=map(function,oldSequence)* というステートメントを用いれば、*oldSequence*のすべての要素に対して*function()*を呼び出し、その結果を*newList*に格納できる。同じことは、*newList= [function(item) for item in oldSequence]*のように、リスト内包表記を用いても行える。

コレクション中のすべての要素に対して関数を適用させる必要があるとすれば、*for item in collection: function(item)* のように、forループを用いて要素を列挙することも可能である。もし要素の型が異なれば、ifステートメントと組み込み関数のisinstance()を用いて、*function()*内で型に応じて適切な処理を行える。

* * * * * * * * * * * * *

「ふるまいに関するデザインパターン」のいくつかは、Pythonで直接サポートされ

ている。直接サポートされていないデザインパターンであっても、その実装は簡単であった。Chain of Responsibilityパターン、Mediatorパターン、Observerパターンはすべて、従来の方法だけでなくコルーチンを用いても実装できた。Commandパターンは、遅延評価とアンドゥ機能のために利用できた。また、Pythonは（バイトコードの）インタープリタ言語であるから、InterpreterパターンはPython自体を用いて実装でき、コードを別プロセスとして分離して実行することさえ可能であった。Iteratorパターン（そして、暗黙的にVisitorパターン）も、Pythonで標準でサポートされている。Mementoパターンは、Pythonの標準ライブラリ（たとえば、pickleやjsonモジュールなど）でサポートされており、Stateパターン、Strategyパターン、Template Methodパターンは直接サポートされていないが、実装は簡単であった。

デザインパターンは、コードについて考え、整理し、実装するための有効な手段を提供する。そのパターンのいくつかはオブジェクト指向言語の枠組みでのみ有効であるが、ほかのものは手続き型言語とオブジェクト指向言語の両方で利用できる。GoF本（『Design Patterns』）が出版されてからというもの、デザインパターンについて多くの研究がなされてきた（そして、現在も行われている）。デザインパターンについてさらに学ぶなら、Hillside Groupのウェブサイト（http://hillside.net/）から始めるとよい。これは教育を目的とした非営利のウェブサイトである。

次章では、プログラミングに関するもうひとつのテーマである「並行性（concurrency）」について見ていく。その目的は、現代のマルチコアからなる今日のハードウェアを有効に利用し、パフォーマンスを改善することにある。しかしその前に、画像を扱うためのパッケージを開発する。このパッケージは本書のさまざまな場所で登場する。

3.12　ケーススタディ：Imageパッケージ

Pythonの標準ライブラリには画像処理のモジュールは何も含まれていない。しかしTkinterのtk.PhotoImageクラスを利用すれば画像の生成・読み込み・保存を行える（barchart2.pyの例では、その方法を示した）。しかし残念なことに、Tkinterは、あまり使われていないフォーマットであるGIF、PPM、PGMの3つだけしか読み書きできない。ただし、Tcl/Tk 8.6のPythonであれば、よく利用されるPNGフォーマットもサポートしている。また、tk.PhotoImageクラスは単一スレッド（メインのGUIスレッ

ド)でしか利用ができないため、複数画像を並行処理したい場合は役に立たない。

もちろん、Pillow (https://github.com/python-pillow/Pillow) や他のGUIツールキット[※1]も利用できる。しかしここでは、ケーススタディとして我々のオリジナルであるImageパッケージを実装する。後ほど紹介する他のケーススタディでは、本節で実装したパッケージを利用する。

我々がImageパッケージに求めることは、画像データを効率的に格納し、他のモジュールをインストールせずにPythonで実行できることである。この目的を達成するために、画像を色の1次元配列として表すことにする。各色(つまり、各ピクセル)は32ビットの符号なし整数によって表され、その4バイトはそれぞれAlpha(透明度)、Red、Green、Blueの要素に対応する。ちなみに、このフォーマットはARGBと呼ばれることがある。ここでは1次元配列を利用しているから、画像の座標が(x, y)であるピクセルの値は、配列の$(y \times width) + x$番目の要素に対応する。**図3-8**にはこの対応関係について図示したものであり、8×8の画像の$(5, 1)$のピクセル――つまり、配列のインデックスが$13 ((1 \times 8) + 5)$の場所――がピックアップされている。

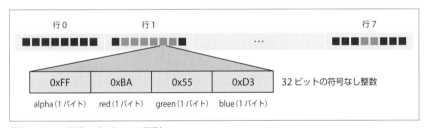

図3-8　8×8画像の色データの配列

Pythonの標準ライブラリにはarrayモジュールがあり、型が指定された1次元配列として利用できるため、我々の目的に最適である。しかし、サードパーティーのnumpyモジュールは配列(任意の次元数)を扱うために最適されたコードであるため、利用できるのであればしたほうがよいだろう。そのため、Imageパッケージを設計するにあたり、numpyが利用可能であればそれを用い、利用できない場合は代替としてarrayを用いることにする。そのため、Imageはどのような場合でも動作するが、array.arrayとnumpy.ndarrayの両方で実行できるようにするため、numpyの恩恵を最大

※1　2Dのデータをプロットしたければ、サードパーティーのmatplotlibパッケージ (http://matplotlib.org/) を利用できる。

限に得ることはできない。

　任意の画像に対して、その生成と修正を行えるようにしたい。そして、既存画像の読み込みや、生成（もしくは修正）した画像の保存も行えるようにしたい。画像の読み書きは画像フォーマットに依存するため、Imageパッケージを設計するにあたって、画像を扱う一般的な処理のためのモジュールをひとつ用意し、それとは別に読み書きを扱うモジュールを用意する（画像フォーマットごとにひとつのモジュールを用意する）。さらに、新しい画像フォーマットのモジュールをパッケージに追加すると、Imageパッケージのインタフェースでの要件を満たしさえすれば、たとえデプロイ後でもそれを自動で利用できるようにする。

　Imageパッケージは4つのモジュールから構成される。一般的な機能はすべてImage/__init__.pyモジュールで提供される。そのほかの3つのモジュールはフォーマット固有の読み込みと保存を行うコードである。Image/Xbm.pyはXMB（.xbm）フォーマットのモノクロのビットマップ、Image/Xpm.pyはXPM（.xpm）フォーマットのカラーのビットマップ、Image/Png.pyはPNG（.png）フォーマットのためのモジュールである。PNGフォーマットは非常に複雑であり、それをサポートするPyPNG（https://github.com/drj11/pypng）というPythonモジュールがすでに存在するので、我々のPng.pyモジュールは、PyPNGが利用できる場合は、そのラッパークラスとして機能する。ラッパークラスの実装は、Adapterパターン（2.1節）を用いる。

　まず、Imageモジュール（Image/__init__.py）を紹介する。次に、Image/Xpm.pyモジュール（詳細は省く）、Image/Png.pyのラッパーモジュールの順で見ていく。

3.12.1　Imageモジュール

　Imageモジュールは、Imageクラスを提供するのに加えて、画像処理を行うための便利な関数や定数を多く含む。

```
try:
    import numpy
except ImportError:
    numpy = None
    import array
```

　最初に考えるべきは、画像データを表すためにarray.arrayとnumpy.ndarrayのどちらを用いるか、ということである。上のコードのように、まずnumpyのインポートを試み、それに失敗した場合、必要な機能を提供するために標準ライブラリのarray

モジュールをインポートする。numpyを使用しない場合は、numpyという変数にNoneを代入する。アプリケーション内の何箇所かで、numpyがNoneかどうか判定して処理を切り替えている。

このパッケージでは、import Imageというコードだけで、ユーザーがImageモジュールにアクセスできるようにしたい。そして、そのコードだけで、特定の画像フォーマット用のモジュールもすべて利用できるようにしたい。たとえば、64×64の赤色の正方形画像を生成し、それを保存するコードがあるとすれば、次のようなコードになるべきである。

```
import Image
image = Image.Image.create(64, 64, Image.color_for_name("red"))
image.save("red_64x64.xpm")
```

ユーザーがImage/Xpm.pyモジュールを明示的にインポートしなくても、このコードを実行できるようにしたい。そしてもちろん、Imageというディクショナリに存在する他のどのような画像フォーマットであっても、たとえImageパッケージの初回デプロイ後に追加されたモジュールであったとしても、同様に実行できるようにしたい。

この機能を実現するために、Image/__init__.pyには、画像フォーマット用のモジュールを自動で読み込むためのコードが含まれている。

```
_Modules = []
for name in os.listdir(os.path.dirname(__file__)):
    if not name.startswith("_") and name.endswith(".py"):
        name = "." + os.path.splitext(name)[0]
        try:
            module = importlib.import_module(name, "Image")
            _Modules.append(module)
        except ImportError as err:
            warnings.warn("failed to load Image module: {}".
format(err))
del name, module
```

上のコードは、Imageディレクトリで見つかったモジュール（ただし、アンダースコアで始まるファイル名のモジュールは除くため、__init__.pyは対象外）をすべてインポートし、そのモジュールをプライベートな_Modulesという名前のリストに追加する。

このコードはImageディレクトリに存在するファイルを列挙する。そして、適切な.pyファイルに対して、ファイル名に基づいたモジュール名を取得する。ここでは、

Imageパッケージのサブパッケージとしてモジュールをインポートするため、モジュール名を.(ドット)から始めるように注意しなければならない。このような相対的なインポートでは、importlib.import_module()関数の第2引数に、親パッケージ名を与える必要がある。もしインポートに成功すれば、モジュールのオブジェクトをリストに追加する。リストがどのように使われるかは、このすぐあとに見ていく。

　Image名前空間が乱雑になるのを防ぐために、これから先必要のないnameとmoduleという変数は削除する。

　ここで用いたプラグインによるアプローチは、ほとんどの場合使い勝手がよく、理解しやすいうえに正常に動作する。しかし、Imageパッケージが.zipファイルのなかに置かれると、正常に動作しないという制約がある(Pythonは.zipファイルのなかのモジュールもインポートできる。.zipファイルをsys.pathのリストに追加しさえすれば、あとはその.zipファイルがまるで普通のモジュールであるかのようにインポートできる。詳細はhttps://docs.python.org/dev/library/zipimport.htmlを参照)。この問題への対応策は、(os.listdir()の代わりに)標準ライブラリのpkgutil.walk_packages()関数を用いることである。この関数は、通常のパッケージと.zipファイルのなかのパッケージの両方で、正常に動作する。さらに、この関数は、Cで拡張されたコードやコンパイル済みのコード(.pycと.pyo)にも対応している。

```
class Image:

    def __init__(self, width=None, height=None, filename=None,
            background=None, pixels=None):
        assert (width is not None and (height is not None or
            pixels is not None) or (filename is not None))
        if filename is not None: # ファイルから
            self.load(filename)
        elif pixels is not None: # データから
            self.width = width
            self.height = len(pixels) // width
            self.filename = filename
            self.meta = {}
            self.pixels = pixels
        else: # 空
            self.width = width
            self.height = height
            self.filename = filename
            self.meta = {}
            self.pixels = create_array(width, height, background)
```

この__init__()メソッドはいくぶん込み入った構造をしているが、ユーザーにとっては問題ではない。というのは、ユーザーには、よりシンプルで便利なクラスメソッド（先ほどのImage.Image.create()メソッド）を使って画像の生成を行ってもらうからである。

```
@classmethod
def from_file(Class, filename):
    return Class(filename=filename)

@classmethod
def create(Class, width, height, background=None):
    return Class(width=width, height=height, background=background)

@classmethod
def from_data(Class, width, pixels):
    return Class(width=width, pixels=pixels)
```

ここでは、画像生成を行うファクトリーのクラスメソッドを3つ示す。これらのメソッドは、たとえばimage = Image.Image.create(200, 400)のようにクラス自体に対して呼べるほか、Imageのサブクラスでも正しく動作する。

from_file()メソッドは、ファイル名から画像を生成する。create()メソッドは、指定された背景色（指定されていなければ透明）で空の画像を生成する。from_data()メソッドは、指定された幅と1次元のピクセル配列（型はarray.arrayかnumpy.ndarrayのどちらか）から画像を生成する。

```
def create_array(width, height, background=None):
    if numpy is not None:
        if background is None:
            return numpy.zeros(width * height, dtype=numpy.uint32)
        else:
            iterable = (background for _ in range(width * height))
            return numpy.fromiter(iterable, numpy.uint32)
    else:
        typecode = "I" if array.array("I").itemsize >= 4 else "L"
        background = (background if background is not None else
                      ColorForName["transparent"])
        return array.array(typecode, [background] * width * height)
```

このcreate_array()関数は、32ビットの符号なし整数による1次元配列を生成する（図3-8参照）。もしnumpyが存在し、背景が透明であれば、numpy.zeros()という

ファクトリー関数を使用して、その配列のすべての要素を0 (つまり、0x00000000)に設定する。ちなみに、アルファが0である値はほかの部分の値にかかわらず完全に透明である。もし背景色が与えられていれば、width × height個の値を生成するジェネレータ式を作り、そのイテレータを`numpy.fromiter()`ファクトリー関数に渡す。

　もし`numpy`が使えないのであれば、`array.array`を使わなければならない。このモジュールは、`numpy`とは違って、格納される整数の正確なサイズを指定できない。そのため、ここでは次のような最善の策を講じる。すなわち、"I" 型指定子 (符号なし整数、最小サイズは2バイト) の実際のサイズが4バイト以上であったらそれを用い、そうでなければ "L" 型指定子 (符号なし整数、最小サイズは4バイト) を用いる。このようにすれば、符号なし整数が通常8バイトを占有してしまう64ビットマシン上であったとしても、4バイトを保持できる最小サイズの整数を使用できる 。そして、この型指定子の型を要素として持つ配列を生成し、width × height個の背景の値で要素を満たす (`ColorForName`は`defaultdict`クラスのインスタンスであり、後ほど議論する)。

```
class Error(Exception): pass
```

　このクラスは、例外の型である`Image.Error`を定義する。ここでは単に、組み込みの例外 (たとえば、`ValueError`など) を用いることもできただろう。しかし、ここで定義したクラスを用いたほうが、`Image`モジュールを使うユーザーにとっては都合がよい。なぜなら、他の例外を隠すことなしに、画像関連の例外を容易にキャッチできるからである。

```
    def load(self, filename):
        module = Image._choose_module("can_load", filename)
        if module is not None:
            self.width = self.height = None
            self.meta = {}
            module.load(self, filename)
            self.filename = filename
        else:
            raise Error("no Image module can load files of type {}".format(
                os.path.splitext(filename)[1]))
```

　`Image__init__.py`モジュールは、画像フォーマットについて関知しない。しかし、画像固有のモジュールは、各フォーマットの詳細を知っており、すでに`_Modules`リストに格納されている。この画像固有のモジュールはTemplate Methodパターン (3.10節) またはStrategyパターン (3.9節) の変種と見なせる。

ここでは、与えられた名前のファイルを読み込めるモジュールを取得しようと試みる。適切なモジュールが得られた場合は、画像インスタンスの変数を初期化し、そのファイルの読み込みをモジュールに指示する。そうすれば、self.pixelsにカラー値の配列がセットされ、self.widthとself.heightに適切な値が設定される。もし適切なモジュールが見つからなければ、例外を発生させる（フォーマット固有のload()メソッドは、3.12.2節と3.12.3節で見ていく）。

```
@staticmethod
def _choose_module(actionName, filename):
    bestRating = 0
    bestModule = None
    for module in _Modules:
        action = getattr(module, actionName, None)
        if action is not None:
            rating = action(filename)
            if rating > bestRating:
                bestRating = rating
                bestModule = module
    return bestModule
```

このスタティックメソッド_choose_module()は、プライベートな_Modulesリストから、ファイル（filename）に対して、アクション（actionName）を行えるモジュールを探し出す。そのために、読み込んだモジュールをすべて列挙して、組み込み関数のgetattr()を用いて、各モジュールでactoinNameという名前の関数（たとえば、can_load()やcan_save()など）を取得しようと試みる。見つかったアクション関数は、ファイル名とともに呼び出される。

アクション関数は、もしアクションを行えないのであれば0を返し、アクションを完全に行えるのであれば100を返す。そして、不完全ではあるにせよ、アクションを行えるというのであれば、0から100の間の数を返す。たとえば、Image/Xbm.pyモジュールは.xbm拡張子のファイルを完全にサポートしているため、ファイルの拡張子が.xbmであれば100を返す。それ以外の拡張子であれば0を返す。一方、Image/Xpm.pyモジュールは.xpmを完全にはサポートしていないため、この拡張子に対しては80を返す（これまでテストした段階では、すべての.xpmファイルで正しく動作したが）。

最後に、もっとも高いスコアを出したモジュールを返す。適したモジュールがない場合はNoneを返す。

```
def save(self, filename=None):
    filename = filename if filename is not None else self.filename
    if not filename:
        raise Error("can't save without a filename")
    module = Image._choose_module("can_save", filename)
    if module is not None:
        module.save(self, filename)
        self.filename = filename
    else:
        raise Error("no Image module can save files of type {}".format(
            os.path.splitext(filename)[1]))
```

このsave()メソッドは、与えられた名前でファイルを保存できるモジュール（つまり、そのファイル名の拡張子に対応できるモジュール）を取得しようとする点において、load()メソッドによく似ている。

```
def pixel(self, x, y):
    return self.pixels[(y * self.width) + x]
```

pixel()メソッドは、与えられた位置の色を、ARGB値（つまり、32ビットの符号なし整数）として返す。

```
def set_pixel(self, x, y, color):
    self.pixels[(y * self.width) + x] = color
```

set_pixel()メソッドは、x、y座標が範囲内であれば、その位置のピクセル値を、colorで指定されたARGB値に設定する。そうでなければ、IndexError例外を発生させる。

Imageモジュールは、line()、ellipse()、rectangle()など、基本的な描画メソッドを提供する。ここでは、そのうちの代表的なメソッドをひとつだけ示す。

```
def line(self, x0, y0, x1, y1, color):
    Δx = abs(x1 - x0)
    Δy = abs(y1 - y0)
    xInc = 1 if x0 < x1 else -1
    yInc = 1 if y0 < y1 else -1
    δ = Δx - Δy
    while True:
        self.set_pixel(x0, y0, color)
        if x0 == x1 and y0 == y1:
            break
        δ2 = 2 * δ
        if δ2 > -Δy:
```

```
            δ -= Δy
            x0 += xInc
        if δ2 < Δx:
            δ += Δx
            y0 += yInc
```

このメソッドは、Bresenhamの直線アルゴリズム——このアルゴリズムは整数演算だけを必要とする——を用いて、点(x0, y0)から点(x1, y1)まで直線を描画する[※1]。Python 3がUnicodeをサポートしているおかげで、この文脈にとって自然な変数名を利用できる。たとえば、ΔxとΔyを用いてxとy座標の変異を表し、δとδ2を用いて誤差を表している。

```
    def scale(self, ratio):
        assert 0 < ratio < 1
        rows = round(self.height * ratio)
        columns = round(self.width * ratio)
        pixels = create_array(columns, rows)
        yStep = self.height / rows
        xStep = self.width / columns
        index = 0
        for row in range(rows):
            y0 = round(row * yStep)
            y1 = round(y0 + yStep)
            for column in range(columns):
                x0 = round(column * xStep)
                x1 = round(x0 + xStep)
                pixels[index] = self._mean(x0, y0, x1, y1)
                index += 1
        return self.from_data(columns, pixels)
```

このscale()メソッドは、縮小した画像を新しく生成する。ratio（比率）は0.0から1.0までの間でなければならない。たとえば、比率が0.75であれば、幅と高さが元画像の3/4倍の大きさになる。比率が0.5であれば、幅と高さは元画像の半分になるので、その面積は元画像の1/4になる。結果的に生成される画像の各ピクセル（各色）は、ソースとなる画像での該当する全ピクセルの色の平均値である。

画像のx、y座標は整数であるが、ピクセルデータを扱う際に不正確さを避けるため、浮動小数点演算を使用しなければならない（たとえば、「//」ではなく「/」を用いる）。そのため、整数が必要なときは組み込み関数のround()を用いる。そして最後に、ファ

[※1] このアルゴリズムの詳細については、https://ja.wikipedia.org/wiki/ブレゼンハムのアルゴリズム を参照のこと。

クトリークラスメソッドの Image.Image.from_data() を用いて、列数と新たに作成
したピクセル配列に基づき新しい画像を生成する。

```python
def _mean(self, x0, y0, x1, y1):
    aTotal, redTotal, greenTotal, blueTotal, count = 0, 0, 0, 0, 0
    for y in range(y0, y1):
        if y >= self.height:
            break
        offset = y * self.width
        for x in range(x0, x1):
            if x >= self.width:
                break
            a, r, g, b = self.argb_for_color(self.pixels[offset + x])
            aTotal += a
            redTotal += r
            greenTotal += g
            blueTotal += b
            count += 1
    a = round(aTotal / count)
    r = round(redTotal / count)
    g = round(greenTotal / count)
    b = round(blueTotal / count)
    return self.color_for_argb(a, r, g, b)
```

このプライベートなメソッド_mean()は、x0、y0、x1、y1で指定された矩形領域
のすべてのピクセルを対象として、そのARGBの各値を合計する。そして、その4つ
の値それぞれを、ピクセルの数で割って平均を求める。この処理の概要を図3-9に示す。

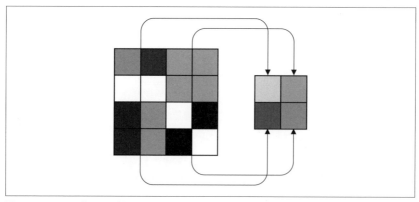

図3-9　4×4の画像を0.5倍に縮小する

32ビットであるARGBの値の最小値は0x0 (つまり、0x00000000の透明画像——厳密に言うと透明な黒画像) である。上に示したImageのふたつの定数は、ARGB値の最大値 (白) と各色成分の最大値 (255) に対応する。

```
@staticmethod
def argb_for_color(color):
    if numpy is not None:
        if isinstance(color, numpy.uint32):
            color = int(color)
    if isinstance(color, str):
        color = color_for_name(color)
    elif not isinstance(color, int) or not (0 <= color <= MAX_ARGB):
        raise Error("invalid color {}".format(color))
    a = (color >> 24) & MAX_COMPONENT
    r = (color >> 16) & MAX_COMPONENT
    g = (color >> 8) & MAX_COMPONENT
    b = (color & MAX_COMPONENT)
    return a, r, g, b
```

このスタティックメソッドargb_for_color()は、与えられた色の4つの色成分 (それぞれ0から255の間の整数) を返す。このメソッドの引数の型はintかnumpy.uint32、もしくは色の名称を表すstrである。色の各色成分 (バイト) は、ビットシフト (>>) とビットAND (&) によってintへと抽出される。

```
@staticmethod
def color_for_name(name):
    if name is None:
        return ColorForName["transparent"]
    if name.startswith("#"):
        name = name[1:]
        if len(name) == 3: # アルファ要素 (不透明度255) を追加
            name = "F" + name # これで4桁の16進数に
        if len(name) == 6: # アルファ要素 (不透明度255) を追加
            name = "FF" + name # これで8桁の16進数に
        if len(name) == 4: # 元は#HHH、もしくは#HHHH
            components = []
            for h in name:
                components.extend([h, h])
            name = "".join(components) # これで8桁の16進数に
        return int(name, 16)
    return ColorForName[name.lower()]
```

このスタティックメソッドcolor_for_name()は、与えられたstr型の色の名称に

対して、32ビットのARGBを返す。もしNoneが渡されたら、透明色（0x00000000）を返す。もし#で始まる文字列が渡されたら、HTMLスタイルのフォーマットである#HHH、#HHHH、#HHHHHH、#HHHHHHHH（Hは16進数を表す）のどれかであることが想定される。もしRGBだけを表す数値が渡されたら、不透明なアルファチャンネルを持つようにFをふたつ先頭に追加する。それ以外であれば、ColorForNameというディクショナリから対応する色を取り出して返す。ColorForNameはcollections.defaultdictであるため、必ずなんらかの値を返すことが保証される。

```
ColorForName = collections.defaultdict(lambda: 0xFF000000, {
    "transparent": 0x00000000, "aliceblue": 0xFFF0F8FF,
    ...
    "yellow4": 0xFF8B8B00, "yellowgreen": 0xFF9ACD32})
```

ColorForNameはさまざまな色に対応する値がエンコードされた32ビットの符号なし整数を返す。もし該当する色が見つからなければ、黒（0xff000000）を返す。Imageモジュールを使用するユーザーは、このディクショナリを自由に使うことはできるが、`color_for_name()`関数のほうが便利であり、用途が広い。色名称は、X11と一緒に提供された`rgb.txt`からとったものであり、それに加えて「透明（transparent）」を追加している。

`collections.defaultdict()`関数は、第1引数にファクトリー関数を受け取り、それ以降の引数としてディクショナリを任意の数だけ受け取る。値の存在しないキーにアクセスすると、そのファクトリー関数を使用して、そのキーの値が生成されて返される。ここでは、常に同じ色（黒ベタ）を返すラムダ式を用いている。ディクショナリの代わりに色の数だけキーワード引数（たとえば、`transparent=0x00000000`）を渡そうとすると、Pythonでの引数の個数の上限（255個）を超えてしまう。そこで、`{key: value}`という構文を用いて通常のディクショナリを指定して初期化する。この場合、個数に上限はない。

```
argb_for_color = Image.argb_for_color
rgb_for_color  = Image.rgb_for_color
color_for_argb = Image.color_for_argb
color_for_rgb  = Image.color_for_rgb
color_for_name = Image.color_for_name
```

Imageクラスのあとに、このクラスのスタティックメソッドに基づき、便利関数をいくつか作成する。これにより、たとえば、`import Image`のあとで、ユーザーは

Image.color_for_name()を呼び出せる。また、Image.Imageのインスタンスが存在すれば、image.color_for_name()も呼び出せる。

これで、コアモジュールであるImage（Image/__init__.py）の解説は終わりである。あまり重要でない定数やImage.Imageのメソッド（rectangle()、ellipse()、subsample()など）、sizeプロパティ（幅と高さの2タプルを返す）、色の計算を行うスタティックメソッドなどは省略した。このモジュールを用いれば、XBMとXPMを用いて画像ファイルの生成・読み込み・描画・保存を行える。PyPNGモジュールがインストールされていれば、PNGフォーマットも利用できる。

それでは、Imageモジュールが依存する画像フォーマット用モジュールを見ていくことにする。次節ではImage/Xpm.pyモジュールだけでも十分な知識を得られるので、Image/Xbm.pyモジュールについては省略する。

3.12.2 Xpmモジュールの概要

画像フォーマット用モジュールはすべて、4つの関数を提供する。そのうちのふたつはcan_load()とcan_save()である。これらの関数は、読み込みまたは保存ができなければ0を返し、それらが可能であれば100を、完全には対応できない場合は0から100の間の数値を返すようにしなければならない。また、このモジュールはload()とsave()という関数を持つ。これらの関数は、対応するcan_load()またはcan_save()関数が0でない値を返す場合のみ呼び出される。

```
def can_load(filename):
    return 80 if os.path.splitext(filename)[1].lower() == ".xpm" else 0

def can_save(filename):
    return can_load(filename)
```

Image/Xpm.pyモジュールは、XPMの仕様のほとんどを実装している（めったに使われることのない機能をいくつか除く）。したがって、これらの関数は80というレートを返し、読み込みと保存に対して完全ではないことを示している[1]。新しいXPMを扱うモジュールが——たとえば、Image/Xpm2.pyという名前で——追加され、そのレート

---

[1] ファイルの種類を拡張子によって判別するのに代わる別の方法は、そのファイルの最初の数バイト——マジックナンバー——を読むことである。たとえば、XPMファイルの場合、その最初のバイトは「0x2F 0x2A 0x20 0x58 0x50 0x4D 0x20 0x2A 0x2F ("/* XPM */")」である。また、PNGは「0x89 0x50 0x4E 0x47 0x0D 0x0A 0x1A 0x0A (".PNG‥‥")」で始まる。

が80を上回れば、その新しいモジュールが現状のモジュールに代わって使用される（これについては、先ほどのImage._choose_module()メソッドも参照）。

```
(_WANT_XPM, _WANT_NAME, _WANT_VALUES, _WANT_COLOR, _WANT_PIXELS,
 _DONE) = ("WANT_XPM", "WANT_NAME", "WANT_VALUES", "WANT_COLOR",
           "WANT_PIXELS", "DONE")
_CODES = "".join((chr(x) for x in range(32, 127) if chr(x) not in '\\"'))
```

XPMフォーマットはプレーンなテキスト（7ビットASCII）のフォーマットであり、そのデータを取り出すためには解析が必要である。そのフォーマットはメタデータ（幅、高さ、色の数など）や、カラーテーブル、ピクセルデータを含む。ピクセルデータでは、カラーテーブルを参照して各ピクセルの色を表現する。その詳細については、本書のテーマと大きくかけ離れている。そのためここでは、単純な手製のパーサーを用い、定数によってパーサーの状態を表現する、ということだけにとどめておく。

```
def load(image, filename):
    colors = cpp = count = None
    state = _WANT_XPM
    palette = {}
    index = 0
    with open(filename, "rt", encoding="ascii") as file:
        for lino, line in enumerate(file, start=1):
            line = line.strip()
            ...
```

上のコードはload()関数の最初の箇所だけを抜粋したものである。この関数には、型がImage.Imageである画像が渡され、内部で（ここでは示されていないが）画像のpixels、width、heightという3つの属性がすべて設定される。ピクセルの配列はImage.create_array()関数を用いて作成されるため、その配列が「幅×高さ」の長さからなる1次元配列でありさえすれば、Xpm.pyモジュールはその配列がarray.arrayなのか、それともnumpy.ndarrayなのかを気にかける必要はない。ただし、そのためには、両方の型で共通しているメソッドを用いてピクセル配列にアクセスしなければならない。

```
def save(image, filename):
    name = Image.sanitized_name(filename)
    palette, cpp = _palette_and_cpp(image.pixels)
    with open(filename, "w+t", encoding="ascii") as file:
        _write_header(image, file, name, cpp, len(palette))
```

```
            _write_palette(file, palette)
            _write_pixels(image, file, palette)
```

XBMとXPMの両方のフォーマットでは、実際のファイルのなかに名前が含まれている。名前はファイル名に基づいてはいるが、C言語で有効な識別子でなければならない。名前をC言語で有効な識別子とするため、Image.sanitized_name()関数を用いる。なお、保存処理のほとんどすべてはプライベートなヘルパー関数で行われるが、重要な処理はないので、実装については示さない。

```
def sanitized_name(name):
    name = re.sub(r"\W+", "", os.path.basename(os.path.splitext(name)[0]))
    if not name or name[0].isdigit():
        name = "z" + name
    return name
```

Image.sanitized_name()関数はファイル名を受け取り、アクセント記号の付かないラテン文字・数字・アンダースコアだけを含み、英字もしくはアンダースコアで始まる文字列を返す。\W+という正規表現は、1個以上の英数字以外の文字（つまり、C識別子では有効でない文字）にマッチする。

そのほかの画像フォーマットをサポートするには、can_load()、can_save()、load()、save()の4つの必要なメソッドを実装した適切なモジュールを用意し、それをImageディレクトリに追加する必要がある。4つのメソッドのうち最初のふたつは、与えられたファイル名に対して適切な整数を返す。よく利用されるフォーマットのひとつにPNGがあるが、その仕様はとても複雑である。幸いにも、次節で見ていくように、既存のPyPNGモジュールを利用することで、最小の工数で目的を達成できる。

3.12.3 PNGラッパーモジュール

PyPNGモジュール（https://github.com/drj11/pypng）を用いれば、PNG画像のフォーマットを扱える。しかし、このモジュールは、画像フォーマット用のモジュールとしてImageモジュールが要求するインタフェースを持っていない。そのため、本節ではImage/Png.pyモジュールを作り、このモジュールにAdapterパターン（2.1節）を使用して、ImageモジュールがPNG画像をサポートできるようにする。また、前節ではコードの一部だけを示したが、ここではImage/Png.pyモジュールのすべてのコードを示す。

```
try:
    import png
except ImportError:
    png = None
```

最初に、上のようなコードを使ってPyPNGのpngモジュールのインポートを試みる。失敗したら、pngという変数にNoneを代入する（あとで確認に使用する）。

```
def can_load(filename):
    return (80 if png is not None and
            os.path.splitext(filename)[1].lower() == ".png" else 0)

def can_save(filename):
    return can_load(filename)
```

もしpngモジュールのインポートに成功すれば、そのモジュールがPNGをサポートしていることを示すためにレートとして80（わずかに不完全）を返す。ここでは、100ではなく80という値を用いているが、これは後に他のモジュールが代わりに使われる可能性を与えるためである。XPMフォーマットと同じように、読み込みと保存で同じレートを返しているが、もちろん異なるレートを返すようにしてもよい。

```
def load(image, filename):
    reader = png.Reader(filename=filename)
    image.width, image.height, pixels, _ = reader.asRGBA8()
    image.pixels = Image.create_array(image.width, image.height)
    index = 0
    for row in pixels:
        for r, g, b, a in zip(row[::4], row[1::4], row[2::4], row[3::4]):
            image.pixels[index] = Image.color_for_argb(a, r, g, b)
            index += 1
```

このload()関数では最初にpng.Readerを作成し、その引数にファイル名（メソッドの引数で与えられたファイル名）を与えている。そうすれば結果として、readerインスタンスへPNGファイルが読み込まれることになる。そして、画像の幅、高さ、ピクセルを抽出し、余分なメタデータは破棄する。

PyPNGモジュールはRGBAフォーマットを用いているが、ImageモジュールはARGBフォーマットを用いているため、この差異を解消しなければならない。そのためにここでは、png.Reader.asRGBA8()メソッドを用いてピクセルの抽出を行っている。このメソッドは、色成分（RGBA）の行から構成される2次元配列を返す。たとえば、画像の最初の行が"赤"ピクセル、続いて"青"ピクセルと続く場合、その2次元配列の

1行目は、0xFF, 0x00, 0x00, 0xFF, 0x00, 0x00, 0xFF, 0xFFのように始まる配列となる。

RGBAのピクセルデータを取得したら、その画像に適したサイズの配列を新たに作成する（すべてのピクセルの初期値は透明として設定する）。そして、色成分の各行をすべて列挙し、その色成分の各チャンネルを抜き出す。たとえば、赤成分は各行の0、4、8、12、…番目の要素に対応し、緑成分は1、5、9、13、…、青成分は2、6、10、14、…、アルファ成分は3、7、11、15、…番目の要素に対応する。それから、組み込み関数のzip()を用いて、4つの要素からなるタプルとして色成分を提供する。そのため、最初のタプルは最初の行のインデックスが (0, 1, 2, 3) に対応し、次のタプルは (4, 5, 6, 7) に対応する、といったようになる。各タプルにおいて、ARGBのカラー値を作り、それを1次元の色配列に挿入する。

```
def save(image, filename):
    with open(filename, "wb") as file:
        writer = png.Writer(width=image.width, height=image.height,
            alpha=True)
        writer.write_array(file, list(_rgba_for_pixels(image.pixels)))
```

save()関数は、そのほとんどの仕事をpngモジュールに委譲する。最初に適切なメタデータを与えてpng.Writerを作成し、そのインスタンスに対してすべてのピクセルデータをファイルに書き込むよう指示する。ImageはARGBフォーマットを用い、pngはRGBAフォーマットを用いるから、プライベートなヘルパー関数を使って相互の変換を行っている。

```
def _rgba_for_pixels(pixels):
    for color in pixels:
        a, r, g, b = Image.argb_for_color(color)
        for component in (r, g, b, a):
            yield component
```

この_rgba_for_pixels()関数は、与えられた配列（*image*.pixels）を列挙し、その各色成分を分離する。そして、その成分（RGBAの順）を呼び出し側へyieldする。

難事はすべてPyPNGのpngモジュールが行っているため、本節で示すコードはこれですべてである。

* * * * * * * * * * * * * *

Imageモジュールは、描画（set_pixel()、line()、rectangle()、ellipse()など）や、XBM、XPM、PNGフォーマット（PyPNGがインストールされている場合）の読み込みと保存を行うための便利なインタフェースを提供する。また、subsample()メソッド（高速でラフなリサイズ用）やscale()メソッド（滑らかなリサイズ用）、ほかにも色計算を行う便利関数やスタティックメソッドをいくつか提供する。

　Imageモジュールは、並行処理の環境でも利用できる。たとえば、複数スレッドや複数プロセス上で、画像の生成や読み込み、描画や保存を行える。そのため、Tkinterのようなメインスレッド（GUIスレッド）だけで画像を扱うことしかできないモジュールよりも使い勝手がよいと言える。しかし残念ながら、画像のリサイズ処理はかなり遅い。その処理速度を改善するひとつの策——マルチコアのマシンで複数画像を同時にリサイズする——は、次章で見ていくように並行処理を利用することである。しかし、リサイズはCPUバウンドな処理であるため、並行処理を用いたとしても、高々プロセッサの数に比例した高速化しか望めない。たとえば、4コアのマシンでは、4倍をわずかに下回るぐらいの高速化が限界である。そのため、5章ではCythonを用いて、劇的に処理速度を改善する方法について見ていく。

4章
高レベルな並行処理

　2000年以降、並行プログラミングへの関心が急速に高まっている。この関心の高まりはJavaによって加速されてきた（Javaは並行処理を主流なものとした）。また、最近のマルチコアを搭載したコンピュータの普及や、モダンなプログラミング言語が並行プログラミングをサポートしていることも、この流れを後押ししている。

　並行プログラムを書くことは、並行でないプログラム（逐次プログラム）を書くことに比べて難しい（時として、かなり難しい）。さらに、並行プログラムのほうが、それと同じ処理を行う逐次プログラムよりもパフォーマンスが悪くなることがありえる（時として、かなり悪くなる）。しかし、正しい手順を踏めば、努力に見合ったパフォーマンスの改善を達成できる。

　最近の言語（C++やJavaも含む）は言語自体において並行処理を直接サポートしており、さらに、並行処理に関する高レベルな機能をその標準ライブラリに持たせるのが一般的である。並行処理は複数の方法で実装できるが、それらの方法の間での重要な違いは、共有データへのアクセス方法である。具体的には、共有データへ直接アクセスできるか（たとえば、共有メモリを使用して）、それとも間接的にアクセスするか（たとえば、プロセス間通信を使用して）、という点が重要である。スレッドベースの並行処理は、同じシステムプロセス内において別の並行スレッドで動作する。これらのスレッドが共有データにアクセスするためには、プログラマーによって実施されるなんらかのロック（lock）のメカニズムを用いるのが一般的である。一方、プロセスベースの並行処理（マルチプロセッシング）は、別のプロセスが独立して実行される。その場合、一般的にはプロセス間通信（IPC）を用いて共有データにアクセスする。ただし、もし言語やライブラリが共有メモリをサポートしていれば、それを使うことも可能である。また、別タイプの並行処理は、並行実行ではなく、"並行待ち"に基づいたものである。これは非同期I/Oの実装に採用されるアプローチである。

Pythonは非同期I/Oを低レベルなレイヤでサポートしている（asyncoreやasynchatモジュール）。高レベルな非同期I/Oについては、サードパーティーのTwistedフレームワーク（https://twistedmatrix.com/）で提供されている。また、同等の機能──イベントループも含む──は、Python 3.4でPython標準ライブラリへ追加された（https://www.python.org/dev/peps/pep-3156/）。

Pythonには、より古典的なスレッドベースの並行処理とプロセスベースの並行処理がある。Pythonのスレッドは古典的ではあるが、マルチプロセッシングについては、他の言語やライブラリが提供するものと比べてより高レベルなレイヤでサポートされている。さらに、Pythonのマルチプロセッシングでは、スレッドと同じ抽象化が用いられている。そのため、少なくとも共有メモリが使われていないときは、ふたつの切り替えは簡単に行える。

GIL（Global Interpreter Lock）が原因で、Pythonのインタープリタ自体は一度にひとつのプロセッサコア上でしか実行できない[1]。C言語のコードはGILの取得と解放を行えるため、その制約はない。そして、Pythonのほとんど──そして、標準ライブラリの多く──は、Cで書かれている。しかし依然として、GILによる制約は、スレッドを用いた並行処理は我々が望む高速化を達成できないかもしれない、ということを意味する。

一般的にCPUバウンドな処理では、スレッドを用いると、並行処理をまったく用いないときに比べてパフォーマンスが悪化しがちである。これに対するひとつの解決策はCython（5.2節）を使用することである。Cythonは新しい構文が付加されたPythonであり、純粋なCにコンパイルされる。Cythonを用いることで100倍ほどの高速化を達成できる可能性があり、これはプロセッサコアの数に比例して高速化される並行処理よりもはるかに大きな可能性を秘めている。しかし、正しいアプローチが並行処理であるとすれば、multiprocessingモジュールを用いることで、CPUバウンドの処理でもGILを完全に回避して高速化を達成できる。同じプロセスで複数のスレッドを使うとGILの制約があるが、その代わりにmultiprocessingを用いれば、複数のプロセスでそれぞれに独立したPythonインタープリタのインスタンスを使うため、何の制約も受けない。

I/Oバウンドな処理（たとえば、ネットワーク系の処理）では、並行処理を用いること

---

[1] この制約はJythonや他のPythonインタープリタには当てはまらない。本書で示す並行処理の例はどれもGILの有無に依存しない。

で劇的な高速化を達成できる可能性がある。この場合、ネットワークのレイテンシが全体の処理の大部分を占めていることがよくあるため、スレッドとプロセスのどちらを用いて並行処理を行うかは重要な問題にはならない。

プログラムを書くときは、最初に並行処理でないプログラムから始めたほうがよい。逐次プログラムのほうが並行プログラムよりも単純であり、短時間で書けてしかもテストも容易である。そして、逐次プログラムが正しいと判断できた段階で、そのスピードが十分かどうか検討するべきである。もしそれが十分な速さでなければ、並行処理を用いたバージョンを作成し、その結果（正しさ）やパフォーマンスを比較すればよい。どういった種類の並行処理を用いるかということについては、CPUバウンドなプログラムにはプロセスを、I/Oバウンドなプログラムにはプロセスまたはスレッドのどちらかを用いることを推奨する。どちらの種類の並行処理を行うかだけでなく、並行処理の「レベル」についても考慮する必要がある。

本書では、並行処理について3つのレベルを定義する。

低レベルの並行処理

これは明示的にアトミック操作を利用する並行処理である。このレベルの並行処理は、アプリケーションの開発者というよりは、ライブラリの開発者のためにある。というのは、この並行処理は間違いを犯しやすく、デバッグがきわめて困難だからである。Pythonの並行処理の実装は低レベルな操作を用いて構築されるのが一般的であるが、アプリケーションからこのレベルの並行処理を直接呼び出すのは不可能である。

中レベルの並行処理

この並行処理は明示的にアトミック操作を用いることはないが、明示的にロック操作を用いる。このレベルの並行処理は、ほとんどの言語がサポートしている。Pythonでは、`threading.Semaphore`、`threading.Lock`、`multiprocessing.Lock`などのモジュールが、このレベルでの並行プログラミングをサポートしている。通常、アプリケーションのプログラマーが利用するのはこのレベルの並行処理である。

高レベルの並行処理

この並行処理は明示的なアトミック操作も明示的なロック操作も行わない（内部的にはこれらが使われるかもしれないが、我々は関知しない）。モダンな言

語のなかには、高レベルな並行処理をサポートしているものがある。Pythonでは、concurrent.futuresモジュール（Python 3.2）、またqueue.Queueやmultiprocessingなどのキューコレクションクラスを用いて、高レベルの並行処理がサポートされる。

中レベルのアプローチによる並行処理は簡単に行えるが、間違いを起こしやすい。そのようなアプローチはきわめて脆弱であり、クラッシュ時の挙動や動作していないプログラムの両方において、問題となる箇所を見つけるのが困難である。

重要な問題はデータの共有にある。変更可能な共有データは、そのデータへのすべてのアクセスを逐次化する――つまり、ひとつのスレッドもしくはプロセスだけが、その共有データに一度にアクセスできるようにする――ために、ロックによって守る必要がある。さらに、複数のスレッドもしくは複数のプロセスが共有データへアクセスしようと試みた場合、ひとつを除くその他すべてがブロックされる。つまり、ロックが行われている間、我々のアプリケーションはただひとつのスレッドもしくはプロセスだけしか使えない。そのため、できる限りロックを行う頻度を減らし、ロックを行う時間を短くするように注意しなければならない。もっとも単純な解決策は、変更可能なデータを共有しないようにすることである。そうすれば、明示的にロックする必要もなくなり、並行処理に関連する多くの問題を考えずに済む。

もちろん、時には複数の並行スレッドもしくは並行プロセスが同じデータにアクセスする必要があるが、これを（明示的な）ロックを用いずに解決できる。ひとつの方法は、並行アクセスをサポートするデータ構造を用いることである。たとえば、queueモジュールはスレッドセーフなキューをいくつか提供している。また、マルチプロセッシングベースの並行処理のために、multiprocessing.JoinableQueueとmultiprocessing.Queueクラスを使える。これらのキューを用いれば、すべてのロック処理をキューに任せられる。我々のスレッドやプロセスは、キューをひとつの入力元または出力先として利用できる。

もし並行的に利用したいデータがあり、そのデータ構造として並行処理をサポートしたキューが適切でないとしたら、ロックを用いない最善の方法は、変更不可能なデータ（たとえば、数値や文字）を渡すこと、もしくはたとえ変更可能でも読み込むだけのためにデータを渡すことである。変更可能なデータを用いなければならないとしたら、もっとも安全なアプローチはディープコピーを行うことである。ディープコピーを行うことで、コピーを行うための処理とメモリのコストは必要になるが、ロックを用

いることによるリスクやオーバーヘッドを回避できる。また別の方法としては、マルチプロセッシングのために、並行アクセスをサポートするデータ型を利用できる——特に、変更可能なひとつの値にはmultiprocessing.Valueを、変更可能な値の配列にはmultiprocessing.Arrayを利用できる。ただし、あとで詳しく見ていくが、multiprocessing.Managerによってそれらが作成されていることが条件である。

　4.1節と4.2節では、ふたつのアプリケーション——ひとつはCPUバウンド、もうひとつはI/Oバウンド——を用いて、並行処理について検討する。両方のケースで、Pythonの高レベルな並行処理機能を使用する。ここでは高レベルな並行処理機能として、長い伝統のあるスレッドセーフなキューと新しいconcurrent.futuresモジュール（Python 3.2で導入）を用いる。4.3節では、GUIアプリケーションで並行処理をどのように行うか、ということを学ぶ。GUIアプリケーションは、進捗の報告やキャンセルが可能なようにGUIの応答性を保ちながら、並行処理を行う。

4.1　CPUバウンドな並行処理

　3.12節のImageモジュールのケーススタディでは、滑らかなリサイズを行う処理のためのコードを示し、そして、その処理がとても遅いことを指摘した。ここでは、多くの画像に対してリサイズ処理を行いたい場合を想定し、さらにマルチコアを活用して、できる限り高速に処理を行いたい場合について考えよう。

　画像のリサイズはCPUバウンドな処理であるため、その処理をマルチプロセッシングにすれば最良のパフォーマンスが得られる、と期待するかもしれない。実際、このことは**表4-1**の時間計測の結果[※1]により実証される（5.3節のケーススタディでは、マルチプロセッシングをCythonと組み合わせて、さらに大幅な高速化を達成する）。

表4-1　画像リサイズの処理速度の比較

プログラム	並行処理	時間（秒）	高速化
imagescale-s.py	なし	784	基準
imagescale-c.py	4つのコルーチン	781	1.00倍
imagescale-t.py	スレッドプールを用いた4つのスレッド	1,339	0.59倍
imagescale-q-m.py	キューを用いた4つのプロセス	206	3.81倍
imagescale-m.py	プロセスプールを用いた4つのプロセス	201	3.90倍

※1　この時間計測は、クアッドコアのAMD64 3GHzのコンピュータを用いて、56枚の画像をリサイズした処理時間である。使用した画像のサイズは1MBから12MBの間で、すべてのサイズの合計は316MBであり、リサイズ後の全サイズは67MBであった。

4つのスレッドを用いた imagescale-t.py プログラムの結果から、CPU バウンドな処理でスレッドを用いれば、並行でないプログラムよりもパフォーマンスが悪くなることがわかる。Python では同じコア上ですべてのスレッド処理が行われるからである。そのため、リサイズ処理に加えて、スレッド間のコンテキストの切り替えを行う必要があり、多大なオーバーヘッドが追加されることになる。これとは対照的に、マルチプロセッシングを用いたバージョンでは、その両方（imagescale-q-m.py と imagescale-m.py）でコンピュータのすべてのコアを使って処理を行える。マルチプロセッシングのキューとプロセスプールの違いはそれほど大きくなく、我々が期待したとおりの高速化（つまり、コア数に比例した高速化）を達成している[1]。

画像のリサイズを行うすべてのプログラムには、argparse を用いてコマンドライン引数を解析する処理が実装されている。すべてのバージョンでは、引数として、縮小後の画像サイズ、滑らかなリサイズを行うかどうか、ソース画像と出力画像のディレクトリを指定できる。引数で与ええられたサイズがソース画像より大きい場合は、画像を拡大する代わりにコピーを行う。並行処理を行うプログラムでは、さらに引数として並行処理について（たとえば、いくつのスレッドもしくはプロセスを使用するか、などを）指定できる。これは単にデバッグと時間計測のためにある。CPU バウンドなプログラムでは、存在するコアと同じ数のスレッドもしくはプロセスを用いるのが一般的だろう。I/O バウンドなプログラムでは、ネットワークの帯域幅に応じて、コアの数の倍数（2倍、3倍、4倍、もしくはそれ以上）を使用するだろう。ここでは、並行処理で画像リサイズを行うプログラムの handle_commandline() 関数を示す。

```
def handle_commandline():
    parser = argparse.ArgumentParser()
    parser.add_argument("-c", "--concurrency", type=int,
            default=multiprocessing.cpu_count(),
            help="specify the concurrency (for debugging and "
                "timing) [default: %(default)d]")
    parser.add_argument("-s", "--size", default=400, type=int,
            help="make a scaled image that fits the given dimension "
                "[default: %(default)d]")
    parser.add_argument("-S", "--smooth", action="store_true",
            help="use smooth scaling (slow but good for text)")
```

---

[1] Windows 上で新しいプロセスを開始することは、他のほとんどの OS と比較して、かなりコストがかかる。幸いにも、Python のキューとプールは、その内部で永続的なプロセスプールを使用しているため、繰り返しプロセスを開始させるコストを回避できる。

```
parser.add_argument("source",
        help="the directory containing the original .xpm images")
parser.add_argument("target",
        help="the directory for the scaled .xpm images")
args = parser.parse_args()
source = os.path.abspath(args.source)
target = os.path.abspath(args.target)
if source == target:
    args.error("source and target must be different")
if not os.path.exists(args.target):
    os.makedirs(target)
return args.size, args.smooth, source, target, args.concurrency
```

通常であれば、並行処理のためのオプションをユーザーに使わせたりはしないだろう。しかしここでは、デバッグや時間計測、テストなどを行うときを考慮して、そのオプションを含ませることにした。multiprocessing.cpu_count()関数は、そのコンピュータのコア数を返す(たとえば、デュアルコアプロセッサのコンピュータであれば2を、クアッドコアのプロセッサを2つ持つコンピュータであれば8を返す)。

argparseモジュールは、コマンドラインのパーサー(解析器)を作成するために、宣言的なアプローチをとる。パーサーが作成されたら、我々はコマンドラインを解析し、引数を取得する。そして、基本的なチェック(たとえば、元画像をリサイズ画像で上書きするのを防ぐなど)をいくつか行い、もし出力ディレクトリが存在しなければ、そのディレクトリを作成する。os.makedirs()関数はos.mkdir()関数と似ているが、os.makedirs()は中間ディレクトリも作成できる(末端となるディレクトリを作成するために、その中間のすべてのディレクトリを作成する)。

コードの詳細について見ていく前に、次に示す重要なルールがあることに注意してほしい。これらは、multiprocessingモジュールを利用するPythonファイルすべてに適用されるルールである。

- ファイルはインポート可能なモジュールでなければならない。たとえば、my-mod.pyはPythonのプログラムとしては正しいが、モジュールとしては不適切である(なぜなら、import my-modはシンタックスエラーになるからである)。その代わりにmy_mod.pyやMyMod.pyであれば問題ない。
- ファイルはエントリーポイント関数(たとえば、main())を持ち、if __name__ == "__main__": main()のように、エントリーポイントの呼び出しで終わる必要がある。

- Windowsでは、PythonファイルとPythonインタープリタ（python.exeまたはpythonw.exe）は同じドライブ（たとえば、C:ドライブ）に置く必要がある。

次節では、マルチプロセッシングによる画像リサイズを行うプログラムをふたつ示す。ファイル名はそれぞれimagescale-q-m.pyとimagescale-m.pyであり、両方とも処理の進捗を報告（リサイズしている画像名を出力）し、途中で処理をキャンセル（たとえば、ユーザーがCtrl+Cを押下した場合）できる。

4.1.1　キューとマルチプロセッシングの使用

imagescale-q-m.pyプログラムは、行うべき仕事のキュー（リサイズしたい画像）と結果のキューを作成する。

```
Result = collections.namedtuple("Result", "copied scaled name")
Summary = collections.namedtuple("Summary", "todo copied scaled canceled")
```

上のResultという名前付きタプルは、ひとつの結果を格納するために用いられる。そのタプルは、いくつの画像がコピーされ、いくつの画像がリサイズされたかを示す——常に1と0、もしくは0と1になる——ものである。Summaryという名前のタプルは、すべての結果の要約を格納するために用いられる。

```
def main():
    size, smooth, source, target, concurrency = handle_commandline()
    Qtrac.report("starting...")
    summary = scale(size, smooth, source, target, concurrency)
    summarize(summary, concurrency)
```

main()関数は、すべての画像リサイズプログラムで同じである。最初に、先ほどのhandle_commandline()関数を用いてコマンドラインを読む。この関数によって返される値は、画像のリサイズ後のサイズ、滑らかなリサイズを行うかどうかを示したブール値、リサイズ画像を書き出す対象ディレクトリ、使用するスレッドもしくはプロセスの数（これは並行処理を行うバージョンのためにあり、デフォルトではコアの数に設定されている）、である。

このプログラムは、処理が始まったことをユーザーに報告し、続いてscale()関数を実行し、すべての仕事を行う。scale()関数が終了すると、summarize関数を用いて処理結果の要約を出力する。

```
def report(message="", error=False):
    if len(message) >= 70 and not error:
        message = message[:67] + "..."
    sys.stdout.write("\r{:70}{}".format(message, "\n" if error else ""))
    sys.stdout.flush()
```

本章で扱うすべての並行処理の例ではこのreport()関数を使用するため、利便性を考え、この関数はQtrac.pyモジュールに記述した。この関数はコンソール上の現在の行を与えられたメッセージで上書きし（必要に応じて70文字に切り詰め）、即座に表示されるように出力をフラッシュ（flush）する。もしそのメッセージがエラーを表すためのものであれば、そのエラーメッセージが次のメッセージで上書きされないようにするために改行を出力し、文字の切り詰めも行わないようにする。

```
def scale(size, smooth, source, target, concurrency):
    canceled = False
    jobs = multiprocessing.JoinableQueue()
    results = multiprocessing.Queue()
    create_processes(size, smooth, jobs, results, concurrency)
    todo = add_jobs(source, target, jobs)
    try:
        jobs.join()
    except KeyboardInterrupt: # Windowsでは動作しないかもしれない
        Qtrac.report("canceling...")
        canceled = True
    copied = scaled = 0
    while not results.empty(): # すべての仕事は完了したので安全
        result = results.get_nowait()
        copied += result.copied
        scaled += result.scaled
    return Summary(todo, copied, scaled, canceled)
```

本節では、画像リサイズのプログラムをキューベースのマルチプロセッシングによる並行処理で実装する例を示す。上のscale()関数がその中心部であり、処理の流れは**図4-1**に示すとおりである。この関数では、最初にジョブを格納するために「join可能なキュー」（以降、「joinableキュー」と表記）を作成する。joinableとは、キューが空になるまで待機するという機能を持つことを意味する。続いて、結果を格納するためにjoinableでないキューを作成する。そして、ジョブを処理するためのプロセスを複数作成する。jobsキューには何の仕事も追加されていないため、各プロセスは仕事を行う準備は整っているが、ブロックされた状態にある。このあとに、jobsキューにジョブ

を追加するため add_jobs() 関数が呼ばれる。

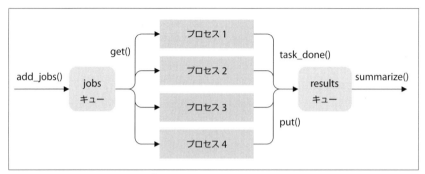

図4-1　キューを用いた並行ジョブと結果の操作

　jobsキューのすべてのジョブで、multiprocessing.JoinableQueue.join()メソッドを用いて、jobsキューが空になるのを待つ。ユーザーが途中でキャンセルする場合（Ctrl+Cキーの押下）に対応するため、multiprocessing.JoinableQueue.join()メソッドはtry ... exceptブロックのなかで行う。

　すべての仕事が完了したら（もしくはプログラムが途中でキャンセルされたら）、resultsキューの各要素を列挙する。通常、並行処理のキューでのempty()メソッドは信頼できないが、ここではすべてのプロセスは完了しており、キューが更新されることはないため、emptyメソッドを使っても問題ない。また、結果を取得するために、通常のブロックを伴うmultiprocessing.Queue.get()メソッドではなく、ブロックを伴わないmultiprocessing.Queue.get_nowait()メソッドを用いているのも、同じ理由による。

　すべての結果を取得したら、詳細をSummaryという名前のタプルで返す。通常の処理であれば、todoは0になり、canceledはFalseになる。キャンセルをした場合は、todoは0以上の値になり、canceledはTrueになる。

　この関数はscale()という名前ではあるが、実際には、プロセスにジョブを与え、その結果を蓄積するという、かなり汎用的な並行処理を行っている。そのため、この関数を他の状況で用いるのも簡単だろう。

```
def create_processes(size, smooth, jobs, results, concurrency):
    for _ in range(concurrency):
        process = multiprocessing.Process(target=worker, args=(size,
```

```
                smooth, jobs, results))
        process.daemon = True
        process.start()
```

このcreate_processes()関数は、仕事を行うためにmultiprocessingのプロセスを作成する。各プロセスは同じworker()関数 (すべてのプロセスが同じ仕事を行う) と、その仕事に関する詳細な指示が与えられる。また、jobsキューとresultsキューが複数のプロセスで共有される。当然ながら、キューが自身の同期について管理するため、ロック処理について心配する必要はない。そして、プロセスが作成されたら、それをデーモン化する。なお、メインプロセスが終了すると、デーモンプロセスもすべて終了する (一方、デーモンでないプロセスは実行されたままになり、Unixではゾンビプロセスとなる)。

各プロセスを作成し、それをデーモン化したあとは、そのプロセスに与えられた関数の実行を開始する。もちろん、jobsキューには何のジョブも追加していないため、すぐにブロックされる。ただし、このブロックは別プロセス内で発生し、メインのプロセスがブロックされることはない。したがって、すべてのmultiprocessingのプロセスは即座に作成され、create_processes()関数は終了する。そして、この関数の呼び出し側で、jobsキューにジョブを追加し、ブロックされているプロセスに仕事を与える。

```
    def worker(size, smooth, jobs, results):
        while True:
            try:
                sourceImage, targetImage = jobs.get()
                try:
                    result = scale_one(size, smooth, sourceImage, targetImage)
                    Qtrac.report("{} {}".format("copied" if result.copied else
                            "scaled", os.path.basename(result.name)))
                    results.put(result)
                except Image.Error as err:
                    Qtrac.report(str(err), True)
            finally:
                jobs.task_done()
```

並行処理を行うために、multiprocessing.Process (もしくはthreading.Thread) のサブクラスを実装することは可能である。しかしここでは、若干ではあるがより単純なアプローチをとっている。そのアプローチとは、関数を作ってmultiprocessing.Processのtarget引数に与える、というものである (これとまっ

たく同じことは、threading.Threadsでも行える)。

上のworker()関数は無限ループを実行し、そのループのなかで、共有されるjobsキューからジョブを取り出そうと試みる。プロセスはデーモンであるから、プログラムが終了すると、そのプロセスも終了することになる。そのため、無限ループを使っても安全である。キューからジョブを取り出して返すためのmultiprocessing.Queue.get()メソッドは、ジョブを返せるようになるまでブロックされる。ここでのジョブは、ソース画像名とターゲット画像名の2要素からなるタプルである。

ジョブを取り出したら、scale_one関数を用いてリサイズ（もしくはコピー）を行い、行った処理について報告する。また、resultオブジェクトを共有のresultsキューに追加する。

joinableキューを用いるときに必須となることは、すべてのジョブで、multiprocessing.JoinableQueue.task_done()を実行することである。これにより、multiprocessing.JoinableQueue.join()メソッドが、そのキューにいつjoinできるか（つまり、ジョブが空の状態であるかどうか）を把握できる。

```
def add_jobs(source, target, jobs):
    for todo, name in enumerate(os.listdir(source), start=1):
        sourceImage = os.path.join(source, name)
        targetImage = os.path.join(target, name)
        jobs.put((sourceImage, targetImage))
    return todo
```

一度プロセスが作成されて実行が開始されると、すべてのプロセスは共有のjobsキューからジョブを取得しようとした状態で待たされる（ブロックされる）。

処理対象の画像すべてに対して、このadd_jobs()関数はふたつの文字列を生成する。ひとつはソース画像への絶対パスを表すsourceImage、もうひとつはターゲット画像への絶対パスを表すtargetImageである。このふたつのパスをタプルとして、共有のjobsキューに追加する。そして最後に、行うべきジョブの総数を返す。

最初のジョブがjobsキューに追加されるとすぐに、ブロックされたワーカー（worker）プロセスのひとつがそれを取得し、処理を開始する。ふたつ目に追加されるジョブも、3つ目のジョブも同じ手順で進み、すべてのワーカープロセスがジョブを持つようになるまでこれが続く。それ以降は、ワーカープロセスが稼働している間、ジョブが完了するたびにジョブが取得され、jobsキューにはさらにジョブが追加されるだろう。最終的にはすべてのジョブが取得され、処理が終了した時点ですべてのワーカー

プロセスがブロックされ、さらにジョブが追加されるのを待機する。そして、プログラムが終了すると、ワーカープロセスも終了する。

```
def scale_one(size, smooth, sourceImage, targetImage):
    oldImage = Image.from_file(sourceImage)
    if oldImage.width <= size and oldImage.height <= size:
        oldImage.save(targetImage)
        return Result(1, 0, targetImage)
    else:
        if smooth:
            scale = min(size / oldImage.width, size / oldImage.height)
            newImage = oldImage.scale(scale)
        else:
            stride = int(math.ceil(max(oldImage.width / size,
                                        oldImage.height / size)))
            newImage = oldImage.subsample(stride)
        newImage.save(targetImage)
        return Result(0, 1, targetImage)
```

このscale_one()関数で実際のリサイズ処理(またはコピー)を行っている。cyImageモジュール(5.3節参照)が使えるときはそれを使い、そうでないときはImageモジュール(3.12節参照)を使用する。もし与えられたサイズよりその画像が小さければ、その画像を保存先へコピーする。そして、結果として返されるResultには、画像はコピーされリサイズはされていないという情報と、ターゲットの画像名が含まれる。それ以外であれば、画像には滑らかなリサイズもしくはサブサンプリングが行われて保存される。この場合のResultには、画像はコピーされずリサイズされたという情報と、ターゲットの画像名が含まれる。

```
def summarize(summary, concurrency):
    message = "copied {} scaled {} ".format(summary.copied, summary.scaled)
    difference = summary.todo - (summary.copied + summary.scaled)
    if difference:
        message += "skipped {} ".format(difference)
    message += "using {} processes".format(concurrency)
    if summary.canceled:
        message += " [canceled]"
    Qtrac.report(message)
    print()
```

すべての画像が処理されたら(つまり、jobsキューがjoinされたら)、Summaryがscale()関数のなかで作成され、このsummarize()関数に渡される。この関数によっ

て作成される一般的な要約（サマリー）は次のようになる。

```
$ ./imagescale-m.py -S /tmp/images /tmp/scaled
copied 0 scaled 56 using 4 processes
```

　Linuxでの時間計測については、単に`time`コマンドを先頭に記述するだけで済む（ターミナルで`time python example.py`のように実行する）。Windowsでは、そのような組み込みのコマンドが存在しないが、解決策はある[※1]（マルチプロセッシングを行うプログラムは、そのプログラムのなかで時間計測を行ってもうまくいかないようである。筆者が実験したところ、メインプロセスの処理時間が報告され、ワーカープロセスでの処理時間は含まれなかった。ちなみに、Python 3.3の`time`モジュールには、正確な時間計測をサポートする新しい関数がいくつかあることに注意してほしい）。

　`imagescale-q-m.py`と`imagescale-m.py`の処理時間の違いはわずかなものであり、実行するごとにその結果が逆転することは容易にありえる。実質的には、このふたつのバージョンは同等である。

4.1.2　フューチャーとマルチプロセッシングの使用

　Python 3.2では`concurrent.futures`モジュールが導入された。このモジュールは、複数のスレッドやプロセスを用いて高レベルの並行処理を行う素晴らしい方法を提供する。本節では、`imagescale-m.py`プログラムにある3つの関数を見ていく（そのほかのコードは、前節で見てきた`imagescale-q-m.py`と同じである）。`imagescale-m.py`プログラムはフューチャー（future）を用いる。ドキュメントによれば、`concurrent.futures.Future`は「コーラブルの非同期実行をカプセル化したオブジェクト」である（https://docs.python.org/dev/library/concurrent.futures.html#future-objects を参照）。Futureは、`concurrent.futures.Executor.submit()`メソッドを呼び出すことで作成され、状態（キャンセルされた、実行中、完了したという状態）や結果または例外を報告できる。

　`concurrent.futures.Executor`クラスは抽象基底クラスであるから、直接使用することはできない。その代わりに、ふたつある具象サブクラスのうちのひとつを使わなければならない。`concurrent.futures.ProcessPoolExecutor()`は複数のプロ

[※1]　たとえば、http://stackoverflow.com/questions/673523/how-to-measure-execution-time-of-command-in-windows-command-line が参考になる。

セスを使って並行処理を行う。プロセスプール（process pool）を使用するということは、一緒に使われるフューチャーは実行されるだけ、もしくはpickle化可能なオブジェクト——もちろん、ネスト化されない関数も含まれる——を返すだけである、ということを意味する。この制約は、複数のスレッドで並行処理を行うconcurrent.futures.ThreadPoolExecutorには適用されない。

概念的に、スレッドやプロセスプールを使用した並行処理は、図4-2に示すとおり、キューを使用した並行処理よりも単純である。

図4-2　並行処理のジョブと結果をプールexecutorで操作する

```
def scale(size, smooth, source, target, concurrency):
    futures = set()
    with concurrent.futures.ProcessPoolExecutor(
            max_workers=concurrency) as executor:
        for sourceImage, targetImage in get_jobs(source, target):
            future = executor.submit(scale_one, size, smooth, sourceImage,
                    targetImage)
            futures.add(future)
    summary = wait_for(futures)
    if summary.canceled:
        executor.shutdown()
    return summary
```

このscale()関数は、imagescale-q-m.pyプログラムにある関数と名前や構文が同じで、機能も同じであるが、中身は根本的に異なっている。この関数では最初に、フューチャーを格納するための空のセットを生成する。そして、プロセスプールを実行するProcessPoolExecutorを作成する。内部では、ワーカープロセスが多数生成される。その正確な数は経験的に決定されるが、ここでは我々自身の手で指定できるように上書きしている。これは単にデバッグや時間計測のためである。

ProcessPoolExecutorのインスタンスを生成したら、get_jobs()関数によって返されるジョブを列挙し、それぞれをプールへ送信する。concurrent.futures.ProcessPoolExecutor.submit()メソッドはワーカー関数と省略可能な引数を受け取り、Futureオブジェクトを返す。このフューチャーはセットfuturesに追

加される。プールは、フューチャーが少なくともひとつ存在すれば処理を開始する。フューチャーがすべて生成されると、カスタム関数のwait_for()を呼び出し、futuresを渡す。この関数はすべてのフューチャーが完了する（もしくはユーザーによってキャンセルされる）までブロックされる。もしユーザーがキャンセルしたら、ProcessPoolExecutorをシャットダウンする。

```
def get_jobs(source, target):
    for name in os.listdir(source):
        yield os.path.join(source, name), os.path.join(target, name)
```

このget_jobs()関数は、前節のadd_jobs()関数と同じサービスを実行するが、キューにジョブを追加する代わりに、要求に応じてジョブをyieldする。つまり、この関数はジェネレータ関数である。

```
def wait_for(futures):
    canceled = False
    copied = scaled = 0
    try:
        for future in concurrent.futures.as_completed(futures):
            err = future.exception()
            if err is None:
                result = future.result()
                copied += result.copied
                scaled += result.scaled
                Qtrac.report("{} {}".format("copied" if result.copied else
                        "scaled", os.path.basename(result.name)))
            elif isinstance(err, Image.Error):
                Qtrac.report(str(err), True)
            else:
                raise err # 予想外の挙動の場合
    except KeyboardInterrupt:
        Qtrac.report("canceling...")
        canceled = True
        for future in futures:
            future.cancel()
    return Summary(len(futures), copied, scaled, canceled)
```

フューチャーがすべて生成されると、この関数を呼び出し、フューチャーの完了を待つ。concurrent.futures.as_completed()関数は、完了またはキャンセルされたフューチャーが返されるまでブロックする。フューチャーが実行したworkerコーラブルで例外が発生すれば、Future.exception()メソッドがその例外を返す（例外が発

生していない場合はNoneを返す)。また、例外が発生しなければ、フューチャーの実行結果を取得し、その進捗をユーザーに報告する。もし例外が発生し、その例外が我々の想定するもの(つまり、Imageモジュールから発生する例外)であれば、その旨をユーザーに報告する。予期せぬ例外が発生した場合は、我々のプログラムのロジックに誤りがあるか、ユーザーがCtrl+Cでキャンセルしたかのどちらかに相当するため、その例外を送出する。

ユーザーがCtrl+Cの押下でキャンセルした場合、すべてのフューチャーを列挙してキャンセルする。最後に、これまでに行った処理の要約を返す。

concurrent.futuresはキューを用いる並行処理と比べて、より明確でロバストな方法である——ただし、どちらの方法も、マルチスレッドを使用したときに明示的にロックを用いる手法と比較すると、はるかに容易で優れた方法である。また、マルチスレッドとマルチプロセスを切り替えるのも簡単である。それには、concurrent.futures.ProcessPoolExecutorの代わりにconcurrent.futures.ThreadPoolExecutorを使うだけである。マルチスレッドを使用する場合、共有データにアクセスする必要があれば、変更不可能な型を使用するか、ディープコピーを行うか、ロックを用いるか(たとえば、ロックを用いてデータへのアクセスを逐次化する)、スレッドセーフな型を用いるか(たとえば、queue.Queue)、のどれかを行う必要がある。同様にマルチプロセスを用いる場合でも、共有データへのアクセスは、変更不可能な型の使用やディープコピーをしなければならない。そして、読み書きを伴うアクセスには、管理されたmultiprocessing.Valueまたはmultiprocessing.Arrayを使用するか、またはmultiprocessing.Queuesを使用しなければならない。いずれにせよ、共有データをまったく使わないことが理想である。それが無理な場合では、(変更不可能な型や、ディープコピーされたオブジェクトを用いて)変更に意味がないようなデータだけを共有するか、並行処理を安全に行えるキューを用いるべきである。そうすれば、ロックを明示的に用いる必要がなく、コードは理解しやすくなり、メンテナンスも容易になる。

4.2　I/Oバウンドな並行処理

たくさんのファイルをインターネットからダウンロードすることは、一般的である。そのような場合、ネットワークのレイテンシ（つまり、ダウンロードを開始してから完了するまでに時間を要すること）を考慮すると、複数のダウンロードを並行的に行いたいと思うだろう。そうすれば、一度にひとつのファイルだけをダウンロードする場合に比べて、かなり早くダウンロードを完了できる。

本節では、whatsnew-q.pyとwhatsnew-t.pyのふたつのプログラムを見ていく。このプログラムはRSSフィードをダウンロードする。RSSフィードはXMLファイルであり、サイトの更新情報や新着記事の要約などが含まれる。さまざまなウェブサイトから取得したRSSフィードを使って、2つのプログラムはすべての記事へのリンクを含むHTMLページを作成する。図4-3に、"what's new"というテーマで作成されたHTMLページの一部を示す。表4-2にはプログラムのバージョンごとの処理時間を示す[※1]。"what's new"プログラムの処理速度はコア数に比例しているように見えるが、これは偶然である。そのコアはすべて十分に活用されておらず、ほとんどの時間がネットワークのI/Oのために待たされる。

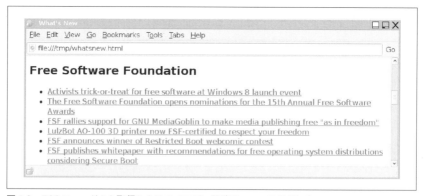

図4-3　RSSフィードから取得したテクノロジー関連のニュースのリンク

表4-2では、gigapixelバージョンのプログラム（本書では示さない）についても、

[※1]　この時間計測には、クアッドコアのAMD64 3GHzのコンピュータを用いて、ブロードバンド接続で、アメリカ国内のおよそ200のウェブサイトからダウンロードした。

その処理時間を示している。これらのプログラムは、http://www.gigapan.com/ というウェブサイトにアクセスし、JSONフォーマットのファイルを500個近く（全部で1.9MB）取得する。そのファイルには巨大な画像についてのメタデータが含まれる。このコードは"what's new"プログラムとよく似ているが、gigapixelプログラムのほうがより高速である。これは、gigapixelプログラムが高帯域のサイトひとつだけにアクセスするのに対して、"what's new"プログラムは、さまざまな帯域を持つ異なるサイトへアクセスするためである。

表4-2 ダウンロード速度の比較

プログラム	並行処理	時間（秒）	高速化
whatsnew.py	なし	172	基準
whatsnew-c.py	16のコルーチン	180	0.96倍
whatsnew-q-m.py	キューを用いた16のプロセス	45	3.82倍
whatsnew-m.py	プロセスプールを用いた16のプロセス	50	3.44倍
whatsnew-q.py	キューを用いた16のスレッド	50	3.44倍
whatsnew-t.py	スレッドプールを用いた16のスレッド	48	3.58倍
gigapixel.py	なし	238	基準
gigapixel-q-m.py	キューを用いた16のプロセス	35	6.80倍
gigapixel-m.py	プロセスプールを用いた16のプロセス	42	5.67倍
gigapixel-q.py	キューを用いた16のスレッド	37	6.43倍
gigapixel-t.py	スレッドプールを用いた16のスレッド	37	6.43倍

ネットワークのレイテンシは状況に応じてかなり異なるから、処理時間も変化する。実際のところ、並行処理を行うプログラムでは、アクセスするサイト、ダウンロードするデータ量、ネットワーク接続の帯域などに応じて、その処理時間は2倍から10倍、さらにはそれ以上変化する。つまり、マルチスレッドとマルチプロセスの違いは重要ではなく、計測のたびに誤差が逆転することもよくある。

表4-2で注目してほしいことは、並行処理によるアプローチをとることで、ダウンロードをかなり高速に行える、という点である。ただし、その高速化は実行する環境に影響を受けやすく、具体的な数値は毎回変わる。いずれにせよ、高速化を達成できることには変わりない。

4.2.1 キューとマルチスレッドの使用

whatsnew-q.pyプログラムから見ていくことにする。このプログラムは複数のスレッドを使い、スレッドセーフなキューをふたつ使用する。キューのひとつはジョブ用のキューであり、ジョブはURLである。もうひとつのキューは実行結果用のキューで

あり、結果はふたつの要素（TrueとHTMLページを構成することになるHTMLのパーツ、もしくはFalseとエラーメッセージ）からなるタプルである。

```
def main():
    limit, concurrency = handle_commandline()
    Qtrac.report("starting...")
    filename = os.path.join(os.path.dirname(__file__), "whatsnew.dat")
    jobs = queue.Queue()
    results = queue.Queue()
    create_threads(limit, jobs, results, concurrency)
    todo = add_jobs(filename, jobs)
    process(todo, jobs, results, concurrency)
```

このmain()関数がすべての仕事を構成する。最初にコマンドラインを処理し、上限（limit）と並行処理のレベル（concurrency）を取得する。その上限は、与えられたURLから読み込む記事数の上限であり、並行処理のレベルはデバッグや時間計測のために使用する。そして処理の開始をユーザーに報告し、絶対パスのファイル名——このファイルのなかにURLと記事のタイトルがある——を取得する。

続いて、スレッドセーフなキューをふたつ生成し、ワーカースレッドを指定された数だけ生成する。すべてのワーカースレッドが開始されたら（もちろん、まだ何もやることがないため、そのスレッドはブロックされる）、jobsキューにすべてのジョブを追加する。最後に、process()関数のなかで、すべてのジョブが完了するのを待機して、結果を出力する。このプログラム全体の並行処理の構造を図4-4に示す。

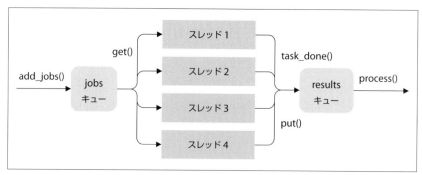

図4-4　並行ジョブと処理結果のキューを用いた操作

ちなみに、もし追加すべきジョブがあるか、毎回のジョブの追加に時間がかかるならば、ジョブの追加を別スレッド（もしくは、マルチプロセッシングを使っているなら別

プロセス) で行うほうがよいだろう。

```
def handle_commandline():
    parser = argparse.ArgumentParser()
    parser.add_argument("-l", "--limit", type=int, default=0,
        help="the maximum items per feed [default: unlimited]")
    parser.add_argument("-c", "--concurrency", type=int,
        default=multiprocessing.cpu_count() * 4,
        help="specify the concurrency (for debugging and "
            "timing) [default: %(default)d]")
    args = parser.parse_args()
    return args.limit, args.concurrency
```

"what's new" プログラムはI/Oバウンドであるから、並行処理のレベルのデフォルト値としてコア数の倍数 (ここでは4倍[※1]) を与える。

```
def create_threads(limit, jobs, results, concurrency):
    for _ in range(concurrency):
        thread = threading.Thread(target=worker, args=(limit, jobs,
            results))
        thread.daemon = True
        thread.start()
```

このcreate_threads()関数は、concurrency変数で指定された数だけワーカースレッドを作成し、実行すべきワーカー関数と引数を各スレッドに与える。

前節で見たプロセスと同じで、プログラムが終了するとそれらのスレッドも終了することを保証するために、各スレッドをデーモン化する。我々はそれぞれのスレッドを開始するが、ジョブがないため、すぐにブロックされる。しかし、ワーカースレッドのみがブロックされるだけで、メインスレッドはブロックされない。

```
def worker(limit, jobs, results):
    while True:
        try:
            feed = jobs.get()
            ok, result = Feed.read(feed, limit)
            if not ok:
                Qtrac.report(result, True)
            elif result is not None:
                Qtrac.report("read {}".format(result[0][4:-6]))
```

※1 筆者の環境でもっともよい結果であったため、この値を採用した。読者の環境は筆者の環境とは異なるため、各自で実験してほしい。

```
                results.put(result)
        finally:
            jobs.task_done()
```

ワーカー関数には無限ループが記述されている。しかしこの関数が実行されるスレッドはデーモンであり、プログラムが終了すればループも終了する。

この関数は、jobsキューからジョブを取得するために待機した状態でブロックされる。ジョブを取得するとすぐに、カスタムモジュールFeed.pyのFeed.read()関数を呼び出し、そのURLで指定されたファイルを読み込む。すべての"what's new"プログラムは、ジョブファイルのイテレータと各RSSフィードのリーダーを提供するために、Feed.pyモジュールを用いる。もしファイルの読み込みに失敗すれば、okはFalseとなり、結果（エラーメッセージ）を出力するファイルの読み込みに成功し、結果を取得したら（この場合はHTML文字列のリスト）、最初の項目からHTMLタグを取り除いたものを出力し、実行結果をresultsキューに追加する。

キューにjoinできるようにするために、ひとつひとつのqueue.Queue.get()呼び出しに対応してqueue.Queue.task_done()を呼び出すことが必要である。ここではtry ... finallyブロックを用いることで、その呼び出しを保証している[1]。

```
def read(feed, limit, timeout=10):
    try:
        with urllib.request.urlopen(feed.url, None, timeout) as file:
            data = file.read()
        body = _parse(data, limit)
        if body:
            body = ["<h2>{}</h2>\n".format(escape(feed.title))] + body
            return True, body
        return True, None
    except (ValueError, urllib.error.HTTPError, urllib.error.URLError,
            etree.ParseError, socket.timeout) as err:
        return False, "Error: {}: {}".format(feed.url, err)
```

Feed.read()関数は与えられたURL (feed) を読み込み、その解析を試みる。成功すれば、TrueとHTML要素のリスト（タイトルとひとつ以上のリンク）を返す。失敗したら、Falseとエラーメッセージを返す。

---

[1] queue.Queueクラスはスレッドセーフでjoinableなキューであるが、マルチプロセッシングでそれに相当するクラスはmultiprocessing.JoinableQueueクラスであり、multiprocessing.Queueクラスではないことに注意してほしい。

```python
def _parse(data, limit):
    output = []
    feed = feedparser.parse(data) # AtomとRSS
    for entry in feed["entries"]:
        title = entry.get("title")
        link = entry.get("link")
        if title:
            if link:
                output.append('<li><a href="{}">{}</a></li>'.format(
                    link, escape(title)))
            else:
                output.append('<li>{}</li>'.format(escape(title)))
        if limit and len(output) == limit:
            break
    if output:
        return ["<ul>"] + output + ["</ul>"]
```

Feed.pyモジュールには、プライベートな_parse()関数がふたつ含まれている。ひとつはここで示したものであり、サードパーティーのfeedparserモジュール（https://pypi.python.org/pypi/feedparser）が使われている。feedparserモジュールはAtomとRSSの両方のフォーマットに対応している。もうひとつは（ここでは示さないが）feedparserが用意されていない場合に使用する関数であり、RSSフォーマットのフィードだけに対応している。

ニュースフィードを解析するという難事は、feedparser.parse()関数がすべて受け持つ。我々が行うべきことは、この関数が生成したエントリーを列挙し、それぞれのニュースでタイトルとリンクを取得してHTMLのリストを生成することだけである。

```python
def add_jobs(filename, jobs):
    for todo, feed in enumerate(Feed.iter(filename), start=1):
        jobs.put(feed)
    return todo
```

各フィードは、(title, url)というふたつの要素からなるタプルとしてFeed.iter()関数によって返され、jobsキューに追加される。そして最後に、行うべきジョブの総数が返される。

この場合、総数を自分で管理せずにjobs.qsize()を返すことも可能であった。しかし、もしadd_jobs()を独立のスレッドで行ったとしたら、ジョブが追加されると同時に取り出されることがあるから、queue.Queue.qsize()は信頼できない。

```
Feed = collections.namedtuple("Feed", "title url")

def iter(filename):
    name = None
    with open(filename, "rt", encoding="utf-8") as file:
        for line in file:
            line = line.rstrip()
            if not line or line.startswith("#"):
                continue
            if name is None:
                name = line
            else:
                yield Feed(name, line)
                name = None
```

これはFeed.pyモジュールのFeed.iter()関数である。ここで使用するwhatsnew.datファイルは、ひとつのフィードが2行のテキスト——最初の行がタイトル (たとえば、The Guardian - Technology)、次の行がURL (たとえば、http://feeds.pinboard.in/rss/u:guardiantech/) ——から構成され、UTF-8でエンコードされたプレーンなテキストファイルである。空行とコメント行 (#で始まる行) は無視される。

```
def process(todo, jobs, results, concurrency):
    canceled = False
    try:
        jobs.join() # すべてのジョブが終わるまで待つ
    except KeyboardInterrupt: # Windowsでは動作しないかもしれない
        Qtrac.report("canceling...")
        canceled = True
    if canceled:
        done = results.qsize()
    else:
        done, filename = output(results)
    Qtrac.report("read {}/{} feeds using {} threads{}".format(done, todo,
            concurrency, " [canceled]" if canceled else ""))
    print()
    if not canceled:
        webbrowser.open(filename)
```

すべてのスレッドが生成され、ジョブが追加されたら、このprocess()関数が呼び出される。この関数はqueue.Queue.join()を呼び出し、これはキューが空になる (すべてのジョブが完了する) まで、もしくはユーザーによってキャンセルされるま

でブロックされる。もしユーザーがキャンセルしなければ、output()関数が呼ばれ、HTMLファイルにすべてのリンクのリストが書き出され、行った処理の要約が出力される。最後に、ユーザーのデフォルトのウェブブラウザでHTMLファイルを開くため、webbrowserモジュールのopen()関数が呼び出される（図4-3参照）。

```
def output(results):
    done = 0
    filename = os.path.join(tempfile.gettempdir(), "whatsnew.html")
    with open(filename, "wt", encoding="utf-8") as file:
        file.write("<!doctype html>\n")
        file.write("<html><head><title>What's New</title></head>\n")
        file.write("<body><h1>What's New</h1>\n")
        while not results.empty(): # すべての仕事は完了しているため、安全である
            result = results.get_nowait()
            done += 1
            for item in result:
                file.write(item)
        file.write("</body></html>\n")
    return done, filename
```

すべての仕事が完了したら、この関数がresultsキューを引数に取って呼び出される。結果にはそれぞれ、HTML要素のリスト（タイトルのあとに、ひとつ以上のリンクが続く）が含まれる。この関数はwhatsnew.htmlファイルを新規作成し、ニュースフィードのタイトルとリンクをすべて追加する。最後に、結果の総数（処理に成功したジョブの総数）と書き込みを行ったHTMLのファイル名を返す。この情報は、process()関数のなかで要約（サマリー）を出力し、ユーザーのウェブブラウザでHTMLファイルを開くために使用される。

4.2.2　フューチャーとマルチスレッドの使用

もしPython 3.2もしくはそれ以降を使用しているのであれば、キューを使わずに（もしくは明示的なロックを使わずに）、concurrent.futuresモジュールを活用してプログラムを実装できる。本節では、concurrent.futuresモジュールを使用したwhatsnew-t.pyプログラムについて見ていく。ただし、前節で見た関数と同一のもの（handle_commandline()やFeed.pyモジュールの関数など）についての解説は割愛する。

```
def main():
    limit, concurrency = handle_commandline()
```

```
        Qtrac.report("starting...")
        filename = os.path.join(os.path.dirname(__file__), "whatsnew.dat")
        futures = set()
        with concurrent.futures.ThreadPoolExecutor(
                max_workers=concurrency) as executor:
            for feed in Feed.iter(filename):
                future = executor.submit(Feed.read, feed, limit)
                futures.add(future)
            done, filename, canceled = process(futures)
            if canceled:
                executor.shutdown()
        Qtrac.report("read {}/{} feeds using {} threads{}".format(done,
                len(futures), concurrency, " [canceled]" if canceled else ""))
        print()
        if not canceled:
            webbrowser.open(filename)
```

このmain()関数は、空のセットであるfuturesを最初に生成し、次にThreadPoolExecutor（別プロセスではなく別スレッドを使うという点を除けば、ProcessPoolExecutorと同様に動く）を生成する。executorのコンテキストの内部で、データファイルを列挙し、各フィードに対して、(concurrent.futures.ThreadPoolExecutor.submit()メソッドを用いて）新しいフューチャーを生成する。この新しいフューチャーは、与えられたfeedのURLに対してFeed.read()関数を実行し、最大でlimit個のリンクを返す。

すべてのフューチャーが生成されたら、カスタム関数のprocess()を呼び出す。process()関数はすべてのフューチャーが完了するまで（もしくはユーザーによってキャンセルされるまで）待機する。そして、結果の要約を出力し、もしユーザーがキャンセルしなければ、その生成したHTMLページをユーザーのウェブブラウザで開く。

```
    def process(futures):
        canceled = False
        done = 0
        filename = os.path.join(tempfile.gettempdir(), "whatsnew.html")
        with open(filename, "wt", encoding="utf-8") as file:
            file.write("<!doctype html>\n")
            file.write("<html><head><title>What's New</title></head>\n")
            file.write("<body><h1>What's New</h1>\n")
            canceled, results = wait_for(futures)
            if not canceled:
                for result in (result for ok, result in results if ok and
                        result is not None):
```

```
                    done += 1
                    for item in result:
                        file.write(item)
            else:
                done = sum(1 for ok, result in results if ok and result is not
                        None)
            file.write("</body></html>\n")
        return done, filename, canceled
```

このprocess()関数はHTMLファイルの開始部分を書き出し、カスタム関数のwait_for()を呼び、すべてのジョブが完了するのを待つ。もしユーザーがキャンセルしなければ、resultsに含まれるタプル（Trueとlist、もしくはFalseとstr、もしくはFalseとNoneのいずれか）を列挙し、リストを含むもの（タイトルとひとつ以上のリンクが続く）に対しては、HTMLファイルにその要素を書き込む。

もしユーザーがキャンセルすれば、読み込みに成功したフィードの数を計算するだけで終わる。どちらの場合でも、読み込んだフィードの数、HTMLファイル名、ユーザーがキャンセルしたかどうか、という3つの要素を返す。

```
    def wait_for(futures):
        canceled = False
        results = []
        try:
            for future in concurrent.futures.as_completed(futures):
                err = future.exception()
                if err is None:
                    ok, result = future.result()
                    if not ok:
                        Qtrac.report(result, True)
                    elif result is not None:
                        Qtrac.report("read {}".format(result[0][4:-6]))
                    results.append((ok, result))
                else:
                    raise err  # 予想外の挙動の場合
        except KeyboardInterrupt:
            Qtrac.report("canceling...")
            canceled = True
            for future in futures:
                future.cancel()
        return canceled, results
```

このwait_for()関数はフューチャーを列挙し、それぞれが終了するかキャンセルされるまでブロックされる。フューチャーを受け取れば、この関数はエラーを報告する

か、もしくはフィードを適切に読み込むことに成功する。いずれの場合も、ブール値と処理結果（文字列のリスト、もしくはエラーの文字列）をリスト results に追加する。

もしユーザーが（Ctrl+Cの押下によって）キャンセルすれば、すべてのフューチャーをキャンセルする。最後に、ユーザーがキャンセルしたか否かを表すブール値とリストresultsを返す。

concurrent.futuresは、マルチスレッドとマルチプロセスのどちらの場合でも、同様に便利に利用できる。CPUバウンドではなくI/Oバウンドの処理であれば、マルチスレッドを注意深く用いることでパフォーマンスを改善できるだろう。

4.3　ケーススタディ：並行処理によるGUIアプリケーション

並行処理を利用したGUIアプリケーションを書くことはトリッキーである。これは、Pythonの標準GUIツールキットであるTkinterを使うときに特に当てはまる。Tkinterを用いたGUIプログラミングについては7章で解説する。Tkinterを使ったことがない読者には、先に7章を読んでからここに戻ってくることをおすすめする。

GUIアプリケーションで並行処理を行う方法として、マルチスレッドが考えられる。しかし実際には、この方法は遅く、たくさんの処理が同時に行われるとGUIが停止することさえありえる。結局のところ、GUIはCPUバウンドな処理である。別のアプローチとしてはマルチプロセスを用いる方法があるが、これもGUIの応答性がきわめて悪くなることがある。

本節では、ImageScaleというアプリケーション（コードはimagescaleディレクトリに置かれている）を見ていく。このアプリケーションを**図4-5**に示す。このアプリケーションでは、進捗の報告とキャンセルをサポートする応答性のあるGUIを並行処理で実現している。

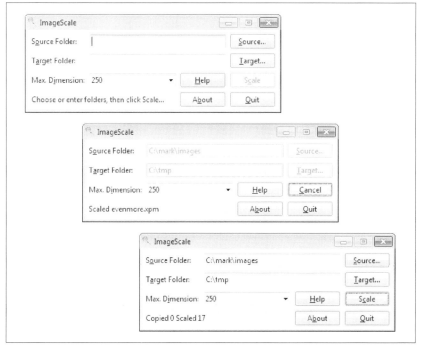

図4-5　ImageScaleアプリケーション：画像リサイズの前・最中・後の各画面

　図4-6で示すように、このアプリケーションではマルチスレッドとマルチプロセスを組み合わせている。ふたつの実行スレッド —— メインのGUIスレッドとワーカースレッド —— があり、ワーカースレッドはその仕事をプロセスプールに渡す。スレッドによって共有されたコアでは、ほとんどのプロセッサ時間をGUIスレッドが所有し、ワーカースレッド（これ自体はほとんど何も仕事をしない）がその残りを得る。そのため、このアーキテクチャでは、常に応答性のあるGUIが達成される。そして、ワーカーのプロセスは、自分だけのコア上で（マルチコアのコンピュータの場合）実行されるため、GUIスレッドと競合することはまったくない。

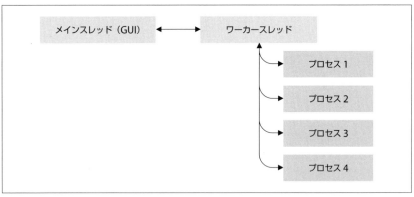

図4-6　ImageScaleアプリケーションの並行処理モデル（矢印は通信を示す）

比較のために用意したコンソールプログラムのimagescale-m.pyは130行ほどのコードである。一方、GUIアプリケーションのImageScaleは5つのファイルから構成され（**図4-7**参照）、合計すると500行近くになる。画像のリサイズ処理を行うコードが60行ぐらいであり、残りのほとんどがGUIのコードである。

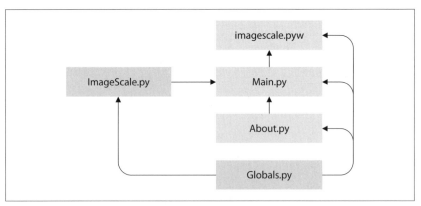

図4-7　ImageScaleアプリケーションのファイル構成（矢印はインポートを示す）

本節では、主にGUIプログラミングの並行処理に関連するコードを見ていく。また、全体を理解するために、それ以外の（並行処理に関連しない）コードも適宜取り上げる。

4.3.1 GUIの作成

まずは、GUIの作成と並行処理に関連するもっとも重要なコードから見ていこう。ここでのコードはimagescale/imagescale.pywとimagescale/Main.pyファイルから抜粋したものである。

```
import tkinter as tk
import tkinter.ttk as ttk
import tkinter.filedialog as filedialog
import tkinter.messagebox as messagebox
```

上のコードはMain.pyモジュールのなかのGUIに関連したimportステートメントである。Tkinterユーザーのなかにはfrom tkinter import *というインポートを行う人もいる。しかし、筆者の好む方式は、ここで示したように、GUIの名前をTkinterの名前空間にとどめ、さらにこの名前空間に使いやすい名前を付ける——tkinterでなくtkとする——方式である。

```
def main():
    application = tk.Tk()
    application.withdraw()  # 表示準備が整うまで隠す
    window = Main.Window(application)
    application.protocol("WM_DELETE_WINDOW", window.close)
    application.deiconify() # 表示する
    application.mainloop()
```

このmain()関数はimagescale.pywファイルからの抜粋であり、このアプリケーションのエントリーポイントである。実際の関数では、ここで示したコード以外にも、ユーザーによる設定やアプリケーションのアイコン設定に関連したコードがある。

ここで特に注意すべきことは、通常は見えないトップレベルのtkinter.Tkオブジェクト（親）を必ず作成しなければならない、ということである。それから、ウィンドウのインスタンスを生成し（この場合は、tkinter.ttk.Frameのカスタムサブクラス）、最後にTkinterのイベントループを開始する。

ちらつきを防ぎ、不完全なウィンドウの状態でユーザーの目に触れさせないようにするため、アプリケーションを作成するとすぐに隠すようにしている（そうすれば、この時点でユーザーの目に触れることはない）。そして、ウィンドウが完全に作成された時点で初めて表示する。

このコードのtkinter.Tk.protocol()では、「ユーザーがウィンドウの閉じるボ

タンを押したら、カスタムメソッドのMain.Window.close()を呼べ」ということをTkinterに指示している[1]。このメソッドについては後ほど4.3.4節で解説する。

　GUIプログラムとサーバープログラムは、一旦起動するとイベントの発生を待機し、イベントが発生するとそれに応答するという点において、その処理構造が似ている。サーバーでは、ネットワークの接続や通信がそのイベントに相当するだろう。一方、GUIアプリケーションでは、ユーザーによって生成されたメッセージ（キーの押下やマウスクリックなど）、またはシステムによって生成されたメッセージ（タイマーのタイムアウトやウィンドウが表示されたことを示すメッセージ——たとえば、他のアプリケーションのウィンドウがこのアプリケーションの前面にあり、それが移動もしくは閉じられた場合）のどちらかである。GUIのイベントループを**図4-8**に示す。我々は3.1節でこの実例について見てきた。

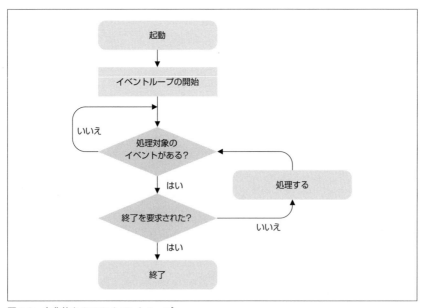

図4-8　古典的なGUIのイベントループ

※1　OS Xでは、閉じるボタンは赤丸のボタンであり、保存されていない変更がある場合は、赤丸の中央に黒いドットが表示される。

```
PAD = "0.75m"
WORKING, CANCELED, TERMINATING, IDLE = ("WORKING", "CANCELED",
        "TERMINATING", "IDLE")
class Canceled(Exception): pass
```

上記は、ImageScaleのGUIモジュールによってfrom Globals import *というステートメントでインポートされる定数である。PADの値は0.75mmという長さを表し、ウィジェットを配置する際にパディング（内側の余白）を設けるために用いられる。他の定数は、アプリケーションの状態——WORKING、CANCELED、TERMINATING、IDLEのいずれか——を識別するために用いられる。Canceled例外がどのように使われるかは後ほど見ていく。

```
class Window(ttk.Frame):

    def __init__(self, master):
        super().__init__(master, padding=PAD)
        self.create_variables()
        self.create_ui()
        self.sourceEntry.focus()
```

Windowが作成されるときは、その基底クラスの__init__()メソッドを呼ぶ必要がある。ここでは、このプログラムが使用する変数とユーザーインタフェースを作成する。そして最後に、ソースディレクトリのテキスト入力ボックスにフォーカスを合わせる。これによって、ユーザーはすぐにディレクトリをキー入力できる。もちろん、[Source]ボタンを押して、ディレクトリ選択ダイアログを表示させることも可能である。

create_ui()メソッドについては、GUI作成だけに関連しており、並行処理とは関係ないため、コードは示さない。create_ui()メソッドのなかでは、create_widgets()、layout_widgets()、create_bindings()を呼び出すが、これらのメソッドも同様の理由で詳細は割愛する（7章でTkinterプログラミングを紹介するときには、もちろんGUI作成の例を見ていく）。

```
    def create_variables(self):
        self.sourceText = tk.StringVar()
        self.targetText = tk.StringVar()
        self.statusText = tk.StringVar()
        self.statusText.set("Choose or enter folders, then click Scale...")
        self.dimensionText = tk.StringVar()
        self.total = self.copied = self.scaled = 0
        self.worker = None
        self.state = multiprocessing.Manager().Value("i", IDLE)
```

上記は、このcreate_variables()メソッドの主要部分である。tkinter.StringVar変数は、ユーザーインタフェースのウィジェットに関連した文字列を保持する。total、copied、scaledという変数は、カウンターとして使用する。workerは最初はNoneであり、行うべき処理をユーザーがリクエストした段階で、それにふたつ目のスレッド（ワーカー）が設定される。

もしユーザーがキャンセルすれば（つまり、[Cancel]ボタンが押されたら）、scale_or_cancel()メソッド（後述）が呼ばれる。このメソッドはアプリケーションの状態をWORKING、CANCELED、TERMINATING、IDLEのいずれかに設定する。同様に、ユーザーがアプリケーションを終了させたら（つまり、[Quit]ボタンが押されたら）、close()メソッドが呼ばれる。もしリサイズ処理のキャンセルやアプリケーションの終了がリサイズ処理の途中で行われたら、当然ながらできるだけ迅速にそれに応答したい。そのため、[Cancel]ボタンのテキストを「Canceling...」に変更し、そのボタンを無効にしたうえで、それ以上仕事をしないようにワーカースレッドのプロセスを停止させる。処理が停止したら、[Scale]ボタンを再度有効にしなければならない。したがって、ユーザーがキャンセルまたは終了しているかどうかを見るために、両方のスレッドとすべてのワーカープロセスが定期的にアプリケーションの状態を確認できるようにしなければならない。

アプリケーションの状態にアクセスするためのひとつの方法として、状態を表す変数とロックを利用する方法が考えられるだろう。しかし、この方法を用いたとしたら、状態変数へのアクセスの前にロックを取得し、そのあとでロックを解放しなければならない。コンテキストマネージャを用いればこれは難しいことではないが、ロックの使用を忘れることは容易に起こりえる。幸いにも、multiprocessingモジュールにはmultiprocessing.Valueクラスがあり、これは（スレッドセーフなキューと同様に）独自にロックを行うため、安全にアクセス可能な値を保持できる。Valueを生成するために、型の識別子——ここでは"i"を使用し、int型であることを示す——と初期値を渡す必要がある。初期値としては、このアプリケーションはIDLE状態で開始するから、IDLE定数を渡す。

ひとつ注意すべき点は、我々はmultiprocessing.Valueを直接生成する代わりに、multiprocessing.Managerを作り、それにValueを生成してもらっている、ということである。Valueが正しく機能するには、これが必要不可欠である（もしValueやArrayがひとつ以上必要であれば、multiprocessing.Managerインスタンスをひと

つ作成し、これを使ってValueやArrayをひとつずつ作成するが、この例では必要ない）。

```
def create_bindings(self):
    if not TkUtil.mac():
        self.master.bind("<Alt-a>", lambda *args:
                self.targetEntry.focus())
        self.master.bind("<Alt-b>", self.about)
        self.master.bind("<Alt-c>", self.scale_or_cancel)
        ...
    self.sourceEntry.bind("<KeyRelease>", self.update_ui)
    self.targetEntry.bind("<KeyRelease>", self.update_ui)
    self.master.bind("<Return>", self.scale_or_cancel)
```

tkinter.ttk.Buttonを作成するとき、そのボタンのクリック時に呼び出すべきコマンド（関数やメソッド）を関連付けできる。これはcreate_widgets()メソッド内で行う（ここでは示さない）。また、我々はキーボードユーザーのためのサポートも提供したい。そのため、たとえば、[Scale]ボタンを押した場合、もしくはOS X以外のプラットフォームでAlt+CまたはEnterキーを押した場合、scale_or_cancel()が呼ばれる。

このアプリケーションが開始されるとき、最初はソースディレクトリとターゲットディレクトリが空なので、[Scale]ボタンは無効になっている。しかし、これらのディレクトリが設定されたら、[Scale]ボタンを有効化しなければならない（ディレクトリの設定は、キーボードにより入力されるか、[Source]ボタンと[Target]ボタンによるディレクトリ選択ダイアログによって設定されるかのどちらかの方法で行う）。update_ui()メソッドを用いると、状況に応じてウィジェットの有効・無効を設定できるので、これを使ってボタンを有効化する。ユーザーがソースまたはターゲットのテキスト入力ボックスに文字をタイプするたびに、このメソッドを呼び出す。

TkUtilモジュールは本書のサンプルコードと一緒に提供されている。そのモジュールには便利関数――たとえば、オペレーティングシステムがOS Xかどうか判定するTkUtil.mac()など――が含まれており、さらにボックスやモーダルダイアログの汎用的なサポートや、そのほかに役立つ機能が含まれる[1]。

---

[1] Tkinterやその内部で利用されるTcl/Tk 8.5は、Linux、OS X、Windowsのクロスプラットフォームの差異を一部考慮している。しかし、多くの差異――特にOS X――については依然として我々自身で対処しなければならない。

```python
    def update_ui(self, *args):
        guiState = self.state.value
        if guiState == WORKING:
            text = "Cancel"
            underline = 0 if not TkUtil.mac() else -1
            state = "!" + tk.DISABLED
        elif guiState in {CANCELED, TERMINATING}:
            text = "Canceling..."
            underline = -1
            state = tk.DISABLED
        elif guiState == IDLE:
            text = "Scale"
            underline = 1 if not TkUtil.mac() else -1
            state = ("!" + tk.DISABLED if self.sourceText.get() and
                    self.targetText.get() else tk.DISABLED)
        self.scaleButton.state((state,))
        self.scaleButton.config(text=text, underline=underline)
        state = tk.DISABLED if guiState != IDLE else "!" + tk.DISABLED
        for widget in (self.sourceEntry, self.sourceButton,
                self.targetEntry, self.targetButton):
            widget.state((state,))
        self.master.update() # GUIの更新
```

ユーザーインタフェースに影響を与えるかもしれない変更が発生したときは、この update_ui()メソッドが呼び出される。このメソッドは直接呼び出すことも可能であり、また、イベント——キーの押下やボタンのクリックなど、このメソッドに対応付けられたイベント——に反応して呼び出されることもある。イベントに反応して呼び出される場合は、ひとつ以上の引数が渡されるが、ここではその引数は無視する。

このメソッドでは、GUIの状態 (WORKING、CANCELED、TERMINATING、IDLEのいずれか) を取得することから始める。ここでは、変数を新たに生成する代わりに、各ifステートメントでself.state.valueを直接使うことも可能であった。しかし、もしそのようにしたとしたら、内部ではロックが使われることになる。そのため、アクセスは一度だけにとどめ、ロックされる時間を最小化したほうがよい。このメソッドを実行している途中に状態が変更したとしても、それは問題にならない。なぜなら、そのような変更が起こったならば、いずれにせよ再度このメソッドが呼び出されることになるからである。

アプリケーションによる処理中は、[Scale] ボタンのテキストを「Cancel」にしたい (このボタンを開始・停止ボタンとして使用しているため)。そして、そのボタンを有効にしたい。ほとんどのOSでは、下線付きで表示される文字はキーボードアクセラレー

ターを示す（たとえば、[Cancel]ボタンはAlt+Cで起動できる）が、OS Xではこの機能はサポートされていない。そのため、OS Xでは、無効なインデックス位置を使い、下線を取り除く。

アプリケーションの状態を取得したら、[Scale]ボタンのテキストと下線を更新して、適宜ウィジェットの有効化または無効化を行う。そして最後に、update()メソッドを呼び出し、これまでに行ってきた変更を反映させるためにTkinterにウィンドウの再描画を行わせる。

```
def scale_or_cancel(self, event=None):
    if self.scaleButton.instate((tk.DISABLED,)):
        return
    if self.scaleButton.cget("text") == "Cancel":
        self.state.value = CANCELED
        self.update_ui()
    else:
        self.state.value = WORKING
        self.update_ui()
        self.scale()
```

アプリケーションの状況に応じて[Scale]ボタンのテキストは変更されるため、このボタンはリサイズの開始とキャンセルの両方に利用できる。もしユーザーがAlt+C（OS X以外のプラットフォームで）またはEnterキーを押す、もしくは[Scale]または[Cancel]ボタンをクリックしたならば、このscale_or_cancel()メソッドが呼び出される。

ボタンが無効であれば、何も行わずにリターンするだけである（もちろん、無効化されたボタンはクリックできないが、Alt+Cなどのキーボードアクセラレーターを使えば、このメソッドの呼び出しは可能である）。

ボタンが有効であり、テキストが「Cancel」であれば、アプリケーションの状態をCANCELEDにしてから、ユーザーインタフェースを更新する。特に、[Scale]ボタンを無効化して、そのテキストを「Canceling...」にする。このあと見ていくように、処理を行っている間は、アプリケーションの状態が変更されていないかを定期的に確認することで、キャンセルされたことを即座に認識し、処理を中断できる。キャンセルの処理が完了したら、ボタンを有効化して、テキストを「Scale」に戻す。図4-5では、画像リサイズの前・最中・後の各画面を示した。図4-9では、キャンセルの前・最中・後の各画面を示す。

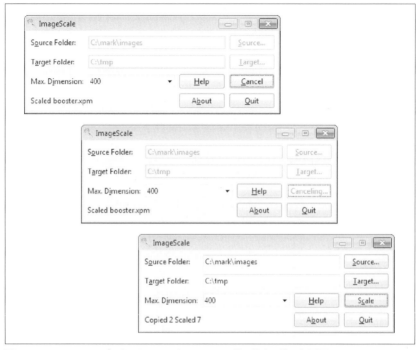

図4-9　ImageScaleアプリケーション：キャンセルの前・最中・後の各画面

　ボタンのテキストが「Scale」であれば、アプリケーションの状態をWORKINGに変更し、ユーザーインタフェースの更新を行い（この時点でボタンのテキストは「Cancel」になる）、リサイズ処理を開始する。

```
def scale(self):
    self.total = self.copied = self.scaled = 0
    self.configure(cursor="watch")
    self.statusText.set("Scaling...")
    self.master.update()  # GUIの更新
    target = self.targetText.get()
    if not os.path.exists(target):
        os.makedirs(target)
    self.worker = threading.Thread(target=ImageScale.scale, args=(
            int(self.dimensionText.get()), self.sourceText.get(),
            target, self.report_progress, self.state,
            self.when_finished))
    self.worker.daemon = True
    self.worker.start()  # 即座にリターンする
```

scale()メソッドでは、最初にすべてのカウントをゼロにして、マウスカーソルを
ビジー状態のインジケータに変更する。そして、ステータスラベルとGUIを更新して、
リサイズが開始されたことをユーザーに知らせる。続いて、ターゲットディレクトリが
存在しない場合は、その中間ディレクトリも含めてディレクトリを作成する。

すべての準備が整えば、新しいワーカースレッドを作成する（これ以前に存在した
スレッドは参照されなくなるため、ガベージコレクションの対象となる）。ここでは
threading.Thread()関数を用いてワーカースレッドを作成し、我々が実行してほし
い関数と引数をスレッドに渡す。引数は以下のとおりである――リサイズ画像の最大サ
イズ、ソースディレクトリ、ターゲットディレクトリ、ジョブが完了されたときに呼び
出されるコーラブル（この場合は、バウンドメソッドself.report_progress()）、ア
プリケーションの状態を示すValue型の変数（ユーザーがキャンセルしていないかどう
かをワーカープロセスが定期的に確認するため）、プロセス完了時またはキャンセル時
に呼び出されるコーラブル（ここではバウンドメソッドself.when_finished()）。

スレッドが作成されたら、ユーザーがアプリケーションを終了した場合にスレッドも
終了させるために、スレッドをデーモン化して実行を開始する。

このあと見ていくように、ワーカースレッド自体はほとんど何も仕事を行わず、コ
アを共有しているGUIスレッドにできる限り多くの時間を譲っている。ImageScale.
scale()関数は、すべての仕事をほかのコア上の複数のプロセスに委譲しており、そ
れによってGUIの応答性は損なわれない（このアーキテクチャであれば、シングルコア
であったとしてもGUIの応答性は損なわれない。その理由は、GUIスレッドはワーカー
スレッドと同じくらいのCPU時間を取得するからである）。

4.3.2　ImageScaleのワーカーモジュール

我々はワーカースレッドから呼び出される関数を専用のモジュール（imagescale/
ImageScale.py）に分離している。本節で示すコードはそのモジュールから抜粋した
ものである。ここで別モジュールとして分離したのには、構成のうえで便利だからとい
うことだけではなく、そうしなければならない理由があった。というのは、我々の望む
ことは、これらの関数をmultiprocessingモジュールから使用できることである。こ
れは、モジュールがインポート可能であり、モジュールのいかなるデータもpickle化可
能でなければならない、ということを意味する。GUIウィジェットを含むモジュール、
またはウィジェットのサブクラスは、この方式でインポートするとウィンドウシステム

を混乱させる可能性がある。

このモジュールにはImageScale.scale()、ImageScale.get_jobs()、ImageScale.scale_one()の3つの関数がある。ImageScale.scale()はワーカースレッドによって実行される。

```
def scale(size, source, target, report_progress, state, when_finished):
    futures = set()
    with concurrent.futures.ProcessPoolExecutor(
            max_workers=multiprocessing.cpu_count()) as executor:
        for sourceImage, targetImage in get_jobs(source, target):
            future = executor.submit(scale_one, size, sourceImage,
                    targetImage, state)
            future.add_done_callback(report_progress)
            futures.add(future)
            if state.value in {CANCELED, TERMINATING}:
                executor.shutdown()
                for future in futures:
                    future.cancel()
                break
        concurrent.futures.wait(futures) # 完了するまで処理を続行する
    if state.value != TERMINATING:
        when_finished()
```

このscale()関数は、Main.Window.scale()メソッドのなかで作られたself.workerスレッドによって実行される。これはプロセスプール(つまり、マルチスレッドではなくマルチプロセス)を使い、実際の仕事を行う。ワーカースレッドはこの関数を呼ぶだけであり、実際の処理は別のプロセスに委譲される。

ImageScale.get_jobs()関数から取得されたソース画像とターゲット画像それぞれに対して、フューチャーが作成され、ImageScale.scale_one()関数が実行される。その関数には、最大サイズ(size)、ソース画像、ターゲット画像、アプリケーションの状態を表す値が渡される。

前節では、concurrent.futures.as_completed()関数を用いてフューチャーの完了を待った。ここでは代わりに、コールバック関数Main.Window.report_progress()を各フューチャーに追加し、concurrent.futures.wait()を呼び出す。

フューチャーを追加したあとで、ユーザーがキャンセルまたは終了しているかどうかを確認し、もしそうであれば、プロセスプールを終了し、すべてのフューチャーをキャンセルする。デフォルトでは、concurrent.futures.Executor.shutdown()関数

は即座にリターンされ、すべてのフューチャーが終了またはキャンセルしたあとにその効果が発生する。

すべてのフューチャーが作成されたら、concurrent.futures.wait()の行で、この関数はブロックされる（GUIスレッドではなく、ワーカースレッドがブロックされる）。ユーザーがフューチャーを作成したあとにキャンセルしたら、各フューチャーのコーラブル（つまり、ImageScale.scale_one()関数の内部）を実行するときにキャンセルの有無を確認しなければならない。

処理が終了もしくはキャンセルされ、そして、アプリケーションがまだ終了していなければ、引数で渡したwhen_finished()コールバックを呼び出す。scale()メソッドの末尾に到達すると、スレッドは終了する。

```
def get_jobs(source, target):
    for name in os.listdir(source):
        yield os.path.join(source, name), os.path.join(target, name)
```

この小さなジェネレータget_jobs()関数は、ソース画像のパスとターゲット画像のパスのふたつの要素からなるタプルをyieldする。

```
Result = collections.namedtuple("Result", "name copied scaled")

def scale_one(size, sourceImage, targetImage, state):
    if state.value in {CANCELED, TERMINATING}:
        raise Canceled()
    oldImage = Image.Image.from_file(sourceImage)
    if state.value in {CANCELED, TERMINATING}:
        raise Canceled()
    if oldImage.width <= size and oldImage.height <= size:
        oldImage.save(targetImage)
        return Result(targetImage, 1, 0)
    else:
        scale = min(size / oldImage.width, size / oldImage.height)
        newImage = oldImage.scale(scale)
        if state.value in {CANCELED, TERMINATING}:
            raise Canceled()
        newImage.save(targetImage)
        return Result(targetImage, 0, 1)
```

このscale_one()関数が実際のリサイズ処理（もしくはコピー）を行う。ここでは、cyImageモジュール（5.3節参照）もしくはImageモジュール（3.12節参照）が用いられる。各ジョブでは、Resultという名前付きのタプルを返すか、ユーザーがキャンセル

または終了した場合、Canceledというカスタム例外を発生させる。

　もし、読み込み・リサイズ・保存の途中でユーザーがキャンセルまたは終了しても、この関数は処理が完了するまでは停止しない。これは、キャンセルが実際に行われる前に、n枚の画像の読み込み・リサイズ・保存を待つ必要があるかもしれない、ということを意味する。ここで、nはプロセスプールのなかのプロセスの数である。キャンセルのできない高コストの処理の前に、キャンセルや終了を確認することは、アプリケーションの応答性をできる限り高めるうえで、我々にできる最善の方法である。

　結果が返される（もしくはCanceled例外が発生する）たびに、関連付けられているフューチャーが完了する。我々は各フューチャーにコーラブルを関連付けているから、そのコーラブルすなわちMain.Window.report_progress()メソッドが呼ばれる。

4.3.3　GUI上での進捗表示

　本節では、進捗をユーザーに報告するGUIメソッドを見ていく。ここで示すメソッドはimagescale/Main.pyから抜粋したものである。

　我々は複数のプロセスでフューチャーを実行しているから、ふたつ以上のreport_progress()が同時に呼ばれることがありそうである。しかし実際のところ、それは起こりえない。なぜなら、フューチャーに関連付けられたコーラブルは、その関連付けが行われたスレッド上――この場合、ワーカースレッド――で呼ばれ、そのようなスレッドは我々の場合ひとつしかないからである。理論上、このメソッドが同時に複数の場所で呼ばれることは起こりえない。しかし、これは実装上の詳細に依存しており、実践のうえでこの方法だけに頼るのは望ましくない。我々は高レベルの並行処理を望み、ロックなどの中レベルの機能は避けたいのは確かであるが、この場合、実際のところほかに方法がない。そのためここでは、ロックを作成することによって、report_progress()が常に逐次化されることを保証する。

```
ReportLock = threading.Lock()
```

　このロックReportLockはMain.pyで定義されており、ひとつのスレッドだけで使用できる。

```
        def report_progress(self, future):
            if self.state.value in {CANCELED, TERMINATING}:
                return
            with ReportLock:      # Window.report_progress()の呼び出しや、
```

```
        self.total += 1 # self.totalなどへのアクセスを逐次化する
        if future.exception() is None:
            result = future.result()
            self.copied += result.copied
            self.scaled += result.scaled
            name = os.path.basename(result.name)
            self.statusText.set("{} {}".format(
                    "Copied" if result.copied else "Scaled", name))
            self.master.update() # GUIの更新
```

この repoort_progress() メソッドはフューチャーが終了するときに、通常どおり終了する場合も例外を発生させて終了する場合も呼ばれる。ユーザーがキャンセルした場合は、いずれwhen_finished() メソッドによってユーザーインタフェースが更新されることになるので、ここではただリターンするだけである。ユーザーがアプリケーションを終了した場合は、アプリケーションが終了するときにウィンドウも閉じるので、ここでもユーザーインタフェースを更新する必要はない。

このメソッドのほとんどのパートは、ロックによって逐次化されている。そのため、もしふたつ以上のフューチャーが同時に終了した場合でも必ず、ロックされているパートはただひとつのフューチャーによって実行される。その他のフューチャーは、ロックが解放されるまでブロックされる（self.state.valueは同期された型であるから、ロックを考慮する必要はない）。ロックされた環境下では、処理をできる限り少なくして、他をブロックする時間を最小化したい。

ここでは、ジョブの総数をインクリメントする。もしフューチャーが例外を発生したら（たとえば、Canceled）、我々は何もしない。それ以外であれば、コピーされた回数とリサイズされた回数をインクリメントし（0と1、もしくは1と0のどちらかでインクリメントされる）、GUIのステータスラベルを更新する。ここで重要なのは、ロックを行っている状況でGUIを更新する、ということである。というのは、もしGUIの更新がふたつ以上の場所で並行的に行われたら予期せぬ挙動を起こすかもしれないが、ロックを行った状況でGUIを更新すれば、そのリスクを避けられるからである。

```
    def when_finished(self):
        self.state.value = IDLE
        self.configure(cursor="arrow")
        self.update_ui()
        result = "Copied {} Scaled {}".format(self.copied, self.scaled)
        difference = self.total - (self.copied + self.scaled)
        if difference: # ユーザがキャンセルした場合にTrueとなる
```

```
            result += " Skipped {}".format(difference)
        self.statusText.set(result)
        self.master.update() # GUIの更新
```

このwhen_finished()メソッドは、処理の終了時にワーカースレッドによって呼び出される。処理が完了したとき、およびキャンセルされたときには、このメソッドは呼び出されるが、ユーザーがアプリケーションを終了した場合には呼び出されない。このメソッドが呼び出されるのは、ワーカースレッドとそのプロセスが終了するときだけなので、ReportLockを使う必要はない。このメソッドは、アプリケーションの状態をIDLEに変更し、マウスカーソルの画像を通常に戻し、処理が完了したことを表示する。また、ユーザーがキャンセルしたかどうかを示すステータスラベルも表示する。

4.3.4 終了時の処理

並行処理を行うGUIプログラムを終了させることは、単純な問題ではない。最初に我々が行うべきなのは、すべてのワーカースレッド——そしてプロセス——の停止を試みることである。クリーンに終了させることで、ゾンビプロセスがリソース（たとえば、メモリなど）を消費したままにするのを回避できる。

終了操作については、imagescale/Main.pyモジュールのclose()メソッドで行う。

```
    def close(self, event=None):
        ...
        if self.worker is not None and self.worker.is_alive():
            self.state.value = TERMINATING
            self.update_ui()
            self.worker.join() # workerが終了するのを待つ
        self.quit()
```

もしユーザーが [Quit] ボタンをクリックする、もしくはウィンドウの閉じるボタンを押せば（もしくはOS X以外のOSでAlt+Qキーを押せば）、このclose()メソッドが呼ばれる。このメソッドはユーザー設定を保存し（ここでは、そのコードは示さない）、ワーカースレッドがまだ動いているかどうか（つまり、リサイズ処理の途中でユーザーが終了したかどうか）を確認する。もしそうであれば、アプリケーションの状態をTERMINATINGに設定し、ユーザーインタフェースを更新することで、処理がキャンセル中であることをユーザーに示す。アプリケーションの状態の変更はワーカースレッドによって検知され（ワーカースレッドは定期的にその状態を確認している）、すぐに処

理を停止する。`threading.Thread.join()`の呼び出しは、ワーカースレッドが終了するまでブロックされる。もし待たずに終了したならば、ゾンビプロセス（メモリを消費するが、有益なことは一切行わないプロセス）を残したままになってしまうかもしれない。最後に、`tkinter.ttk.Frame.quit()`を呼び出し、アプリケーションを終了する。

このImageScaleアプリケーションによって、マルチプロセスとマルチスレッドを組み合わせて、ユーザーへの応答性を保ったまま、並行処理を行うGUIアプリケーションが作れることを示した。また、このアプリケーションのアーキテクチャは、処理の進捗報告とキャンセルにも対応している。

* * * * * * * * * * * * * * *

スレッドセーフなキューやフューチャーなどの高レベルな並行処理の機能を使って ── そして、ロックなどの中レベルな機能を避けて ── 並行プログラムを書くことは、低・中レベルな機能を使って書くのと比べてきわめて簡単である。それでもやはり、並行処理でパフォーマンスを向上させるためには注意が必要である。たとえばPythonでは、CPUバウンドな処理をマルチスレッドで行ってはならないなど、注意する点はいくつもある。

また、変更可能な共有データの取り扱いにも注意しなければならない。できることならば、変更不可能なデータを常に渡すようにするか（たとえば、数や文字列）、たとえ変更可能だとしてもその変更に意味がないようなデータ（たとえば、並行処理の前に書き込みが完了しているデータ）だけを渡すようにするか、または変更可能なデータをディープコピーするようにしたほうがよい。しかし、ImageScaleのケーススタディで示したように、場合によっては変更可能な共有データが必要なときがある。幸いにも、`multiprocessing.Value`（または`multiprocessing.Array`）を用いることで、明示的にロックをすることなく、データ共有が可能である。また別の方法として、独自のスレッドセーフなクラスを作ることもできる。その例については、6.2.1.1節で見ていく予定である。

5章
Pythonの拡張

Pythonは、ほとんどのプログラムで十分な速度で動作する。もしそうでない場合であっても、前章で見たように、並行処理によって満足のいく速度を得られる場合はよくある。しかし時には、さらに高速な処理が求められる場合があるだろう。Pythonプログラムをさらに速くするための方法は3つある。

- JITコンパイラ（Just in Time compiler）を内蔵したPyPy（http://pypy.org/）を使う
- スピードが重視される処理には、C/C++を使う
- Python（またはCython）コードを、Cython[※1]を使ってCにコンパイルする

一度PyPyをインストールしたら、通常のCPythonインタープリタではなくPyPyインタープリタを用いて、Pythonプログラムを実行できる。これによって、時間のかかるプログラムをかなり高速化できる。ここで注意すべき点は、JITコンパイルによってランタイム処理は高速化されるが、JITコンパイルの処理自体にコストがかかる、ということである。そのため、ランタイム処理の短いプログラムでは、遅くなる可能性がある。

C/C++を使うためには——それが自分のコードであれ、サードパーティーのライブラリであれ——、C/C++コードの高速な処理から恩恵を受けられるようにするため、C/C++コードをPythonプログラムから利用できるようにする必要がある。C/C++コードを自分で書きたい人には、PythonのCインタフェース（https://docs.python.org/3/extending/）を直接使うというのが賢いやり方である。既存のC/C++コードを使用したい人には、そのための方法はいくつか存在する。ひとつの選択肢としては、C/C++

[※1] 最近ではNumba（http://numba.pydata.org/）やNuitka（http://nuitka.net/）など、新しいPythonコンパイラも登場してきている。

を取り入れてPythonのインタフェースを提供するラッパーを使う、という方法がある。ここでよく使われるツールは、SWIG (http://www.swig.org/) と SIP (http://www.riverbankcomputing.com/software/sip/intro) である。ほかには、boost::python(http://www.boost.org/doc/libs/1_58_0/libs/python/doc/) を使う方法がある。この分野の新たなツールとして、CFFI (C Foreign Function Interface for Python) がある (https://bitbucket.org/cffi/cffi)。このツールはまだ新しいにもかかわらず、PyPyに使われているという実績がある。

OS XやWindowsでのPythonの拡張

本節で示すコードはLinuxだけでテストを行ったが、OS XとWindowsでも正常に動作するはずである（多くのctypesやCythonプログラマーにとっては、OS XやWindowsは主要な開発プラットフォームである）。しかし、OSによっては、専用の調整が必要になるかもしれない。というのは、ほとんどのLinuxシステムでは実行中のコンピュータに適したワード長を用いるようにパッケージされたGCCコンパイラとシステムライブラリを使用しているのに対して、OS XやWindowsではより複雑な（または、少なくともLinuxとは多少異なる）状況であることが多いからである。

OS XとWindowsでは、Pythonをビルドするのに用いたコンパイラとワード長（32または64ビット）は、外部の共有ライブラリ（.dylibまたは.DLLファイル）やCythonコードをビルドするときに用いたものと一致させる必要がある。OS Xでは、コンパイラはGCCかもしれないが、最近ではClangであることが多い。Windowsでは、なんらかのバージョンのGCCかMicrosoftから販売されている商用のコンパイラであるかもしれない。さらに、OS XとWindowsでは共有ライブラリがシステム全体で共有されずにアプリケーションディレクトリに置かれ、ヘッダーファイルを別個に取得する必要があるかもしれない。そのため、ここではOSやコンパイラ依存の設定に関する情報を大量に解説したりはしない（そのような情報は、新しいOSとコンパイラの登場とともに、すぐに時代遅れとなるだろう）。その代わりに、ctypesやCythonをどのように使うか、ということに焦点を当て、Linux以外の読者においては、それらの技術を使用する準備ができた段階で、各自でそのシステムに必要な設定を行ってもらいたい。

これまでに述べた手法やツールはすべて検討する価値のあるものであるが、本章ではふたつの技術だけを取り上げる。それは、Python標準ライブラリの一部に含まれるctypesパッケージ (https://docs.python.org/3/library/ctypes.html) とCython (http://cython.org/) である。両方とも、自分もしくはサードパーティーのC/C++コードのために、Pythonのインタフェースを提供する。さらに、Cythonでは、PythonとCythonの両方のコードをCへコンパイルすることも可能だ。これによりパフォーマンスを向上でき、時として劇的な結果になる。

5.1 ctypesによるCライブラリへのアクセス

標準ライブラリのctypesパッケージを用いれば、C/C++（または、Cの呼び出し規約が使える任意のコンパイル型言語）で書かれ、スタンドアローンの共有ライブラリ (Linuxでは.so、OS Xでは.dylib、Windowsでは.DLL) へとコンパイルされた自作またはサードパーティーの関数へアクセスできる。

本節と5.2.1節のために、共有ライブラリにあるCの関数へPythonからアクセスするモジュールを作成する。我々が使用するライブラリはlibhyphen.soである（システムによってはlibhyphen.uno.soという名前になる。コラム「OS XやWindowsでのPythonの拡張」も参照）。このライブラリは通常、OpenOffice.orgやLibreOfficeと一緒に提供される。このライブラリの関数には、単語を与えると、その単語のなかでハイフネーション[※1]できる箇所すべてにハイフンを入れたものを生成する。その関数は単純なことを行っているように思えるが、使用方法はとても複雑である（そのため、ctypesを用いる例としては理想的である）。ハイフネーションを行う処理に関して、我々が使用する関数は3つある。ひとつ目はハイフネーション用の辞書を読み込むためのもの、ふたつ目はハイフネーションを行うためのもの、そして3つ目は終了時にリソースを解放するためのものである。

ctypesの一般的な使い方は、メモリにライブラリを読み込み、我々が使いたい関数を参照し、必要に応じてその関数を呼び出す、というフローになる。Hyphenate1.pyモジュールはこのフローに従っている。それでは、このモジュールがどのように使われるかを見ることから始めよう。次に示す例は、Pythonプロンプト（IDLEなど）の対話

※1 訳注：欧文の単語が行末で切れて2行に分かれしまう場合に、単語を「-」（ハイフン）で分割して次行に続けること。

モードで起動したセッションである。

```
>>> import os
>>> import Hyphenate1 as Hyphenate
>>>
>>> # hyph*.dicファイルを参照する
>>> path = "/usr/share/hyph_dic"
>>> if not os.path.exists(path): path = os.path.dirname(__file__)
>>> usHyphDic = os.path.join(path, "hyph_en_US.dic")
>>> deHyphDic = os.path.join(path, "hyph_de_DE.dic")
>>>
>>> # 辞書を何度も指定する必要がないようにラッパーを作成する
>>> hyphenate = lambda word: Hyphenate.hyphenate(word, usHyphDic)
>>> hyphenate_de = lambda word: Hyphenate.hyphenate(word, deHyphDic)
>>>
>>> # 先のラッパーを使用する
>>> print(hyphenate("extraordinary"))
ex-traor-di-nary
>>> print(hyphenate_de("außergewöhnlich"))
außerge-wöhn-lich
```

我々がモジュールの外から呼び出す唯一の関数はHyphenate1.hyphenate()であり、この関数はCのライブラリ（libhyphen.so）に含まれるハイフネーション関数を用いる。モジュールの内部では、いくつかのプライベート関数がライブラリの関数にアクセスする。ちなみに、ハイフネーションの辞書では、オープンソースの$\TeX$組版システムでのフォーマットが使用される。

すべてのコードはHyphenate1.pyモジュールにある。ライブラリに含まれる関数のなかで、我々が必要とするのは次の3つである。

```
HyphenDict *hnj_hyphen_load(const char *filename);

void hnj_hyphen_free(HyphenDict *hdict);

int hnj_hyphen_hyphenate2(HyphenDict *hdict, const char *word,
    int word_size, char *hyphens, char *hyphenated_word, char ***rep,
    int **pos, int **cut);
```

この構文はヘッダーファイルhyphen.hから引用した。C/C++において、「*」はポインタを表す。ポインタはメモリブロック——つまり、バイトの連続したブロック——のメモリアドレスを保持する。そのブロックは1バイトの大きさかもしれないが、任意のサイズ——たとえば、64ビット整数のための8バイト——になりえる。文字列は通常1

文字あたり1から4バイトを占め (そのサイズはメモリ内のエンコーディングに依存する)、それに加えて決まったオーバーヘッドが加算される。

ひとつ目の関数hnj_hyphen_load()は、charのブロックへのポインタとして渡されるファイル名を受け取る。このファイルはTEXフォーマットのハイフネーション辞書でなければならない。hnj_hyphen_load()関数は、HyphenDict structへのポインタを返す。HyphenDict structは複合オブジェクトであり、Pythonのクラスインスタンスに似ている。幸いにも、我々はHyphenDictのポインタを渡すだけであるから、その中身について何も知る必要はない。

C言語の文字列——つまり、文字またはバイトのブロックへのポインタ——を受け取る関数は通常、次のふたつのアプローチのどちらかをとる。ひとつは、ポインタだけを受け取る方式であり、この場合は最後のバイトが0x00 ('\0')であることが期待される (つまり、最後の文字がnullの文字列を渡す必要がある)。もうひとつは、ポインタとバイト数を受け取る方式である。hnj_hyphen_load()はポインタだけを受け取るため、文字列はnullで終わる必要がある。このあと見ていくように、ctypes.create_string_buffer()関数にstrを渡せば、同じ内容でnull終端されたC言語文字列を返す。

ハイフネーション辞書を読み込んだら、最終的には自分で解放しなければならない (もし忘れたならば、無駄にメモリを占有したままになる)。ふたつ目の関数であるhnj_hyphen_free()は、HyphenDictポインタを受け取り、それに関連したリソースを解放する。この関数の戻り値はない。一旦解放したら、Pythonのdelで削除した変数を再度使用できないのと同じで、そのポインタは使えなくなる。

3つ目の関数であるhnj_hyphen_hyphenate2()は、ハイフネーションを行う関数である。引数のhdictは、hnj_hyphen_load()で返されたHyphenDictへのポインタである (このポインタはhnj_hyphen_free()によってまだ解放されていないものとする)。wordはハイフネーションしたい単語であり、UTF-8でエンコードされたバイトブロックへのポインタとして渡す。word_sizeは、そのブロックのバイト数である。hyphensはバイトブロックへのポインタであり、我々はこれを使用しないが、この関数を正しく動作させるためには有効なポインタを渡す必要がある。hyphenated_wordはバイトブロックへのポインタである——そのブロックには、オリジナルのUTF-8でエンコードされた単語にハイフンが挿入されたものが保持されるため、それを保持できるだけの長さが必要である (実はこのライブラリは「=」をハイフンとして挿入する)。この

ブロックの各バイトは0x00にするべきである。repはバイトブロックへのポインタのポインタのポインタである。我々はこれを必要としないが、やはり有効なポインタを渡さなければならない。posとcutはintへのポインタのポインタであり、これらも必要ではないが、有効なポインタを渡さなければならない。この関数の戻り値はブール型であり、1は失敗、0は成功を表す。

　ラップしたい関数がわかったので、Hyphenate1.pyモジュールのコードを見ていくことにする。ハイフネーションの共有ライブラリを見つけて、それを読み込む箇所から始める。

```
class Error(Exception): pass

_libraryName = ctypes.util.find_library("hyphen")
if _libraryName is None:
    _libraryName = ctypes.util.find_library("hyphen.uno")
if _libraryName is None:
    raise Error("cannot find hyphenation library")
_LibHyphen = ctypes.CDLL(_libraryName)
```

　まず、このモジュールを使用するユーザーのために、例外クラスのHyphenate1.Errorを定義する。こうすれば、このモジュールに関連した例外とValueErrorのような一般的な例外を区別できる。ctypes.util.find_library()関数は、共有ライブラリを探すために用いる。Linuxでは、与えられた名前の前にlibを置き、その後ろに.soを付け加えた名称、つまりlibhyphen.soを、いくつかある標準ディレクトリから探し出す。OS Xではhyphen.dylibを、Windowsではhyphen.dllという名前になる。このライブラリは、時にはlibhyphen.uno.soと呼ばれることがあるので、オリジナルの名前で見つからなければ別の名前で探す。それでも見つからない場合は、例外を発生させ、探索をあきらめる。

　もしライブラリが見つかれば、ctypes.CDLL()関数を用いてライブラリをメモリに読み込み、プライベート変数の_LibHyphenがこれを参照する。もしWindows専用のインタフェースにアクセスするWindowsプログラムを書くのであれば、ctypes.OleDLL()やctypes.WinDLL()といった関数を使って、Windows APIのライブラリを読み込むことも可能である。

　ライブラリが読み込まれたら、そのなかで興味のある関数のためにPythonラッパーを作成できる。一般的な方法は、ライブラリの関数をPython変数に割り当て、続いて、引数の型（ctypes型のリスト）と戻り値の型（単一のctypes型）を指定する、という

方法である。

　引数や戻り値の型を誤ったとしたら、そのプログラムはクラッシュするだろう。その点に関して、CFFIパッケージ（https://bitbucket.org/cffi/cffi）はctypesよりもロバストであり、PyPyインタープリタとの相性もよい。

```
_load = _LibHyphen.hnj_hyphen_load
_load.argtypes = [ctypes.c_char_p] # const char *filename
_load.restype = ctypes.c_void_p # HyphenDict *
```

　ここでは、プライベートなモジュール関数である_load()を作る。これを呼ぶと、実際には内部でハイフネーションライブラリのhnj_hyphen_load()関数が呼ばれることになる。ライブラリの関数への参照を設定したならば、引数と戻り値についても指定しなければならない。この例では引数はひとつだけであり（Cの型で表すとconst char *）、ctypes.c_char_p（"Cのcharのポインタ"）を使って直接表している。この関数はHyphenDict structへのポインタを返す。これに対応するための方法のひとつは、ctypes.Structureを継承してその型を表すクラスを作成することである。しかし、我々はこのポインタを他者に渡す必要はあるが、ポインタの参照先へアクセスすることはないので、ここでは単に戻り値としてctypes.c_void_p（"Cのvoidポインタ"）を指定する。ctypes.c_void_pは任意の型を指せる。

　上の3行（そして、ライブラリの探索と読み込みを行うためのコード）によって、ハイフネーションの辞書を読み込むためのメソッド_load()が完成した。

```
_unload = _LibHyphen.hnj_hyphen_free
_unload.argtypes = [ctypes.c_void_p]   # HyphenDict *hdict
_unload.restype = None
```

　上のコードは、前のものと同じ形式である。hnj_hyphen_free()関数は、引数としてHyphenDict structへのポインタをひとつ受け取るが、そのポインタは渡すだけであるから、voidポインタを指定しても問題ない。また、この関数の戻り値はない。そのため、restypeにはNoneを指定する（restypeを指定しなければ、関数はintを返すものとする）。

```
_int_p = ctypes.POINTER(ctypes.c_int)
_char_p_p = ctypes.POINTER(ctypes.c_char_p)

_hyphenate = _LibHyphen.hnj_hyphen_hyphenate2
_hyphenate.argtypes = [
```

```
            ctypes.c_void_p,       # HyphenDict *hdict
            ctypes.c_char_p,       # const char *word
            ctypes.c_int,          # int word_size
            ctypes.c_char_p,       # char *hyphens [not needed]
            ctypes.c_char_p,       # char *hyphenated_word
            _char_p_p,             # char ***rep [not needed]
            _int_p,                # int **pos [not needed]
            _int_p]                # int **cut [not needed]
    _hyphenate.restype = ctypes.c_int # int
```

上のコードは、ラップする必要のある関数のなかでもっとも複雑な関数である。引数のhdictはHyphenDict structへのポインタであり、ここではCのvoidポインタとして指定する。そして、ハイフネーションされる対象のwordを、Cのcharへのポインタとして使うために、バイトブロックへのポインタとして渡す。これに続いて、バイトの個数であるword_sizeを整数（ctypes.c_int）で指定し、hyphenated_wordを再びCのcharへのポインタとして指定する。char（バイト）へのポインタのポインタを表す型は、組み込みでは用意されていないため、ここでは_char_p_pという型を定義する。これと同様のことを、次のふたつの要素であるintへのポインタのポインタに対しても行う。

厳密に言えば、この関数の戻り値の型はintであるから、restypeを指定する必要はないが、明示的に指定するほうが好まれるだろう。

このモジュールを使用するユーザーが、その低レベルの詳細を知らなくても使えるようにするために、我々はハイフネーションライブラリの関数のためにプライベートなラッパー関数を作成したい。この目的を達成するために、hyphenate()というパブリック関数をひとつ作成する。この関数は、ハイフネーションを行いたい単語とハイフネーションの辞書、そしてハイフンに用いる文字を引数として受け取る。効率化のため、同じハイフネーション辞書は一度だけ読み込むことにする。そして、当然ながら、読み込んだハイフネーション辞書はすべて、プログラムの終了時に解放される。

```
    def hyphenate(word, filename, hyphen="-"):
        originalWord = word
        hdict = _get_hdict(filename)
        word = word.encode("utf-8")
        word_size = ctypes.c_int(len(word))
        word = ctypes.create_string_buffer(word)
        hyphens = ctypes.create_string_buffer(len(word) + 5)
        hyphenated_word = ctypes.create_string_buffer(len(word) * 2)
        rep = _char_p_p(ctypes.c_char_p(None))
```

```
            pos = _int_p(ctypes.c_int(0))
            cut = _int_p(ctypes.c_int(0))
            if _hyphenate(hdict, word, word_size, hyphens, hyphenated_word, rep,
                    pos, cut):
                raise Error("hyphenation failed for '{}'".format(originalWord))
            return hyphenated_word.value.decode("utf-8").replace("=", hyphen)
```

このhypenate()関数は、引数として渡された単語をエラーメッセージでも使用できるようにするため、その参照を保持することから始める。そして、ハイフネーション辞書を取得する。ここで、プライベート関数の_get_hdict()は、与えられたファイル名に対応するHyphenDict structへのポインタを返す。その辞書がすでに読み込まれていれば、そのポインタを返す。そうでない場合に限り辞書の読み込みを行い、あとで利用するためにポインタを保持する。

このハイフネーション関数に渡す単語は、UTF-8でエンコードされたバイトブロックでなければならないが、それにはstr.encode()メソッドを使えばよい。そして、その単語が占有するバイト数も渡す必要がある。そのためには、バイト数を計算し、PythonのintからCのintへの変換を行う。Pythonの生のbytesオブジェクトをCの関数に渡すことはできないため、ここではその単語のバイトを含む文字列バッファ（実際はCのcharのブロック）を作る。ctypes.create_string_buffer()は、bytesオブジェクトまたは与えられたサイズを元に、Cのcharのブロックを作る。我々は引数のhyphensを使わないが、ドキュメントに従って、これを適切に準備する――ドキュメントによれば、それはCのcharのブロックへのポインタで、ブロックの長さはその単語の長さより5バイト以上大きくなければならない。そこで、この条件に適合したcharのブロックを作る。ハイフネーションされた単語は、_hyphenate()へ渡されたCのcharのブロック (hypenated_word) に格納されるため、十分なブロックサイズを確保しなければならない。ドキュメントでは、単語の2倍のサイズを用意することが推奨されている。

そのほかの引数のrep、pos、cutを我々は使わないが、適切な値を渡さなければ、関数は正常に動作しない。repは「Cのcharへのポインタのポインタのポインタ」であるから、最初に空のブロックへのポインタを作り、そして、このポインタをrepへのポインタのポインタに割り当てる。posとcutについては、値が0の整数へのポインタのポインタとして作成する。

すべての引数の準備ができたら、プライベート関数の_hyphenate()を呼び出し（そ

の内部では、ハイフネーションライブラリのhnj_hyphen_hyphenate2()関数が呼ばれる)、その関数が0以外の値を返したならば(つまり、失敗したなら)、例外を発生させる。そうでなければ、valueプロパティ(null終端つまり最後のバイトが0x00のbytes)を使って、ハイフネーションされた単語から生のbytesを抜き出す。そして、そのバイトをUTF-8でstrへデコードして、ハイフネーションライブラリでのハイフンである「=」を、ユーザーが指定したハイフン(デフォルトは「-」)で置き換える。その文字列が、hyphenate()関数の実行結果として返される。

なお、null終端の文字列ではなく、char *とサイズを使うCの関数では、valueプロパティではなくrawプロパティを使って、そのバイトにアクセスできる。

```
_hdictForFilename = {}

def _get_hdict(filename):
    if filename not in _hdictForFilename:
        hdict = _load(ctypes.create_string_buffer(
            filename.encode("utf-8")))
        if hdict is None:
            raise Error("failed to load '{}'".format(filename))
        _hdictForFilename[filename] = hdict
    hdict = _hdictForFilename.get(filename)
    if hdict is None:
        raise Error("failed to load '{}'".format(filename))
    return hdict
```

この_get_hdict()はプライベートなヘルパー関数であり、すでに読み込まれている辞書を再利用しながら、HyphenDict structへのポインタを返す。

ファイル名が_hdictForFilename辞書になければ、それは新しいハイフネーション辞書であるから、読み込む必要がある。ファイル名はCのconst char *(変更不可能な文字列のポインタ)で渡されるため、ctypes文字列のバッファとして直接生成して渡せる。もし_load()関数がNoneを返せば、例外を発生させる。それ以外の場合では、後ほど利用するために、辞書へのポインタを保持する。

最後に、ハイフネーション辞書を新規に読み込んだかどうかにかかわらず、この辞書に対応するポインタの取得を試み、それを返す。

```
def _cleanup():
    for hyphens in _hdictForFilename.values():
        _unload(hyphens)

atexit.register(_cleanup)
```

辞書の_hdictForFilenameは、これまでに読み込んだハイフネーション辞書へのポインタをすべて保持している。我々はプログラムを終了する前に、そのすべてを解放しなければならない。このために、プライベートな_cleanup()関数を定義する。この_cleanup()関数は、ひとつひとつのハイフネーション辞書のポインタに対して、プライベートな_unload()関数の呼び出しを行う（その内部では、ハイフネーションライブラリのhnj_hyphen_free()関数が呼び出される）。_hdictForFilename辞書を削除する必要はない。というのは、_cleanup()が呼ばれるのは、プログラムの終了時だけだからである（ディクショナリはこの時点で削除される）。標準ライブラリのatexitモジュールのregister()関数を使って、_cleanup()を「終了時 (at exit)」の関数として登録することで、終了時の呼び出しを保証する。

以上で、ハイフネーションライブラリの関数にアクセスするためのモジュールと、hyphenate()関数を提供するために必要なコードはすべて見てきたことになる。ctypesの使用には注意が必要だが（たとえば、引数の型の指定や引数の初期化など）、C/C++の機能性をPythonプログラムに融合でき、新たな可能性が開かれる。ctypesの実用的な使い方のひとつとしては、スピードが求められるコードをC/C++で書き、そしてそのコードを共有ライブラリにするということが考えられる。そうすることによって、共有ライブラリをPythonから（ctypes経由で）使用でき、なおかつC/C++のプログラムからも直接使用できる。ctypesの別の主な使い方としては、サードパーティーの共有ライブラリにあるC/C++の機能にアクセスするということも可能である。ただしほとんどの場合、我々が興味のある共有のライブラリは、すでに（標準ライブラリのモジュール、またはサードパーティーのモジュールとして）Pythonでラップされているだろう。

ctypesモジュールは、ここで述べたきた以外にも、さらに多くの洗練された機能を持っている。CFFIやCythonに比べると、その使い方が難しいが、ctypesモジュールはPythonに標準で用意されているため、より利便性が高いと言えるかもしれない。

5.2　Cythonの使用

Cython (http://cython.org/) のウェブサイトによると、Cythonは「Python言語のC拡張をPythonのプログラムと同じくらい簡単に書ける」プログラミング言語と説明されている。Cythonは3つの方法で利用できる。ひとつ目は、C/C++のコードをラップするという方法である。これはctypesの場合と同じであるが、Cythonを使ったほ

うが断然簡単であり、特にC/C++に慣れ親しんだ人にとってはその敷居ははるかに低い。ふたつ目は、自分で書いたPythonコードを高速なCへとコンパイルするという方法である。そのためには、モジュールの拡張子を.pyから.pyxに変更し、これをコンパイルする。CPUバウンドなコードであれば、この方法だけで処理速度を2倍にすることは十分に可能である。3つ目の方法はふたつ目と似ている。唯一の違いは、コードを.pyxファイル内に残す代わりに、それをcythonizeするという点である。cythonizeとは、つまり、Cythonによって提供される言語拡張を活用し、はるかに効率的なCのコードへコンパイルすることである。これによって、CPUバウンドな処理であれば、100倍以上の高速化を達成できる。

5.2.1　Cythonを使ったCライブラリへのアクセス

　本節ではHyphenate2モジュールを作成する。このモジュールは、前節で作成したHyphenate1モジュールとまったく同じ機能であり、唯一の違いはctypesではなくCythonを使う点にある。ctypes版ではファイルはHyphenate1.pyのひとつだけであった。一方Cython版では、ディレクトリを作る必要があり、そこに4つのファイルを置く。

　我々が必要とするファイルのひとつ目はHyphenate2/setup.pyである。この小さなインフラストラクチャ用のファイルには、ハイフネーションライブラリがどこにあり、何をビルドすべきかをCythonに教えるための一文が含まれる。ふたつ目のファイルはHyphenate2/__init__.pyである。このファイルは利便性のために用意されており、パブリック関数のHyphenate2.hyphenate()と例外のHyphenate2.Errorをエクスポートするための一文が含まれる。3つ目のファイルはHyphenate2/chyphenate.pxdである。このとても小さなファイルは、ハイフネーションライブラリとそのなかに存在する関数について、Cythonに伝えるために用いられる。4つ目のファイルはHyphenate2/Hyphenate.pyxである。これは、パブリック関数のhyphenate()とそのプライベートなヘルパー関数を実装するために使用するCythonモジュールである。これから、これらのファイルを順に見ていくことにする。

```
distutils.core.setup(name="Hyphenate2",
        cmdclass={"build_ext": Cython.Distutils.build_ext},
        ext_modules=[distutils.extension.Extension("Hyphenate",
            ["Hyphenate.pyx"], libraries=["hyphen"])])
```

上のコードが`Hyphenate2/setup.py`のすべてである（ただし、インポート部分は除く）。ここでは、Pythonの`distutils`パッケージ[※1]を使用している。`name`は省略可能である。`cmdclass`は上記のように与える必要がある。`Extension()`に与える最初の文字列は、コンパイルされたモジュールに付けたい名前である（たとえば、`Hyphenate.so`）。それに続いて、コンパイルすべきコードを含んだ`.pyx`ファイルのリストが指定される。そして、外部のCライブラリまたはC++ライブラリのリスト（省略可能）が続く。今回のコードでは、もちろんhyphenライブラリが必要である。

拡張モジュールをビルドするには、すべてのファイルを含むディレクトリ内で、次のコマンドを実行する。

```
$ cd pipeg/Hyphenate2
$ python3 setup.py build_ext --inplace
running build_ext
cythoning Hyphenate.pyx to Hyphenate.c
building 'Hyphenate' extension
creating build
creating build/temp.linux-x86_64-3.3
...
```

複数のPythonインタープリタがインストールされている場合は、使用したいインタープリタへの絶対パスを指定すべきである。Python 3.1であれば、`Hyphenate.so`を生成するが、それより上のバージョンでは、バージョンごとの共有ライブラリが生成される――たとえば、Python 3.3では`Hyphenate.cpython-33m.so`といったように。

```
from Hyphenate2.Hyphenate import hyphenate, Error
```

`Hyphenate2/__init__.py`は、上のコードだけからなる。コードは小さいが、ユーザーにとっての利便性は向上する。たとえば、`import Hyphenate2 as Hyphenate`と組み合わせると、`Hyphenate.hyphenate()`というコードでHypenateモジュールの関数を使えるようになる。もしこのファイルがなければ、`import Hyphenate2.Hyphenate as Hyphenate`のような`import`ステートメントを書かなければならないだろう。

※1　distributeパッケージは、0.6.28以上のバージョンをインストールするのがよいだろう。もしくは、setuptoolsパッケージの0.7以上をインストールしたほうがさらによい（http://python-packaging-user-guide.readthedocs.org/）。最近では、サードパーティーのパッケージ（本書で使用するいくつかを含む）のインストールにはパッケージツールがよく使われる。

```
cdef extern from "hyphen.h":
    ctypedef struct HyphenDict:
        pass

    HyphenDict *hnj_hyphen_load(char *filename)
    void hnj_hyphen_free(HyphenDict *hdict)
    int hnj_hyphen_hyphenate2(HyphenDict *hdict, char *word,
            int word_size, char *hyphens, char *hyphenated_word,
            char ***rep, int **pos, int **cut)
```

　上記はHyphenate2/chyphenate.pxdのコードである。Cythonコードから外部の C/C++共有ライブラリへアクセスするときは必ず、.pxdファイルが必要である。

　ここでは最初の行で、我々がアクセスしたい関数と型の宣言が含まれるC/C++ヘッダーファイルの名前を宣言する。続いて、その関数と型を宣言する。Cythonには、C/C++のstructの詳細をすべて記述することなく、structを参照するための便利な方法が提供されている。その方法を使用できるのは、structへのポインタだけを渡し、そのフィールドに直接アクセスしないという場合に限られる。しかし、そのようなケースは一般的であり、ハイフネーションライブラリの場合もそれに該当する。関数の宣言は、基本的にC/C++のヘッダーファイルからのコピーである——ただし、元のステートメントから、行末セミコロンを取り除かなければならない。

　Cythonはこの.pxdファイルを使うことによって、我々のコンパイルされたCythonコードと、.pxdファイルが参照する外部ライブラリとの間にCによるブリッジを作る。

　これでsetup.py、__init__.py、chyphenate.pxdの3つのファイルが完成したので、最後のHyphenate.pyxを作る準備が整った。このファイルはCythonコード——つまり、Cython拡張を含んだPython——が含まれる。ここではimportステートメントから始めて、関数をひとつずつ見ていくことにする。

```
import atexit
cimport chyphenate
cimport cpython.pycapsule as pycapsule
```

　プログラムの終了時に読み込んだハイフネーション辞書を確実に解放するために、標準ライブラリのatexitモジュールが必要である。

　Cythonファイルでは、importを使って通常のPythonモジュールをインポートできる。また、cimportを使ってCythonの.pxdファイル（外部Cライブラリのラッパー）をインポートすることもできる。ここではchyphenate.pxdをchyphenateモジュー

ルとしてインポートする。そうすることで、chyphenate.HyphenDictという型とハイフネーションライブラリにある3つの関数が提供される。

ここでは、キーがハイフネーション辞書のファイル名で、値がchyphenate.HyphenDictへのポインタであるPythonのディクショナリを我々は作成したい。Pythonのディクショナリはポインタを格納できない（ポインタはPythonの型ではない）が、幸いにも、Cythonにはpycapsuleという解決策が用意されている。このCythonモジュールpycapsuleは、Pythonオブジェクト内のポインタをカプセル化できる。もちろん、カプセル化されたオブジェクトはPythonのコレクションに格納できる。このあと見ていくように、pycapsuleはPythonオブジェクトからポインタを抽出する方法も提供する。

```
def hyphenate(str word, str filename, str hyphen="-"):
    cdef chyphenate.HyphenDict *hdict = _get_hdict(filename)
    cdef bytes bword = word.encode("utf-8")
    cdef int word_size = len(bword)
    cdef bytes hyphens = b"\x00" * (word_size + 5)
    cdef bytes hyphenated_word = b"\x00" * (word_size * 2)
    cdef char **rep = NULL
    cdef int *pos = NULL
    cdef int *cut = NULL
    cdef int failed = chyphenate.hnj_hyphen_hyphenate2(hdict, bword,
            word_size, hyphens, hyphenated_word, &rep, &pos, &cut)
    if failed:
        raise Error("hyphenation failed for '{}'".format(word))
    end = hyphenated_word.find(b"\x00")
    return hyphenated_word[:end].decode("utf-8").replace("=", hyphen)
```

このhypenate()関数は、前節で作成したctypes版と同じ構造をしている。もっとも明らかな違いは、すべての引数と変数の型を明示的に与えている点である。このことはCythonでは必須ではないが、パフォーマンス向上のための最適化が可能になる。

hdictはHyphenDict structへのポインタであり、bwordはハイフネーションしたい単語がUTF-8でエンコードされたバイトである。word_sizeの整数は簡単に作れる。実際に使用することのないhyphensについても、十分な大きさのあるバッファ（Cのcharのブロック）を作らなければならない。そのため、必要なサイズの分だけnullバイトを繰り返してバッファのバイト列を生成する。hyphenated_wordバッファも同じ方法で生成する。

引数のrep、pos、cutは使用しないが、それらを適切に渡さなければ、その関数は

動作しない。この3つの引数は、Cポインタの構文（cdef char **repなど）を使って、実際に必要なポインタの階層数よりもひとつ少なく作成する。そして、これらの関数を呼び出すときに、Cのアドレス演算子（&）を使ってアドレスを渡す。そうすることで、一段階深い参照を行える。これらの引数は、たとえnullを参照するとしてもポインタ自体はnullであってはならないため、Cのnullポインタ（NULL）を渡すことはできない。Cでは、NULLは何も参照しないポインタである。

すべての引数が適切に初期化されると、Cythonのchyphenateモジュールによって（実際にはchyphenate.pxdファイルから）エクスポートされた関数を呼び出す。もしハイフネーションに失敗したら、Pythonの通常の例外を発生させる。もしハイフネーションに成功したら、ハイフネーションされた単語を返す。hyphenated_wordバッファを最初のnullバイトまで切り取り、その切り取ったバイトをUTF-8としてstrにデコードし、そして最後に、ハイフネーションライブラリの「=」を指定されたハイフン文字（デフォルトは「-」）で置き換える。

```
_hdictForFilename = {}

cdef chyphenate.HyphenDict *_get_hdict(
        str filename) except <chyphenate.HyphenDict*>NULL:
    cdef bytes bfilename = filename.encode("utf-8")
    cdef chyphenate.HyphenDict *hdict = NULL
    if bfilename not in _hdictForFilename:
        hdict = chyphenate.hnj_hyphen_load(bfilename)
        if hdict == NULL:
            raise Error("failed to load '{}'".format(filename))
        _hdictForFilename[bfilename] = pycapsule.PyCapsule_New(
                <void*>hdict, NULL, NULL)
    capsule = _hdictForFilename.get(bfilename)
    if not pycapsule.PyCapsule_IsValid(capsule, NULL):
        raise Error("failed to load '{}'".format(filename))
    return <chyphenate.HyphenDict*>pycapsule.PyCapsule_GetPointer(capsule,
            NULL)
```

このプライベート関数_get_hdict()は、defではなくcdefを使って定義されている。これは、その関数はPythonの関数ではなく、Cythonの関数であることを意味する。cdefのあとに関数の戻り値の型を指定する。この場合はchyphenate.HyphenDictへのポインタである。そして、いつもどおり、その関数に名前を与え、続いて引数を（通常は型とともに）記述する。今回は、引数はfilenameだけである。

戻り値の型はPythonオブジェクトではなくポインタであるから、普通のやり方では、

関数の呼び出し側に例外を報告できない。実際、いかなる例外であっても警告メッセージが出力されるだけか、もしくは単に無視されることになるだろう。しかし、我々は、この関数がPythonの例外を送出できるようにしたい。これを行うために、例外の発生を示す戻り値を指定する。この場合は、chyphenate.HyphenDictへのnullポインタである。

　_get_hdict()関数では最初に、chyphenate.HyphenDictへのポインタ——その値はnull（何も参照しない）——を宣言する。そして、指定されたハイフネーション辞書のファイル名が_hdictForFilename dictのなかに存在するかどうかを確認する。もし存在しなければ、chyphenateモジュールを経由して提供しているハイフネーションライブラリのhnj_hyphen_load()を使って、新しいハイフネーション辞書を読み込む。読み込みに成功したら、nullでないchyphenate.HyphenDictポインタが返され、そのポインタをvoidポインタ（なんでも参照できる）へキャストし、新しいpycapsule.PyCapsuleを作成してポインタを格納する。<*type*>というCythonの構文は、あるCの型から別の型へキャストするために用いられる。たとえば、<int>(*x*)は、*x*という値（これは数値もしくはCのcharでなければならない）をCのintへ変換する。これはPythonのint(*x*)に似ている。ただし、Pythonの場合、*x*はPythonのintかfloat、もしくは数値を表すstr（たとえば、"123"）である必要があり、Pythonのintを返すという点が異なる。

　pycapsule.PyCapsule_New()のふたつ目の引数は、カプセル化されるポインタ（Cのchar *として）に与える名前であり、3つ目はデストラクタ関数へのポインタである。これらは両方とも必要ないため、nullポインタを設定する。ファイル名をキーとして、カプセル化されたポインタをディクショナリに格納する。

　そして最後に、この呼び出しでハイフネーションライブラリを読み込んだ場合もそうでない場合も、ライブラリへのポインタを含むカプセルを取得しようと試みる。カプセルと名前をpycapsule.PyCapsule_IsValid()に渡すことによって、そのカプセルが適切なポインタかどうか（つまり、nullでないか）を確認しなければならない。もしそのカプセルが適切であれば、pycapsule.PyCapsule_GetPointer()関数を用いてポインタを取り出す——ここでも再度、そのカプセルがnullとともに渡される。そして、そのポインタをvoidポインタからchyphenate.HyphenDictポインタへキャストして返す。

```
    def _cleanup():
        cdef chyphenate.HyphenDict *hdict = NULL
        for capsule in _hdictForFilename.values():
            if pycapsule.PyCapsule_IsValid(capsule, NULL):
                hdict = (<chyphenate.HyphenDict*>
                        pycapsule.PyCapsule_GetPointer(capsule, NULL))
                if hdict != NULL:
                    chyphenate.hnj_hyphen_free(hdict)

atexit.register(_cleanup)
```

プログラムが終了すると、atexit.registerで登録されたすべての関数が呼び出される。ここでは、我々のモジュールのプライベート関数である_cleanup()が呼び出される。この関数は、値がnullであるchyphenate.HyphenDictへのポインタを最初に宣言する。そして、ディクショナリ_hdictForFilenameの値をすべて列挙する。この値は、名前のないchyphenate.HyphenDictへのポインタを含んだカプセルである。nullポインタでない適切なカプセルに対しては、chyphenate.hnj_hyphen_free()関数が呼び出される。

ハイフネーションの共有ライブラリのためのCythonラッパーは、専用のディレクトリとサポート用の小さなファイルを3つ必要とする点を除くと、ctypes版のコードとよく似ている。既存のC/C++ライブラリにPythonからアクセスすることだけに興味があるのであれば、ctypesだけで事足りるが、Cython（またはCFFI）のほうが使いやすいと感じるプログラマーもいるだろう。しかし、Cythonはctypesにはない機能を備えている。それはCythonコード——つまり、拡張されたPython——を書けるという機能であり、高速なCへとコンパイルできる。これについては、次節で詳しく見ていくことにする。

5.2.2 Cythonモジュールによるさらなる高速化

ほとんどの場合、Pythonのコードは必要十分な速さで実行できるだろう。もしくは、外部の他の要因（たとえば、ネットワークのレイテンシなど）が制約となるため、一時しのぎの調整は必要ないだろう。しかし、CPUバウンドな処理においては、Pythonの構文とCythonの拡張機能を用いながら、高速なCコードへコンパイルできる。

最適化を行う前には、対象とするコードのプロファイルが必要である。多くのプログラムでは、コード中のわずかな箇所において、処理のほとんどの時間が費やされる。そのため、どれだけ最適化を行っても、対象が誤っていれば努力は無駄になる。プロファ

イルを行うことで、ボトルネックがどこにあるかを明確にでき、最適化を本当に必要とする箇所に集中して取り組める。また、最適化前後のプロファイルの結果から、どれだけの成果があったかを計測することもできる。

Imageモジュールのケーススタディ（3.12節）で述べたように、滑らかなスケーリングを行うメソッドscale()は高速ではない。本節では、このメソッドの最適化に取り組む。

```
Scaling using Image.scale()...
    18875915 function calls in 21.587 seconds
 ncalls  tottime  percall  cumtime  percall filename:lineno(function)
      1    0.000    0.000   21.587   21.587 <string>:1(<module>)
      1    1.441    1.441   21.587   21.587 __init__.py:305(scale)
 786432    7.335    0.000   19.187    0.000 __init__.py:333(_mean)
3145728    6.945    0.000    8.860    0.000 __init__.py:370(argb_for_color)
 786432    1.185    0.000    1.185    0.000 __init__.py:399(color_for_argb)
      1    0.000    0.000    0.000    0.000 __init__.py:461(<lambda>)
      1    0.000    0.000    0.002    0.002 __init__.py:479(create_array)
      1    0.000    0.000    0.000    0.000 __init__.py:75(__init__)
```

これが、scale()メソッドに対するプロファイル結果である（最適化できない組み込み関数は除く）。これは、2048×1536（3145728ピクセル）のカラー画像に対するリサイズ処理を対象に、標準ライブラリのcProfileを用いて計測した（この例で使用するプログラムはbenchmark_Scale.py）。結果を見ると、処理に21秒以上を要している。そして、_mean()、argb_for_color()、color_for_argb()の3つがボトルネックになっていることがわかる（argb_for_color()とcolor_for_argb()はスタティックメソッド）。

Cythonを使った場合と速度比較を行うため、最初のステップとしてscale()メソッドとそのヘルパーメソッド（_mean()など）をScale/Slow.pyモジュールにコピーして、これらを関数にする。そして、このコードをプロファイリングする。

```
Scaling using Scale.scale_slow()...
    9438727 function calls in 14.397 seconds
 ncalls  tottime  percall  cumtime  percall filename:lineno(function)
      1    0.000    0.000   14.396   14.396 <string>:1(<module>)
      1    1.358    1.358   14.396   14.396 Slow.py:18(scale)
 786432    6.573    0.000   12.109    0.000 Slow.py:46(_mean)
3145728    3.071    0.000    3.071    0.000 Slow.py:69(_argb_for_color)
 786432    0.671    0.000    0.671    0.000 Slow.py:77(_color_for_argb)
```

オブジェクト指向によるオーバーヘッドがなくなったおかげで、scale()関数が内

部で関数を呼び出す回数は半減した（1,800万回から900万回へ）が、それでも1.5倍の高速化しか達成できない。一方、対象とする関数を分離できたので、最適化されたCytnon版の関数を作成し、それと比較できる。

CythonのコードはScale/Fast.pyxモジュールにある。cProfileを使って、前のふたつのバージョンで使用した同じ画像へのリサイズ処理をプロファイリングする。

```
Scaling using Scale.scale_fast()...
      4 function calls in 0.114 seconds
ncalls  tottime  percall  cumtime  percall filename:lineno(function)
     1    0.000    0.000    0.114    0.114 <string>:1(<module>)
     1    0.113    0.113    0.113    0.113 Scale.Fast.scale
```

Scale.Fast.scale()メソッドはCにコンパイルされている。そのため、cProfileモジュールはこのメソッドの分析を行えない。しかし、それはどうでもよいことである。なぜなら、189倍も速くなっている。もちろん、1枚の画像を使った計測ではその結果の信頼性は乏しいが、多くの画像を使ってテストしたところによると、元の手法と比べて常に130倍を上回る高速化を達成できた。

この驚くべき高速化はさまざまなタイプの最適化を行った結果である。その最適化のうちいくつかはscale()関数やそのヘルパー関数を対象としたものであり、またいくつかは、より一般的に適用可能なものである。ここでは、Cythonのscale()関数のパフォーマンス向上に貢献したもっとも重要な最適化を示す。

- オリジナルのPythonファイル（Slow.py）をCythonファイル（Fast.pyx）へコピーすることで、処理速度が2倍速くなる。
- PythonのプライベートすべてCythonのC関数に変換することで、さらに3倍速くなる。
- Pythonの組み込み関数のround()ではなく、Cのlibcライブラリのround()関数を使うことで、さらに4倍速くなる[※1]。
- 配列ではなくメモリビューを渡すことで、さらに3倍速くなる。

さらに別の小さな最適化として、次の変更を行った——すべての変数で特定の型を用いる。Pythonのobjectではなくstructを渡す。小さな関数をインラインにする。

※1 これらのふたつの関数はふるまいが異なるため、常に交換可能というわけではない。しかし、scale()と_mean()関数で使用した限りでは、そのふるまいは同じである。

オフセットをあらかじめ計算しておくといった古典的な最適化を行う。

　Cythonによる劇的な効果を見てきたので、そのコードであるFast.pyxモジュールを紹介することにしよう。特に、Cython化されたバージョンのscale()関数とそのヘルパー関数の_mean()、_argb_for_color()、_color_for_argb()に注目する。

　これからで示す関数はSlow.pyモジュールのScale.Slow.scale()関数のCython版である。元のImage.scale()メソッドは3.12.1節で説明した。_mean()関数と_argb_for_color()関数も、元となったメソッドについては3.12.1節で説明済みである。実際のところ、メソッドと関数のコードはほとんど同じである。唯一の違いは、メソッドがselfを経由してピクセルデータや他のメソッドにアクセスするのに対して、関数はピクセルデータを直接受け取り、他の関数を呼び出すことである。

　それでは、Scale/Fast.pyxファイルのインポート部分から見ていくことにしよう。

```
from libc.math cimport round
import numpy
cimport numpy
cimport cython
```

　ここでは最初に、Cのlibcライブラリのround()関数をインポートし、それをPythonの組み込み関数であるround()と置き換える。CとPythonのround()が両方必要であれば、cimport libc.mathを行って、Cの関数にはlibc.math.round()を、Pythonの関数にはround()を使うようにすればよい。続いて、NumPyのモジュールとCythonが提供するnumpy.pxdモジュールをインポートする。numpy.pxdモジュールにより、CythonがNumPyにCレベルでアクセスできる。ちなみに、Cython版のscale()関数ではNumPyを使用することにする。高速な配列処理を望むのあれば、これは理にかなった選択である。また、Cythonのcython.pxdモジュールも、デコレータを使用するためにインポートする。

```
_DTYPE = numpy.uint32
ctypedef numpy.uint32_t _DTYPE_t

cdef struct Argb:
    int alpha
    int red
    int green
    int blue

DEF MAX_COMPONENT = 0xFF
```

この最初の2行はふたつの型——Pythonの_DTYPEとCの_DTYPE_t——を定義する。これらは両方とも、NumPyの符号なし32ビット整数のエイリアス（別名）である。続いて、ArgbというCの構造体を作成する。これには4つの名前付き整数が含まれる（これは、Argb = collections.namedtuple("Argb", "alpha red green blue")をCで表したものである）。また、CythonのDEFステートメントを用いて、Cの定数を定義する。

```
@cython.boundscheck(False)
def scale(_DTYPE_t[:] pixels, int width, int height, double ratio):
    assert 0 < ratio < 1
    cdef int rows = <int>round(height * ratio)
    cdef int columns = <int>round(width * ratio)
    cdef _DTYPE_t[:] newPixels = numpy.zeros(rows * columns, dtype=_DTYPE)
    cdef double yStep = height / rows
    cdef double xStep = width / columns
    cdef int index = 0
    cdef int row, column, y0, y1, x0, x1
    for row in range(rows):
        y0 = <int>round(row * yStep)
        y1 = <int>round(y0 + yStep)
        for column in range(columns):
            x0 = <int>round(column * xStep)
            x1 = <int>round(x0 + xStep)
            newPixels[index] = _mean(pixels, width, height, x0, y0, x1, y1)
            index += 1
    return columns, newPixels
```

scale()関数はImage.scale()と同じアルゴリズムを使用するが、第1引数には1次元配列のピクセルだけを受け取り、続いて画像の大きさとリサイズの割合を受け取る。ここでは、（パフォーマンスの大きな向上にはつながらなかったが）画像の境界チェックを行わないようにしている。ピクセル配列はメモリビューとして渡されるが、これはnumpy.ndarraysを渡すよりも効率的であり、Pythonレベルのオーバーヘッドが発生しない。もちろん、グラフィック処理の最適化は、ほかにも存在する。たとえば、メモリをある特定のバイトの境界に揃えるようにすることなどが考えられる。しかし、ここでの焦点はグラフィックに特化した最適化ではなく、Cython全般に関する最適化である。

前に述べたように、<type>という構文は、ある型から別の型へとキャストするために用いる。変数を定義するコードは、Image.scale()メソッドと基本的に同じであり、

ここではCのデータ型（`int`は整数、`double`は浮動小数点数）だけを使用する。また、いつものPythonの構文を使用することも可能である。たとえば、`for ... in`ループなどを使用できる。

```cython
@cython.cdivision(True)
@cython.boundscheck(False)
cdef _DTYPE_t _mean(_DTYPE_t[:] pixels, int width, int height, int x0,
        int y0, int x1, int y1):
    cdef int alphaTotal = 0
    cdef int redTotal = 0
    cdef int greenTotal = 0
    cdef int blueTotal = 0
    cdef int count = 0
    cdef int y, x, offset
    cdef Argb argb
    for y in range(y0, y1):
        if y >= height:
            break
        offset = y * width
        for x in range(x0, x1):
            if x >= width:
                break
            argb = _argb_for_color(pixels[offset + x])
            alphaTotal += argb.alpha
            redTotal += argb.red
            greenTotal += argb.green
            blueTotal += argb.blue
            count += 1
    cdef int a = <int>round(alphaTotal / count)
    cdef int r = <int>round(redTotal / count)
    cdef int g = <int>round(greenTotal / count)
    cdef int b = <int>round(blueTotal / count)
    return _color_for_argb(a, r, g, b)
```

リサイズ後の画像における各ピクセルのカラー要素は、元画像のピクセルのカラー要素の平均である。この`mean()`関数では、元のピクセルがメモリビューとして効率的に渡され、続いて、元画像のサイズと矩形領域が渡される。そして、その矩形領域のピクセルのカラー要素が平均されることになる。

ピクセルごとに$(y \times width) + x$の計算を行う代わりに、行ごとに一度だけ$y \times width$を計算して変数`offset`に保持する。

ちなみに、`@cython.cdivision`デコレータを用いることで、PythonではなくCの

「/」オペレータを用いるようにCythonに指示する。そうすることで、処理を若干速くできる。

```
cdef inline Argb _argb_for_color(_DTYPE_t color):
    return Argb((color >> 24) & MAX_COMPONENT,
            (color >> 16) & MAX_COMPONENT, (color >> 8) & MAX_COMPONENT,
            (color & MAX_COMPONENT))
```

この_argb_for_color()関数はインライン化される。関数本体が呼び出し箇所（_mean()関数のなか）に挿入されるため、関数呼び出しのオーバーヘッドが発生せず、処理を速くできる。

```
cdef inline _DTYPE_t _color_for_argb(int a, int r, int g, int b):
    return (((a & MAX_COMPONENT) << 24) | ((r & MAX_COMPONENT) << 16) |
            ((g & MAX_COMPONENT) << 8) | (b & MAX_COMPONENT))
```

この_color_for_argb()関数は、リサイズ後のピクセルの数だけ呼ばれることになる。そのため、この関数もインライン化してパフォーマンスの向上を目指す。

Cythonのinline命令は、通常ここで示したような小さくて単純な関数だけに適用すべきである。この例ではインラインにすることでパフォーマンスが改善されるが、時には悪化する場合もある。原因としては、インライン化されたコードがプロセッサのキャッシュを多く占有してしまうことが考えられる。いずれにせよ、常に行うべきことは、自分のコンピュータ、もしくはデプロイを予定しているコンピュータ上で、最適化の前とあとでプロファイルを行うことである。確かな情報を得たうえで、その最適化を採用するかどうか決定するべきである。

Cythonはさらに多くの機能を備えており、ドキュメントも豊富である。Cythonの主な欠点は、Cythonモジュールを構築したいと思っているプラットフォームごとにコンパイラと支援用ツールが必要になる、ということである。しかし、これらのツールを揃えたならば、CPUバウンドなコードに対して、Cythonは信じられないほどの高速化を達成できる。

5.3　ケーススタディ：Imageパッケージの高速化

3章では、Pythonだけから構成されるImageモジュールを実装した。本節では、CythonのモジュールであるcyImageを簡単に見ていく。このcyImageモジュールはImageモジュールとほとんど同じ機能を持つ一方で、はるかに高速な処理を行える。

ImageとcyImageの主な違いはふたつある。ひとつ目は、前者は利用可能な画像フォーマット固有のモジュールをすべて自動で読み込むのに対して、後者はあらかじめ指定したモジュールだけを読み込むという点である。ふたつ目は、cyImageがNumPyを必要とするのに対して、Imageは、NumPyが利用可能なときはそれを使用し、そうでなければarrayを使う、という点である。

画像のリサイズプログラムで、CythonのcyImageモジュールとPythonのImageモジュールを使用した際の比較結果を**表5-1**に示す。この結果を見て、なぜCythonを使った場合は8倍（1コアあたり）しか高速化できないのか、と思ったかもしれない——Cythonのscale()関数は130倍の高速化を達成したはずである。実際のところ、Cythonのリサイズ処理にはほとんど時間がかかっていない。しかし、元画像の読み込みやリサイズした画像の保存を行う必要がある。Python 3.1以降のファイル操作はすでに高速なCで行われているから、Cythonを用いたとしても、ファイル操作を高速化させることはできない。そのため、これまでリサイズ処理がボトルネックであったが、これからはファイルの読み込みと保存がボトルネックになったことになる。この新しいボトルネックについては、我々にとって最適化の余地は少ない。

表5-1　Cythonを用いた場合のリサイズ処理の比較

プログラム	並行処理	Cython	処理速度（秒）	高速化
imagescale-s.py	なし	なし	780	基準
imagescale-cy.py	なし	あり	88	8.86倍
imagescale-m.py	4プロセス	なし	206	3.79倍
imagescale.py	4プロセス	あり	23	33.91倍

cyImageモジュールを作成するため、まずはcyImageディレクトリを作り、Imageディレクトリのモジュールをそのなかにコピーする。次に、そのコピーしたモジュールのうちCython化したいものの名前を変更する。ここでは、__init__.pyをImage.pyxに、Xbm.pyをXbm.pyxに、Xpm.pyをXpm.pyxに変更する。また、新しい__init__.pyとsetup.pyを作る。

Image.Image.scale()メソッドの中身をScale.Fast.scale()関数のコードに置き換えること、また同様にImage.Image._mean()をScale.Fast._mean()に置き換えることは、非常に小さな高速化しかもたらさないということが実験からわかった。ここでの問題は、Cythonはメソッドよりも関数に対して圧倒的に高速化できる、ということのようである。この点を考慮して、Scale.Fast.pyxモジュールをcyImage

ディレクトリにコピーして、それを_Scale.pyxとリネームした。そして、Image.Image._mean()メソッドを消去して、その仕事をすべて_Scale.scale()関数に渡すようにImage.Image.scale()を変更した。こうすることで、期待どおりの130倍の高速化を達成できる。もちろん、先ほど述べたように、全体としての高速化は130倍以下である。

```
try:
    import cyImage as Image
except ImportError:
    import Image
```

cyImageはImageに対して完全な互換性はない（cyImageはPNGをサポートしておらず、NumPyが必要である）。しかし、これらの制約が問題にはならない場合のために、可能な限りcyImageモジュールを使うようなimportステートメントを利用できる。

```
distutils.core.setup(name="cyImage",
        include_dirs=[numpy.get_include()],
        ext_modules=Cython.Build.cythonize("*.pyx"))
```

上のコードがcyImage/setup.pyの中身である（importステートメントは除く）。これは、NumPyのヘッダーファイルの場所をCythonに教え、cyImageディレクトリに存在するすべての.pyxファイルをビルドするようにCythonに指示する。

```
from cyImage.cyImage.Image import (Error, Image, argb_for_color,
        rgb_for_color, color_for_argb, color_for_rgb, color_for_name)
```

Imageモジュールでは、Image/__init__.pyのなかにすべての一般的な機能を入れたが、cyImageモジュールでは、この機能をcyImage/Image.pyxのなかに入れ、上の1行からなるcyImage/__init__.pyファイルを作成する。このファイルが行うことは、コンパイルされたオブジェクト——例外、クラス、関数——のインポートを行い、（たとえばcyImage.Image.from_file()、cyImage.color_for_name()などのように）これらを直接利用できるようにするだけである。インポートを行うときにas節を使用しているため、Image.Image.from_file()、Image.Image.Image()などと書ける。

PythonコードがどのようにCythonコードに変換されるかということについては前節で見てきたので、.pyxファイルの説明は割愛する。ただし、cyImage/Image.pyxファ

イルと新しいcyImage.Image.scale()メソッドで使われるimportステートメントは見ておこう。

```
import sys
from libc.math cimport round
from libc.stdlib cimport abs
import numpy
cimport numpy
cimport cython
import cyImage.cyImage.Xbm as Xbm
import cyImage.cyImage.Xpm as Xpm
import cyImage.cyImage._Scale as Scale
from cyImage.Globals import *
```

ここでは、PythonではなくCのround()関数とabs()関数を使用している。また、Imageモジュールで行った動的なインポートではなく、ここでは画像フォーマット固有のモジュール（cyImage/Xbm.pyxとcyImage/Xpm.pyx。実際には、Cythonによってコンパイルされた共有Cライブラリ）を直接指定してインポートする。

```
def scale(self, double ratio):
    assert 0 < ratio < 1
    cdef int columns
    cdef _DTYPE_t[:] pixels
    columns, pixels = Scale.scale(self.pixels, self.width, self.height,
            ratio)
    return self.from_data(columns, pixels)
```

上のコードがcyImage.Image.scale()メソッドのすべてである。すべての仕事をcyImage._Scale.scale()関数——これは前節で説明したScale.Fast.scale()関数のコピーである——に委譲しているから、これだけのコードで十分である。

Cythonを使用すれば、Pythonの便利さが失われるため、余分な仕事が増えることになる。その対価を払う価値があるかどうか見極めるために、まずはプロファイリングを行いボトルネックを特定するべきである。もしボトルネックがI/Oにかかわる箇所、もしくはネットワークのレイテンシが原因であれば、Cythonはそれほど役に立たないだろう（並行処理を検討するほうがよいかもしれない）。しかし、CPUバウンドなコードがボトルネックになっているのであれば、Cythonによって相当な高速化が期待できる。このような場合には、まずCythonをインストールして、コンパイラなどのツールを設定するべきだ。

プロファイルを行い、最適化したい箇所を明確にしたら、遅いコードを専用のモ

ジュールとして分離して、問題となっているコードが正しく分離できているかどうかを再度プロファイリングして確かめるのがベストなやり方である。続いて、Cython化したいモジュールをコピーして、リネームを行い（.pyから.pyxへ）、適切なsetup.pyファイルを作成する（必要であれば、__init__.pyファイルも作成する）。そして、Cythonによって期待どおりの高速化が達成しているかを確認するために、再度プロファイリングを行うべきである。以降は、Cython化とプロファイルのサイクルを繰り返し行える。具体的には、型を宣言し、メモリビューを使い、遅いメソッドをCython化された高速な関数に置き換える。最適化のたびに、意味のないものは捨て去り、パフォーマンスを向上させるものだけを採用できる。そのような最適化のプロセスを、我々が必要とするレベルのパフォーマンスを達成するまで、もしくは試すべき最適化がなくなるまで続ける。

* * * * * * * * * * * * * * *

ドナルド・クヌースは次のように述べている――「小さな効率化については、97%ぐらいのケースでは忘れるべきだ」[1]。確かに、誤ったアルゴリズムを使用していれば、いくら素晴らしい最適化を行ったとしても無意味である。正しいアルゴリズムを使用し、プロファイルを行いボトルネックを明らかにしたならば、CPUバウンドな処理を高速化させるためのツールとしてctypesやCythonはよい選択である。

ctypesやCythonを経由して、Cの呼び出しを使用するライブラリの機能にアクセスすることで、高レベルなPythonプログラム――内部では高速で低レベルなコードを使用する――を書ける。さらに、自分のC/C++コードを書き、それにアクセスするために、ctypesやCython、もしくはPythonのCインタフェースを利用できる。CPUバウンドな処理のパフォーマンスを改善したい場合、並行処理を採用したとすれば、その高速化はせいぜいコア数に比例した程度である。しかし、コンパイルされた高速なCであれば、Pythonに比べて100倍以上の高速化を達成できるかもしれない。Cythonは、PythonとCの両方のよいところ――Pythonの便利な構文、Cの速度、Cライブラリへのアクセス――を併せ持つのだ。

---

[1] "Structured Programming with go to Statements", *ACM Journal Computing Surveys* Vol.6, No 4, December 1974, p.268.

6章
高レベルなネットワーク処理

　Pythonの標準ライブラリには、低レベルから高レベルまで、ネットワーク関連の処理をサポートしてくれる優れたモジュールが用意されている。低レベルな処理ではsocket、ssl、asyncore、asynchatモジュールを利用できる。中レベルな処理ではsocketserverモジュールを利用できる。より高レベルな処理では、さまざまなインターネット上でのプロトコルをサポートする多くのモジュールを利用できるが、なかでも注目すべきはhttpモジュールとurllibモジュールだ。

　ネットワーク通信をサポートするサードパーティー製のモジュールも数多く存在する。そのなかには、Pyro4 (Python remote objects、http://pythonhosted.org/Pyro4/) やPyZMQ (CベースのZeroMQライブラリのためのPythonバインディング、http://zeromq.github.io/pyzmq/)、Twisted (https://twistedmatrix.com/) などがある。HTTPやHTTPSだけを対象とするのであれば、サードパーティーのrequestsパッケージ (http://docs.python-requests.org/) が使いやすいだろう。

　本章では、高レベルなネットワーク処理をサポートするモジュールをふたつ取り上げる。ひとつは標準ライブラリにあるxmlrpcモジュール (XML Remote Procedure Call)、もうひとつはサードパーティーのRPyCモジュール (Remote Python Call、http://rpyc.readthedocs.org/) である。それらのモジュールは強力であり、ネットワーク処理の煩わしさを軽減してくれる。しかも、これらは簡単に利用できる。

　本章ではxmlrpcとRPyCのそれぞれについて、サーバーをひとつ、クライアントをふたつ作成する。両者のサーバーとクライアントは基本的に同じ作業を行うため、ふたつのアプローチを簡単に比較できる。サーバーはメーター（たとえば、電気・水道・ガスなど）の読み取り値の管理を受け持つ。クライアントは、メーターの検針員によって使われる。その用途は、メーターの読み取りを要求すること、および、その読み取り値（または、読み取りができなかった理由）を提供することである。

このふたつの例におけるもっとも重要な違いは、xmlrpcサーバーは並行処理を行わないのに対して、RPyCサーバーは並行処理を行う、という点にある。これから見ていくように、この実装の違いは、サーバー側でのデータ管理の方法に大きな影響を与える。

サーバーをできるだけシンプルにするために、メーターの読み取り値の管理は別モジュールに分ける（並行処理を行わないMeter.pyと並行処理をサポートするMeterMT.py）。分離することの別の利点は、そのメーターモジュールを、まったく異なるデータを扱う別のカスタムモジュールへと簡単に置き換えられることである。そのため、クライアントとサーバーを別の目的で使用するのも簡単である。

6.1 XML-RPCアプリケーション

低レベルなプロトコルを用いたネットワーク通信を行うためには、送信したいデータひとつひとつをパックして送信しなければならず、送られた側ではそれをアンパックし、そのデータに応じてなんらかの操作を行う必要がある。このようなプロセスは退屈であり、間違いが起こりやすい。この問題に対する解決策のひとつは、RPC（remote procedure call）ライブラリを使用することである。これを使用すれば、関数名と引数（たとえば、文字列、数字、日付など）を送信するだけで済む——パック、送信、アンパック、操作の実行（関数の呼び出し）などの仕事はRPCライブラリに任せてよい。XML-RPCは、人気のある標準化されたRPCプロトコルである。このプロトコルを実装したライブラリは、データ（関数名とその引数）をXMLフォーマットでエンコードし、通信の機構としてHTTPを使用する。

Pythonの標準ライブラリにはxmlrpc.serverモジュールとxmlrpc.clientモジュールが含まれており、これらを通じてXML-RPCプロトコルを利用できる。プロトコル自体はプログラミング言語には依存しないため、たとえXML-RPCサーバーをPythonで実装したとしても、RPCプロトコルをサポートした別の言語で書かれたXML-RPCクライアントからアクセスできる。また、他の言語で書かれたXML-RPCサーバーに、PythonのXML-RPCクライアントからアクセスすることも可能である。

xmlrpcモジュールの特徴のひとつとして、Python専用の機能——たとえば、Pythonオブジェクトを渡す、など——をいくつか使用できる。しかしそのような機能は、クライアントとサーバーがともにPythonで書かれた場合にしか利用できない。本章の例では、そのような機能は取り上げない。

XML-RPCの代替案として、より軽量なJSON-RPCがある。JSON-RPCはXML-RPCと同じく広範な機能を備えており、無駄の少ないデータフォーマットを使用する (つまり、ネットワーク越しに送信するために必要なオーバーヘッドを抑えている)。Python標準ライブラリにはjsonモジュールが含まれる。このモジュールは、PythonデータからJSONへ、またJSONからPythonデータへとエンコード／デコードするために用いる。一方、JSON-RPCクライアントまたはサーバーのためのモジュールは、Python標準ライブラリには含まれない。しかし、サードパーティーのJSON-RPCモジュールはたくさん存在する (https://en.wikipedia.org/wiki/JSON-RPC)。別の代案として、Python専用のクライアントとサーバーを使用することに限定した場合、RPyCを使用できる。RPyCについては、次の6.2節で見ていく。

6.1.1　データラッパー

クライアントとサーバーに操作させたいデータは、`Meter.py`モジュールによってカプセル化される。このモジュールは`Manager`クラスを持つ。`Manager`クラスはメーターの読み取り値を保持し、検針員によるログイン、ジョブの獲得、結果の送信のためのメソッドを持つ。このモジュールを、まったく異なるデータを扱う別モジュールに置き換えることは簡単である。

```
class Manager:

    SessionId = 0
    UsernameForSessionId = {}
    ReadingForMeter = {}
```

`SessionID`は、成功したログインに対して与えられる固有のセッションIDである。また、このクラスはスタティックなディクショナリをふたつ持つ。ひとつは、キーがセッションID、値がユーザー名である。もうひとつは、キーがメーター番号、値はメーターの読み取り値である。

これらのスタティックなデータはスレッドセーフにする必要はない。なぜなら、xmlrpcサーバーは並行処理を行わないからである。このモジュールの別バージョンである`MeterMT.py`は並行処理をサポートする。6.2.1節では、`MeterMT.py`と`Meter.py`の違いについて見ていく。

より現実的な状況では、データはDBMファイルやデータベースに格納されることになるだろう。どちらも、容易にディクショナリを代替できるだろう。

```
        def login(self, username, password):
            name = name_for_credentials(username, password)
            if name is None:
                raise Error("Invalid username or password")
            Manager.SessionId += 1
            sessionId = Manager.SessionId
            Manager.UsernameForSessionId[sessionId] = username
            return sessionId, name
```

検針員にジョブの取得や結果の送信を行わせる前に、ユーザー名とパスワードを使ったログインを要求する。

もしユーザー名とパスワードが正しければ、そのユーザー用の固有なセッションIDとそのユーザーの実名を返す（ユーザーの実名は、ユーザーインタフェース上に表示させるためなどに用いる）。ログインが成功するたびに固有のセッションIDが与えられ、UsernameForSessionIdディクショナリに追加される。

```
    _User = collections.namedtuple("User", "username sha256")

    def name_for_credentials(username, password):
        sha = hashlib.sha256()
        sha.update(password.encode("utf-8"))
        user = _User(username, sha.hexdigest())
        return _Users.get(user)
```

このname_for_credentials()関数が呼ばれると、与えられたパスワードに対してSHA-256アルゴリズムを使ったハッシュが計算される。そして、このモジュールのプライベートな_Usersディクショナリに含まれる各項目に対して、そのハッシュ値とユーザー名の組を比較し、一致すれば対応する実際の名前を返す。そうでなければ、Noneを返す。

_Usersディクショナリは、ユーザー名（たとえば、carol）とパスワードのSHA-256ハッシュからなる_Userオブジェクトをキーとして持ち、そのユーザーの本名（たとえば、"Carol Dent"）を値として持つ。これはつまり、実際のパスワードを保持しないことを意味する[1]。

---

[1] このアプローチは、まだ安全ではない。安全性を高めるには、同じパスワードが同じハッシュ値を生成しないように、各パスワードに対して固有のソルトと呼ばれる文字列を追加する必要があるだろう。より優れた他のアプローチとしては、サードパーティーのpasslibパッケージ（https://pythonhosted.org/passlib/）を使用することが考えられる。

```
        def get_job(self, sessionId):
            self._username_for_sessionid(sessionId)
            while True: # 偽のメーターを作成
                kind = random.choice("GE")
                meter = "{}{}".format(kind, random.randint(40000,
                    99999 if kind == "G" else 999999))
                if meter not in Manager.ReadingForMeter:
                    Manager.ReadingForMeter[meter] = None
                    return meter
```

検針員がログインしたら、検針員が読むべきメーターの番号を取得するために、この get_job() メソッドを呼び出せる。このメソッドは、まずセッションIDが有効かどうかを確認する。有効でなければ、_username_for_sessionid() メソッドはMeter.Error例外を発生させる。

この例では、実際に読むべきメーターが格納されたデータベースは存在しない。代わりとして、検針員がジョブを要求するたびに偽のメーターを作成する。その方法は、メーター番号（たとえば、"E350718"、"G72168" など）を作成し、読み取り値がNoneの状態でReadingForMeterディクショナリに挿入するだけの単純なものである。

```
        def _username_for_sessionid(self, sessionId):
            try:
                return Manager.UsernameForSessionId[sessionId]
            except KeyError:
                raise Error("Invalid session ID")
```

このメソッドは、与えられたセッションIDに対するユーザー名を返す。無効なセッションIDの場合、汎用的なKeyErrorをMeter.Errorというカスタム例外に変換して送出する。

組み込みの例外よりもカスタムの例外を用いたほうがよい場合が多くある。なぜなら、カスタム例外を用いれば、予期した例外だけをキャッチでき、意図せずに汎用的な例外をキャッチすることはないからである。汎用的な例外は我々自身のロジックでのエラーを明らかにしてくれるため、キャッチせず伝搬に任せるほうがよい。

```
        def submit_reading(self, sessionId, meter, when, reading, reason=""):
            if isinstance(when, xmlrpc.client.DateTime):
                when = datetime.datetime.strptime(when.value,
                    "%Y%m%dT%H:%M:%S")
            if (not isinstance(reading, int) or reading < 0) and not reason:
                raise Error("Invalid reading")
            if meter not in Manager.ReadingForMeter:
```

```
        raise Error("Invalid meter ID")
    username = self._username_for_sessionid(sessionId)
    reading = Reading(when, reading, reason, username)
    Manager.ReadingForMeter[meter] = reading
    return True
```

このsubmit_reading()メソッドが受け取るデータは、セッションID、メーター番号（たとえば、"G72168"）、読み取りが行われた日時、読み取り値（正の整数、または読み取りができない場合は-1）、読み取りができなかった理由（読み取りに失敗した場合は、空でない文字列）である。

XML-RPCサーバーにPythonの組み込み型を送受信させることは可能であるが、XML-RPCプロトコルは言語に依存しないので、この設定はデフォルトでは有効化されない（そして、我々も有効化しない）。そのため、我々のXML-RPCサーバーは、Pythonのクライアントだけではなく、XML-RPCをサポートする任意の言語で書かれたクライアントとやりとりできる。Pythonの型を使用しない場合、日付/時間オブジェクトをdatetime.datetimeではなくxmlrpc.client.DateTimeとして渡さなければならない。そのため、日時のデータを受け取ったらdatetime.datetimeへ変換しなければならない（代案としては、ISO 8601フォーマットの日付/時間文字列を送受信するということも考えられる）。

データの準備と検証を行ったら、渡されたセッションIDの検針員に対応するユーザー名を取得し、これを用いてMeter.Readingオブジェクトを作成する。下のコードが示すように、このオブジェクトは単なる名前付きタプルである。

```
Reading = collections.namedtuple("Reading", "when reading reason username")
```

最後に、メーターの読み取り値（reading）を設定する。デフォルトではxmlrpc.serverモジュールはNoneをサポートしておらず、我々はサーバーを言語に依存しないようにしたいから、デフォルトのNoneではなくTrueを返すようにする。ちなみに、RPyCはPythonが返す任意の型に対応できる。

```
        def get_status(self, sessionId):
            username = self._username_for_sessionid(sessionId)
            count = total = 0
            for reading in Manager.ReadingForMeter.values():
                if reading is not None:
                    total += 1
                    if reading.username == username:
```

```
            count += 1
    return count, total
```

検針員が読み取り値を送信したあと、その状態についての情報も知りたいかもしれない。この`get_status()`メソッドは、これまでに行った読み取りの回数、そして、サーバーが処理した読み取りの総数を計算し、それらを返す。

```
    def _dump(file=sys.stdout):
        for meter, reading in sorted(Manager.ReadingForMeter.items()):
            if reading is not None:
                print("{}={}@{}[{}]{}".format(meter, reading.reading,
                        reading.when.isoformat()[:16], reading.reason,
                        reading.username), file=file)
```

この`_dump()`メソッドはデバッグのために用意したものであり、これまでに行ったメーターの読み取り値がすべて正しく格納されているかどうかを確認できる。

`Meter.Manager`の機能――`login()`メソッド、データのゲットとセットのためのメソッド――は、サーバーのための典型的なデータラッピングクラス（data-wrapping class）である。本章で示すサーバーとクライアントは基本的に同じものを使用しながら、このクラスをまったく異なるデータ用のクラスへと簡単に置き換えられる。唯一注意すべき点は、もしサーバーが並行処理を行うのであれば、共有データのためにロックやスレッドセーフなクラスを使用しなければならないということである。このことについては、後ほど6.2.1節で見ていく。

6.1.2 XML-RPCサーバー

`xmlrpc.server`モジュールのおかげで、カスタムのXML-RPCサーバーを書くのは非常に簡単である。本節で示すコードは`meterserver-rpc.py`から抜粋したものである。

```
    def main():
        host, port, notify = handle_commandline()
        manager, server = setup(host, port)
        print("Meter server startup at {} on {}:{}{}".format(
                datetime.datetime.now().isoformat()[:19], host, port, PATH))
        try:
            if notify:
                with open(notify, "wb") as file:
                    file.write(b"\n")
            server.serve_forever()
```

```
        except KeyboardInterrupt:
            print("\rMeter server shutdown at {}".format(
                    datetime.datetime.now().isoformat()[:19]))
            manager._dump()
```

　このmain()関数はホスト名とポート番号をコマンドラインから取得し、Meter.Managerとxmlrpc.server.SimpleXMLRPCServerを作成し、サービスを開始する。

　もしnotify変数にファイル名が含まれていれば、サーバーはそのファイルを作成し、それに空行を書き込む。サーバーを手動でスタートしたときには、このファイル名は使用されない。しかし6.1.3.2節で見ていくように、GUIクライアントによってサーバーをスタートした場合は、クライアントはサーバーにファイル名を渡す。そして、クライアントはファイルが作成されるまで待機して——このファイルを通じて、サーバーが稼働していることをクライアントは知る——、クライアントは作成されたファイルを削除し、サーバーとの通信を開始する。

　サーバーを停止するには、Ctrl+Cの押下、またはINTシグナルの送信——たとえば、Linuxではkill -2 *pid*——によって行える（PythonインタープリタはこれらをKeyboardInterrupt例外に変換する）。もし、そのようにしてサーバーが停止したら、検証のために読み取り値をダンプする（main()関数がManagerにアクセスする必要があるのはここだけである）。

```
    HOST = "localhost"
    PORT = 11002

    def handle_commandline():
        parser = argparse.ArgumentParser(conflict_handler="resolve")
        parser.add_argument("-h", "--host", default=HOST,
                help="hostname [default %(default)s]")
        parser.add_argument("-p", "--port", default=PORT, type=int,
                help="port number [default %(default)d]")
        parser.add_argument("--notify", help="specify a notification file")
        args = parser.parse_args()
        return args.host, args.port, args.notify
```

　handle_commandline()関数をここで示す理由は、ホスト名の設定に-h（と--host）というオプションを使用しているためである。argparseモジュールでは、コマンドラインのヘルプを表示するために、デフォルトで-h（と--help）が予約されている。我々は-hを上書きしたい（--helpは残す）ので、引数パーサーのコンフリクトハンドラ（conflict_handler）を設定する。

6.1 XML-RPC アプリケーション | 241

残念ながら、argparseはPython 3へ移植されたとき、旧来の%形式の文字列フォーマットが保持されたままで、Python 3のstr.format()の波括弧によるフォーマットは使われていない。そのため、ヘルプのテキストにデフォルトの値を含めたいとしたら、%(default)tと書かなければならない（tの位置には値の型を指定する。dは10進数整数、fは浮動小数点数、sは文字列）。

```
def setup(host, port):
    manager = Meter.Manager()
    server = xmlrpc.server.SimpleXMLRPCServer((host, port),
            requestHandler=RequestHandler, logRequests=False)
    server.register_introspection_functions()
    for method in (manager.login, manager.get_job, manager.submit_reading,
            manager.get_status):
        server.register_function(method)
    return manager, server
```

このsetup()関数はデータマネージャ（メーターを管理する）とサーバーを作成するために使われる。register_introspection_functions()メソッドは、クライアントが利用可能な3つのイントロスペクション（introspection）[※1]関数を作る。その3つとは、system.listMethods()、system.methodHelp()、system.methodSignature()である（XML-RPCクライアントはこれらを利用しないが、より複雑なクライアントをデバッグするときに必要になるかもしれない）。データマネージャのメソッドのうち、クライアントにアクセスさせたいものについては、サーバー側で登録しなければならない。これはregister_function()メソッドを用いて簡単に行える（2章のコラム「バウンドメソッドとアンバウンドメソッド」も参照）。

```
PATH = "/meter"

class RequestHandler(xmlrpc.server.SimpleXMLRPCRequestHandler):
    rpc_paths = (PATH,)
```

メーターサーバーは特別なリクエスト操作を行う必要がないため、もっとも基本的なリクエストハンドラ——xmlrpc.server.SimpleXMLRPCRequestHandlerを継承し、メーターサーバーへのリクエストを識別するための固有URLのパスを持つ——を作ることにする。

※1　訳注：イントロスペクションとは、プログラム実行時にオブジェクトの情報（メソッド名や引数など）を参照する技術のこと。

以上でサーバーが完成したので、このサーバーにアクセスするためのクライアントを作成できる。

6.1.3 XML-RPCクライアント

本節では、異なるバージョンのクライアントをふたつ見ていく。ひとつはコンソールベースのものであり、サーバーはすでに稼働しているという仮定の下で動作する。もうひとつはGUIクライアントであり、稼働中のサーバーがあればそれを使用し、もしサーバーが稼働していなければ、自分でサーバーを開始する。

6.1.3.1 コンソールベースのXML-RPCクライアント

コードの詳細を見る前に、コンソールでのインタラクティブなやりとりの例を見ていくことにしよう。この例では、meterclient-rpc.pyを実行する前に、meterserver-rpc.pyサーバーがすでに実行されている必要がある。

```
$ ./meterclient-rpc.py
Username [carol]:
Password:
Welcome, Carol Dent, to Meter RPC
Reading for meter G5248: 5983
Accepted: you have read 1 out of 18 readings
Reading for meter G72168: 2980q
Invalid reading
Reading for meter G72168: 29801
Accepted: you have read 2 out of 21 readings
Reading for meter E445691:
Reason for meter E445691: Couldn't find the meter
Accepted: you have read 3 out of 26 readings
Reading for meter E432365: 87712
Accepted: you have read 4 out of 28 readings
Reading for meter G40447:
Reason for meter G40447:
$
```

これは、Carolというユーザーがメータークライアントを実行した例である。最初にユーザー名のプロンプトが表示され、ユーザー名を入力するか、デフォルト（角括弧内に表示されている）のままで問題なければEnterキーを押す。ここではEnterキーを押して先に進む。続いて、パスワードのプロンプトが表示され、パスワードを入力する（入力したパスワードは画面に表示されない）。サーバーはCarolを認識し、彼女の実名を

表示して迎える。次に、クライアントは読み取りを行うべきメーターの番号をサーバーに要求し、読み取り値を入力するプロンプトを表示する。もし数値が入力されたら、それがサーバーへ送られ、正しい値であれば受理される。ふたつ目の読み取りの「2980q」のような入力ミスがあった場合、その旨が報告され、再度入力プロンプトが表示される。読み取り（または読み取れない理由）が受理されるたびに、本セッション中に行った読み取りの回数が表示される（セッション中に、同じサーバーを利用する他の検針員によって行われた読み取りも含む）。読み取り値を入力しないでEnterキーを押せば、読み取りができない理由を入力するプロンプトが表示される。もし読み取りも理由も入力しなければ、このクライアントプログラムは終了する。

```
def main():
    host, port = handle_commandline()
    username, password = login()
    if username is not None:
        try:
            manager = xmlrpc.client.ServerProxy("http://{}:{}{}".format(
                host, port, PATH))
            sessionId, name = manager.login(username, password)
            print("Welcome, {}, to Meter RPC".format(name))
            interact(manager, sessionId)
        except xmlrpc.client.Fault as err:
            print(err)
        except ConnectionError as err:
            print("Error: Is the meter server running? {}".format(err))
```

このmain()関数は、まずサーバーのホスト名とポート番号（もしくはデフォルトの設定値）をコマンドラインから取得し、ユーザーにユーザー名とパスワードを要求する。そして、サーバーが利用するMeter.Managerインスタンスのためにプロキシマネージャを作成する（Proxyパターンについては2.7節で議論した）。

プロキシマネージャを作成したら、そのプロキシを使ってログインし、サーバーとの通信を開始する。もしサーバーが稼働していなければ、ConnectionError例外（Python 3.3より前のバージョンであればsocket.error）が発生する。

```
def login():
    loginName = getpass.getuser()
    username = input("Username [{}]: ".format(loginName))
    if not username:
        username = loginName
    password = getpass.getpass()
```

```
    if not password:
        return None, None
    return username, password
```

getpassモジュールのgetuser()関数は、現在ログインしているユーザーのユーザー名を返す。我々はこれをデフォルトのユーザー名として使用する。getpass()関数はパスワードのプロンプトを表示し、入力されたパスワードは画面に表示しない。input()とgetpass.getpass()は両方とも、末尾に改行のない文字列を返す。

```
def interact(manager, sessionId):
    accepted = True
    while True:
        if accepted:
            meter = manager.get_job(sessionId)
            if not meter:
                print("All jobs done")
                break
        accepted, reading, reason = get_reading(meter)
        if not accepted:
            continue
        if (not reading or reading == -1) and not reason:
            break
        accepted = submit(manager, sessionId, meter, reading, reason)
```

ログインに成功した場合、クライアントとサーバーのやりとりを処理するために、このinteract()関数が呼ばれる。ここでは、サーバーからジョブ（読み取りを行うべきメーター）を取得し、読み取り値または読み取れない理由をユーザーから受け取ってサーバーへ送信するという手順を繰り返す。読み取り値と理由がともに入力されなければ、その繰り返しは終了する。

```
def get_reading(meter):
    reading = input("Reading for meter {}: ".format(meter))
    if reading:
        try:
            return True, int(reading), ""
        except ValueError:
            print("Invalid reading")
            return False, 0, ""
    else:
        return True, -1, input("Reason for meter {}: ".format(meter))
```

このget_reading()関数は3つのケースを扱わなければならない。それは、ユー

ザーが有効な値（つまり、整数）を入力した場合、無効な値を入力した場合、何も入力せずにEnterキーを押した場合の3つのケースである。もし何も入力されずにEnterキーが押されたら、ユーザーは理由を入力するか、理由を何も入力せずにEnterキーを押す（後者の場合、プログラムの終了を意味する）。

```python
def submit(manager, sessionId, meter, reading, reason):
    try:
        now = datetime.datetime.now()
        manager.submit_reading(sessionId, meter, now, reading, reason)
        count, total = manager.get_status(sessionId)
        print("Accepted: you have read {} out of {} readings".format(
            count, total))
        return True
    except (xmlrpc.client.Fault, ConnectionError) as err:
        print(err)
        return False
```

　読み取り値または理由が取得されるたびに、このsubmit()関数を使ってデータをプロキシマネージャ経由でサーバーへ送信する。読み取り値または理由を送信したあとに、現在の状態（「このユーザーが送信した読み取り値の数」と「サーバーが動作してからこれまでに送信された読み取り値の数」のふたつ）についてサーバーに問い合わせる。

　クライアントのコードはサーバーのコードよりも長いが、とても単純である。XML-RPCを使用しているから、このプロトコルをサポートする任意の言語でクライアントを実装できる。また、別のユーザーインタフェース——たとえば、Unixコンソール用のUrwid (http://urwid.org/)、TkinterなどのGUIツールキットなど——を用いてクライアントを実装することもできる。

6.1.3.2　GUIのXML-RPCクライアント

　TkinterによるGUIプログラミングについては7章で扱うため、Tkinterに不慣れな読者は先にそちらを読んでから、本節を読み進めるとよいだろう。本節ではGUIプログラムmeter-rpc.pywのなかで、サーバーとのやりとりに関連する部分に焦点を当てる。このプログラムを図6-1に示す。

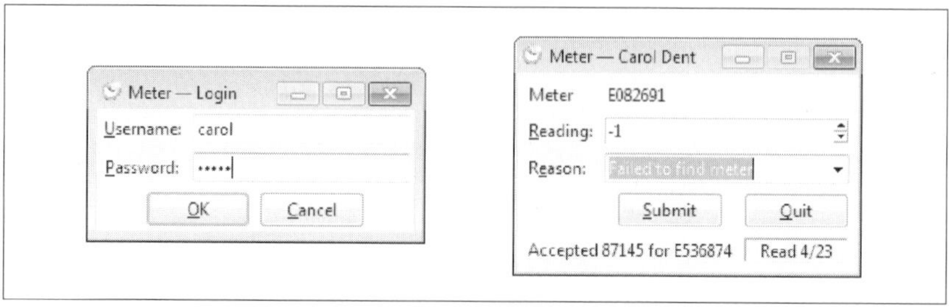

図6-1　WindowsでのXML-RPC GUIアプリケーションのログインウィンドウとメインウィンドウ

```
class Window(ttk.Frame):

    def __init__(self, master):
        super().__init__(master, padding=PAD)
        self.serverPid = None
        self.create_variables()
        self.create_ui()
        self.statusText.set("Ready...")
        self.countsText.set("Read 0/0")
        self.master.after(100, self.login)
```

　メインウィンドウが作成されると、サーバーのPID（プロセスID）をNoneに設定し、100ミリ秒後にlogin()メソッドを呼ぶ。こうすることで、Tkinterにメインウィンドウの描画のための時間を与え、ユーザーがGUIとやりとりする前に、モーダルなログインウィンドウを作成できる。モーダルウィンドウとは、アプリケーション内でユーザーがやりとりできる唯一のウィンドウである。そのため、メインウィンドウは表示されているが、ログインしてモーダルウィンドウが消えるまでは、そのメインウィンドウを操作できない。

```
class Result:

    def __init__(self):
        self.username = None
        self.password = None
        self.ok = False
```

　この小さなクラスResult（MeterLogin.pyからの抜粋）は、モーダルなログインウィンドウとユーザーとの間でのやりとりを保持するために使用される。Resultインスタンスへの参照をメインウィンドウへ渡すことによって、ダイアログが閉じられ破棄

6.1 XML-RPC アプリケーション

されたあとであっても、ユーザーが入力したデータにアクセスできることを保証する。

```
def login(self):
    result = MeterLogin.Result()
    dialog = MeterLogin.Window(self, result)
    if result.ok and self.connect(result.username, result.password):
        self.get_job()
    else:
        self.close()
```

この`login()`メソッドはResultオブジェクトとモーダルダイアログを作成する。`MeterLogin.Window()`を呼び出すことで、ログインウィンドウを表示し、このウィンドウが閉じられるまで他の操作をブロックする。このウィンドウが表示される間は、ほかのウィンドウへの操作はできないため、ユーザーはユーザー名とパスワードを入力して[OK]ボタンをクリックするか、[Cancel]ボタンをクリックしてキャンセルするかのどちらかを行わなければならない。

ユーザーがどちらかのボタンをクリックしたら、そのウィンドウが閉じられて破棄される。[OK]ボタンがクリック(空でないユーザー名とパスワードを入力した場合にのみ可能)されたら、サーバーへの接続が試みられ、最初のジョブが取得される。もしログインをキャンセルするか、もしくは通信が失敗すれば、メインウィンドウが閉じられ(そして、破棄され)、アプリケーションは終了する。

```
def connect(self, username, password):
    try:
        self.manager = xmlrpc.client.ServerProxy("http://{}:{}{}"
                .format(HOST, PORT, PATH))
        name = self.login_to_server(username, password)
        self.master.title("Meter \u2014 {}".format(name))
        return True
    except (ConnectionError, xmlrpc.client.Fault) as err:
        self.handle_error(err)
        return False
```

ユーザーが[OK]をクリックするとすぐに、この`connect()`メソッドが呼び出される。このメソッドは最初にサーバーの`Meter.Manager`インスタンスへのプロキシを作成し、ログインを試みる。このあとで、アプリケーションのタイトルを、アプリケーション名と「—」(emダッシュ。UnicodeはU+2014)そしてユーザー名を連結した文字列に変更する。そして、`True`を返す。

エラーが発生した場合は、エラーのテキストが入ったメッセージボックスを表示し、

Falseを返す。

```
    def login_to_server(self, username, password):
        try:
            self.sessionId, name = self.manager.login(username, password)
        except ConnectionError:
            self.start_server()
            self.sessionId, name = self.manager.login(username, password)
        return name
```

メーターサーバーがすでに稼働していれば、初回の接続は成功し、セッションIDとユーザー名が得られるだろう。しかし、もしその接続がConnectionErrorの理由により失敗したら、このアプリケーションはサーバーが稼働していないと想定する。そこで、自らサーバーを実行し、2回目のログインを試みる。もし2回目のログインにも失敗したら、ConnectionErrorを発生させる。呼び出し元(self.login())はそれをキャッチし、ユーザーにエラーのメッセージボックスを示したあとにアプリケーションを終了する。

```
    SERVER = os.path.join(os.path.dirname(os.path.realpath(__file__)),
        "meterserver-rpc.py")
```

この定数は、サーバーの名前を完全パスで設定したものである。サーバーのプログラムはGUIクライアントと同じディレクトリにあると想定している。もちろん、サーバーとクライアントのプログラムは別のコンピュータにあるのが普通である。しかし、アプリケーションによっては、同じコンピュータ上で動作するふたつの分離したパーツ——サーバーとクライアント——によって構成される場合もある。

ふたつのパーツからなるアプリケーションの設計は、ユーザーインタフェースとアプリケーションの機能を分離したいときに便利である。このアプローチの欠点としては、実行プログラムをひとつではなくふたつ必要とすること、そして、ネットワークによるオーバーヘッドが発生することが挙げられる。しかしサーバーとクライアントが同じコンピュータ上で動作するのであれば、そのオーバーヘッドにユーザーが気づくことはないだろう。このアプローチの利点としては、クライアントとサーバーを独立して開発できること、そして、新しいプラットフォームへの移植が非常に簡単に行える——サーバーはプラットフォームに依存しないコードで書けるため、移植作業は主にクライアント側のユーザーインタフェースにかかわるコードだけを対象とすればよい——こと、が挙げられる。これは、新しいユーザーインタフェースの技術(たとえば、新しいGUIツー

ルキット)が登場した場合はクライアントだけを移植すればよい、ということも意味する。また、別の利点としては、より粒度の細かいセキュリティ対策が行える。たとえば、サーバーのプログラムはある限られた権限で実行し、クライアントのプログラムは実行するユーザーの権限で実行する、といった利用方法が可能である。

```
def start_server(self):
    filename = os.path.join(tempfile.gettempdir(),
            "M{}.$$$".format(random.randint(1000, 9999)))
    self.serverPid = subprocess.Popen([sys.executable, SERVER,
            "--host", HOST, "--port", str(PORT), "--notify",
            filename]).pid
    print("Starting the server...")
    self.wait_for_server(filename)
```

サーバーは、`subprocess.Popen()`関数を使って開始される。この関数を使うことで、サブプロセス(サーバーのプロセス)がブロックされることなく起動する。

もし終了を予期できる通常のプログラムを実行したのであれば、終了まで待機できるだろう。しかし、ここではクライアントの操作が完了するまでサーバーが終了することはないので、待機することはできない。さらに、サーバーの起動が完了するまでクライアントはログインできないから、サーバーにスタートアップのための時間を与える必要がある。この解決策は単純である——まずランダムなファイル名を生成し、そのファイル名をサーバーの開始時にnotify引数として渡す。サーバーは起動処理を行い、実際にファイルを作成する。クライアント側は、ファイルの存在を確認することによって、サーバーの準備が完了したことを知る。

```
def wait_for_server(self, filename):
    tries = 100
    while tries:
        if os.path.exists(filename):
            os.remove(filename)
            break
        time.sleep(0.1) # サーバーが開始するチャンスを与える
        tries -= 1
    else:
        self.handle_error("Failed to start the RPC Meter Server")
```

このメソッドは、最大10秒間(0.1秒×100回)、ユーザーインタフェースをブロック(フリーズ)する。ただし、通常この待機時間はほんのわずかである。サーバーがファイルを作成するとすぐに、クライアントはそのファイルを削除し、イベント処理を再開

する。ユーザーのログインを試み、そして、メーターの読み取り値を入力するためのメインウィンドウを表示する。サーバーの実行に失敗した場合、whileループはブレークせずに終わることになり、else節が実行される。

ところで、(特にGUIアプリケーションにおいては) 上のようなポーリングすなわち繰り返しの問い合わせは理想的なアプローチではない。しかし、我々はクロスプラットフォームを考慮した解決策を必要としている。また、アプリケーションはサーバーの準備が完了するまで処理を開始できないため、ポーリングは我々がとることのできるもっとも単純で適切なアプローチであると言える。

```python
def get_job(self):
    try:
        meter = self.manager.get_job(self.sessionId)
        if not meter:
            messagebox.showinfo("Meter \u2014 Finished",
                "All jobs done", parent=self)
            self.close()
        self.meter.set(meter)
        self.readingSpinbox.focus()
    except (xmlrpc.client.Fault, ConnectionError) as err:
        self.handle_error(err)
```

サーバーへのログインが成功すると、最初のジョブを取得するために、このget_job()メソッドが呼ばれる。self.meter変数の型はtkinter.StringVarであり、メーター番号を表示するラベルに関連付けられている。

```python
def submit(self, event=None):
    if self.submitButton.instate((tk.DISABLED,)):
        return
    meter = self.meter.get()
    reading = self.reading.get()
    reading = int(reading) if reading else -1
    reason = self.reason.get()
    if reading > -1 or (reading == -1 and reason and reason != "Read"):
        try:
            self.manager.submit_reading(self.sessionId, meter,
                datetime.datetime.now(), reading, reason)
            self.after_submit(meter, reading, reason)
        except (xmlrpc.client.Fault, ConnectionError) as err:
            self.handle_error(err)
```

このsubmit()メソッドは、ユーザーが [Submit] ボタンを押すと呼ばれる。読み取

り値が0以外、または理由が空でない場合に限り、この操作が可能である。メーターの読み取り値と理由はすべてユーザーインタフェースから取得され、プロキシマネージャを経由してサーバーへ送信される。読み取り値が受理されたら、after_submit()メソッドが呼ばれる。そうでない場合は、handle_error()メソッドにエラーが渡される。

```
def after_submit(self, meter, reading, reason):
    count, total = self.manager.get_status(self.sessionId)
    self.statusText.set("Accepted {} for {}".format(
            reading if reading != -1 else reason, meter))
    self.countsText.set("Read {}/{}".format(count, total))
    self.reading.set(-1)
    self.reason.set("")
    self.get_job()
```

このafter_submit()メソッドはプロキシマネージャに現在の状態を問い合わせ、その状態と回数のラベルを更新する。また、読み取り値と理由をリセットし、プロキシマネージャに次のジョブを要求する。

```
def handle_error(self, err):
    if isinstance(err, xmlrpc.client.Fault):
        err = err.faultString
    messagebox.showinfo("Meter \u2014 Error",
            "{}\nIs the server still running?\n"
            "Try Quitting and restarting.".format(err), parent=self)
```

エラーが発生した場合は、このhandle_error()メソッドが呼ばれる。[OK]ボタンだけのモーダルなメッセージボックスに、エラーの内容が表示される。

```
def close(self, event=None):
    if self.serverPid is not None:
        print("Stopping the server...")
        os.kill(self.serverPid, signal.SIGINT)
        self.serverPid = None
    self.quit()
```

ユーザーがアプリケーションを閉じると、このアプリケーションがサーバーを自ら起動したか、それともすでに稼働していたサーバーを利用したかの確認を行う。前者のケースであれば、サーバーに割り込みシグナル(Pythonはこれを KeyboardInterrupt例外に変換する)を送ることで、サーバーを終了させる。

os.kill()関数は、与えられたプロセスIDを持つプログラムへシグナル(signal

モジュールの定数のひとつ) を送信する。この関数は、Python 3.1ではUnixだけで動作するが、Python 3.2以降であればUnixとWindowsの両方で動作する。

コンソールクライアントであるmeterclient-rpc.pyは、およそ100行程度のコードである。一方、GUIクライアントであるmeter-rpc.pywは、およそ250行である（これに加えて、ダイアログウィンドウのMeterLogin.pyがあり、そのコードはおよそ100行である）。両方とも使いやすく、移植性も高い。Tkinterのおかげで、GUIクライアントは、OS XでもWindowsでも見た目はネイティブなアプリケーションと変わらない。

6.2　RPyCアプリケーション

Pythonでサーバーとクライアントの両方を実装するのであれば、XML-RPCのような汎用的なプロトコルの代わりにPython専用のプロトコルを使用できる。Python対Pythonのリモートプロシージャコール (remote procedure call)[1]を提供するパッケージは数多く存在するが、本節ではRPyC (http://rpyc.readthedocs.org/) を使用する。このモジュールは、古い「クラシック」と、新しい「サービスベース」というふたつのモードを提供する。ここでは「サービスベース」のアプローチを用いることにする。

デフォルトでは、RPyCは並行処理を行うため、6.1.1節の並行処理に対応しないデータラッパー（Meter.py）を用いることはできない。その代わりとして、新しいMeterMT.pyモジュールを使用する。このモジュールはふたつの新しいクラスであるThreadSafeDictと_MeterDictを定義し、修正したManagerクラス——標準のディクショナリではなく、このふたつのディクショナリを使用する——を持つ。

6.2.1　スレッドセーフなデータラッパー

MeterMTモジュールは、並行処理をサポートしたManagerクラスと、ふたつのスレッドセーフなディクショナリを含む。ここでは、Managerクラスのスタティックなデータとメソッドについて、前節で見たオリジナルのMeter.Managerクラスと異なる箇所を見ていく。

---

[1] 訳注：リモートプロシージャコールとは、ネットワーク上の他のコンピュータでプログラムを呼び出し、実行させるための手法のこと。

```
class Manager:

    SessionId = 0
    SessionIdLock = threading.Lock()
    UsernameForSessionId = ThreadSafeDict()
    ReadingForMeter = _MeterDict()
```

並行処理をサポートするためには、MeterMT.Managerクラスはロックを使用して、スタティックなデータへのアクセスを逐次化しなければならない。セッションIDについては、我々はロックの仕組みを直接使用するが、ふたつのディクショナリはスレッドセーフなディクショナリであるため、ロックを明示的に使用する必要はない。これらのディクショナリについては、このすぐあとに見ていく。

```
    def login(self, username, password):
        name = name_for_credentials(username, password)
        if name is None:
            raise Error("Invalid username or password")
        with Manager.SessionIdLock:
            Manager.SessionId += 1
            sessionId = Manager.SessionId
        Manager.UsernameForSessionId[sessionId] = username
        return sessionId, name
```

このlogin()メソッドがオリジナルと異なる箇所は、セッションIDのインクリメントと代入の操作を、ロックを獲得した状態で行っている点だけである。もしロックがなければ、たとえば、スレッドAがセッションIDをインクリメントし、それとほぼ同時にスレッドBもセッションIDをインクリメントした場合に、ふたつのスレッドが同じセッションIDを持つことになってしまう——つまり、セッションごとに固有のセッションIDを持たなくなる可能性がある。

```
    def get_status(self, sessionId):
        username = self._username_for_sessionid(sessionId)
        return Manager.ReadingForMeter.status(username)
```

このget_status()メソッドは、そのほとんどの仕事を_MeterDict.status()メソッドに委譲している。_MeterDict.status()メソッドについては、このあとに見ていく。

```
    def get_job(self, sessionId):
        self._username_for_sessionid(sessionId)
        while True: # 偽のメータを作成する
```

```
            kind = random.choice("GE")
            meter = "{}{}".format(kind, random.randint(40000,
                    99999 if kind == "G" else 999999))
            if Manager.ReadingForMeter.insert_if_missing(meter):
                return meter
```

このget_job()メソッドについては、前バージョンと異なる箇所は最後の数行である。我々は、偽のメーターがそのディクショナリにあるかどうかを確認し、もしなければ読み取り値の初期値をNoneとして、このメーターをディクショナリに挿入したい。前のバージョンでは、確認と挿入は別のふたつのステートメントで行っていたが、並行処理の文脈では、このようなことはできない。複数のスレッドが、そのふたつのステートメントの間で実行される可能性があるからである。そのため、ここではカスタムメソッドの_MeterDict.insert_if_missing()にその処理を任せることにする。このカスタムメソッドは挿入が行われたかどうかのブール値を返す。

```
        def submit_reading(self, sessionId, meter, when, reading,
                reason=""):
            if (not isinstance(reading, int) or reading < 0) and not reason:
                raise Error("Invalid reading")
            if meter not in Manager.ReadingForMeter:
                raise Error("Invalid meter ID")
            username = self._username_for_sessionid(sessionId)
            reading = Reading(when, reading, reason, username)
            Manager.ReadingForMeter[meter] = reading
```

このsubmit_reading()メソッドはXML-RPC版とよく似ている。異なる点は、日付/時間の値であるwhenを変換する必要がない点と、Noneを返すこと——明示的に返さなければ、Noneが戻り値となる——をRPyCは許容しているため、Trueを返す必要はない、という点である。

6.2.1.1 単純なスレッドセーフのディクショナリ

CPython（Cで実装された標準のPython）を使っているのであれば、Pythonインタープリタは同時にひとつのスレッド上でしか実行できないため（コアがいくつあったとしても）、理論上、GIL（Global Interpreter Lock）がディクショナリをスレッドセーフであるかのようにふるまわせる。そのため、メソッド呼び出しはアトミックなアクションとして実行される。しかし、ふたつ以上のディクショナリのメソッドをひとつのアトミックなアクションとして呼び出す必要があるとき、GILは役に立たない。いずれにせよ、

GILのような実装上の詳細に頼るべきではない。また、他のPython実装（たとえば、JythonやIronPythonなど）はGILを持たないため、ディクショナリのメソッドはアトミックに実行されない。

スレッドセーフなディクショナリがどうしても必要であるなら、サードパーティーのモジュールを使用するか、もしくは自分で作らなければならない。スレッドセーフなメソッドを経由して、既存のディクショナリにアクセスするだけなので、スレッドセーフなディクショナリを作ることは難しくはない。本節では、スレッドセーフなディクショナリであるThreadSafeDictについて見ていく。このクラスは、ディクショナリのインタフェースのうちメーター用のディクショナリとして必要なものだけを提供する。

```
class ThreadSafeDict:

    def __init__(self, *args, **kwargs):
        self._dict = dict(*args, **kwargs)
        self._lock = threading.Lock()
```

ThreadSafeDictは、ディクショナリとthreading.Lockを持つ。ここでは、ディクショナリを継承しないアプローチをとる。self._dictへのすべてのアクセスが自らを経由するようにすることにより、すべてのアクセスを常に逐次化できる（つまり、一度にひとつのスレッドしかself._dictへアクセスできないようにする）からである。

```
    def copy(self):
        with self._lock:
            return self.__class__(**self._dict)
```

Pythonのロックは、コンテキストマネージャ（context manager）のプロトコルをサポートしているため、withステートメントによって簡単にロックを行える。そして、withステートメントによるロックを用いることで、ロックが必要なくなったときは、たとえ例外が発生しても、そのロックの解除が保証されている。

他のスレッドがロックを保持する場合、with self._lockステートメントはブロックされる。ロックを取得した場合、つまりロックを保持するスレッドがほかにないときは、withで囲まれたステートメントに進める。そのため、ロックの範囲をできるだけ少なくして、ロックをできるだけ速やかに解除することが重要になる。このケースでは、ロック中に行われる処理はコストが高いが、ほかによい解決策はない。

もし、あるクラスがcopy()メソッドを実装していれば、インスタンス自身のコピーを返すことが期待される。ここで、self._dict.copy()を用いれば、それはプレイン

なディクショナリを生成することになるので、その実装は不適切である。その代わりに、`ThreadSafeDict(**self._dict)`を返せばよいこともある。しかしこの場合は、そのサブクラスのインスタンスからも（サブクラスが`copy()`メソッドを実装しない限り）、`ThreadSafeDict`が常に返されることになる。上の`copy()`メソッドで使用するコードは、`ThreadSafeDict`とサブクラスの双方で正常に動作する（1章のコラム「シーケンスのアンパック／ディクショナリのアンパック」も参照）。

```
def get(self, key, default=None):
    with self._lock:
        return self._dict.get(key, default)
```

この`get()`メソッドは、スレッドセーフな`dict.get()`メソッドを提供する。

```
def __getitem__(self, key):
    with self._lock:
        return self._dict[key]
```

この特殊メソッド`__getitem__()`によって、ディクショナリの値へのキーによるアクセス——つまり、*value=d[key]*——がサポートされる。

```
def __setitem__(self, key, value):
    with self._lock:
        self._dict[key] = value
```

この特殊メソッド`__setitem__()`によって、ディクショナリへの要素の追加、または既存要素の値の変更を、*d[key]=value*という構文で行える。

```
def __delitem__(self, key):
    with self._lock:
        del self._dict[key]
```

上の`__delitem__()`は、delステートメント——del *d[key]*——をサポートする特殊メソッドである。

```
def __contains__(self, key):
    with self._lock:
        return key in self._dict
```

この特殊メソッド`__contains__()`は、与えられたキーを持つ要素がディクショナリに含まれていればTrueを返し、含まれていなければFlaseを返す。これは、if *k* in *d*: ...のように、inキーワードを経由して使用される。

```
        def __len__(self):
            with self._lock:
                return len(self._dict)
```

この特殊メソッド__len__()は、ディクショナリに存在する要素の数を返す。これは組み込み関数のlen()に対応し、*count=len(d)* のようなコードの内部で使われる。

ThreadSafeDictは、clear()、fromkeys()、items()、keys()、pop()、popitem()、setdefault()、update()、values()といった、ディクショナリのメソッドは提供しない。これらのメソッドのほとんどは、実装するのは簡単なはずだ。しかし、ビューを返すメソッド(たとえば、items()、keys()、values()など)には注意が必要である。もっとも単純でスレッドセーフな方法は、それらをまったく実装しないことである。別の方法としては、データのコピーをリストとして返すことが考えられる(たとえば、keys()はwith self._lock: return list(self._dict.keys())というステートメントで実装できる)。巨大なディクショナリは多くのメモリを必要とするから、このようなメソッドを呼び出せば、全体のパフォーマンスを下げることになるだろう。

スレッドセーフなディクショナリを作成する別のアプローチとしては、通常のディクショナリをひとつのスレッド上で作成する方法が考えられる。このディクショナリへの書き込みを、それが作成されたスレッド上だけで行うように注意すれば(もしくはロックを使用し、そのロックを保持するスレッドだけが書き込みを行うようにすれば)、Python 3.3から導入されたtypes.MappingProxyTypeを使って、このディクショナリの読み込み専用のビューを他のスレッドへ提供できる。

6.2.1.2 メーターディクショナリのサブクラス

ThreadSafeDictをメーターの読み取り値のディクショナリとしてそのまま使用する代わりに、ここでは、新しいメソッドをふたつ追加したプライベートな_MeterDictクラスを作る。

```
    class _MeterDict(ThreadSafeDict):

        def insert_if_missing(self, key, value=None):
            with self._lock:
                if key not in self._dict:
                    self._dict[key] = value
                    return True
            return False
```

このinsert_if_missing()メソッドは、引数で指定されたキーと値をディクショナリに挿入し、Trueを返す。もしキー（偽のキー番号）がすでにディクショナリに存在すれば、何も行わずにFalseを返す。これによって、すべてのジョブのリクエストが、新しいただひとつのメーターに対応することが保証される。

insert_if_missing()メソッドは、（厳密には異なるが）基本的には次のコードと同じことを行う。

```
if meter not in ReadingForMeter: # 間違い!
    ReadingForMeter[key] = None
```

ReadingForMeterは_MeterDictインスタンスであり、ThreadSafeDictクラスのすべての機能を継承する。ReadingForMeter.__contains__()メソッド（inで使用）とReadingForMeter.__setitem__()メソッド（[]で使用）は両方ともスレッドセーフであるが、ここで示したコードはスレッドセーフではない。その理由は、ReadingForMeterディクショナリにNoneを代入する前に、複数の異なるスレッドがifステートメントのなかに進入できてしまう――つまり、複数のスレッドがアクセスできてしまう――からである。これに対する解決策は、ifステートメントのチェックとNoneの代入の両方の操作を同じロックを用いて行うことである。これはまさしくinsert_if_missing()メソッドが行っていることである。

```
def status(self, username):
    count = total = 0
    with self._lock:
        for reading in self._dict.values():
            if reading is not None:
                total += 1
                if reading.username == username:
                    count += 1
    return count, total
```

このstatus()メソッドは、ロックを獲得した状態でディクショナリの値をすべて列挙するため、処理のコストが高くなる可能性がある。別の方法としては、values = self._dict.values()のなかだけでロックを行い、そのあと（ロックを解放したあと）で列挙することが考えられるだろう。それによって――つまり、ロックの内部で要素のコピーを行い、ロックの外でそのコピーを処理することによって――高速化されるかどうかは、環境に依存する。それを確かめる唯一の方法は、もちろん、現実的な環境で両方のアプローチのコードをプロファイリングすることである。

6.2.2 RPyCサーバー

xmlr-pc.serverモジュールを使えば、XML-RPCサーバーは簡単に作れる (6.1.2節参照)。実装は異なるが、RPyCサーバーも簡単に作成できる。

```python
import datetime
import threading
import rpyc
import sys
import MeterMT

PORT = 11003

Manager = MeterMT.Manager()
```

上のコードはmeterserver-rpyc.pyの始まり部分である。最初に、標準ライブラリのモジュールをいくつかインポートし、rpycモジュールとスレッドセーフなMeterMTモジュールのインポートを行う。ここでは、固定のポート番号を設定しているが、XML-RPC版で行ったように、コマンドラインのオプションとargparseモジュールを用いれば、ポート番号の変更は簡単に行える。そして、MeterMT.Managerのインスタンスをひとつ生成する。このインスタンスは、RPyCサーバーの各スレッドによって共有される。

```python
if __name__ == "__main__":
    import rpyc.utils.server
    print("Meter server startup at {}".format(
            datetime.datetime.now().isoformat()[:19]))
    server = rpyc.utils.server.ThreadedServer(MeterService, port=PORT)
    thread = threading.Thread(target=server.start)
    thread.start()
    try:
        if len(sys.argv) > 1: # GUIクライアントから呼ばれた場合、そのことを知らせる
            with open(sys.argv[1], "wb") as file:
                file.write(b"\n")
        thread.join()
    except KeyboardInterrupt:
        pass
    server.close()
    print("\rMeter server shutdown at {}".format(
            datetime.datetime.now().isoformat()[:19]))
    MeterMT.Manager._dump()
```

サーバープログラムは以上ですべてである。ここでは、RPyCサーバーモジュールをインポートし、処理が開始した旨を出力する。そして、スレッド化されたサーバーのインスタンスを生成し、それにMeterServiceクラスを渡す。このサーバーは必要に応じて、MeterServiceクラスのインスタンスを生成する。MeterServiceクラスについては、すぐあとに見ていく。

サーバーを作成したら、server.start()と書くだけにすることも可能であった。しかしそうすると、サーバーが起動したら永遠に実行されたままになってしまう。Ctrl+C（もしくはINTシグナル）によって、ユーザーがサーバーを停止できるようにしたい。そして、サーバーが停止したときに、メーターの読み取り値を出力するようにしたい。

この機能を追加するために、専用のスレッドでサーバーを開始し――内向きの接続を管理するために、スレッドプールを作成する――、そして、（thread.join()を使用して）サーバーのスレッドが終了するのを待機しながらブロックする。もしサーバーがインタラプト（割り込み）されたら、例外をキャッチしつつ無視し、サーバーを閉じる。close()の呼び出しは、すべてのサーバースレッドがその現在の接続を終了するまでブロックされる。それから、サーバーが停止したことを報告し、サーバーに送信されたメーターの読み取り値を出力する。

もしサーバーがGUIクライアントによって実行されたのであれば、サーバーの唯一の引数としてファイル名がクライアントから渡されているはずである。もしnotify引数が存在すれば、そのファイルを作成し、そのファイルに空行を書き込み、サーバーが稼働中であることをクライアントに知らせる。

サービスモードを使用するには、RPyCサーバーはrpyc.Serviceのサブクラスにする。そうすれば、このサーバーをクラスファクトリーとして、サービスのインスタンスを生成するために使用できる（ファクトリーについては、1.1節と1.3節で議論した）。そして、MeterServiceを、プログラムの開始時に生成されたMeterMT.Managerインスタンスの簡単なラッパーとして作成する。

```
class MeterService(rpyc.Service):

    def on_connect(self):
        pass
    def on_disconnect(self):
        pass
```

サービスへの接続が行われるたびに、そのサービスのon_connect()メソッドが呼ばれる。そして、接続が終了すると、on_disconnect()メソッドが呼ばれる。ここでは、そのどちらのケースで何も行う必要はないので、空のメソッドを作る。

```
exposed_login = Manager.login
exposed_get_status = Manager.get_status
exposed_get_job = Manager.get_job
```

サービスは、メソッド（またはクラスや他のオブジェクト）をクライアントへ公開（expose）できる。exposed_で始まるクラスやメソッドは、クライアントがアクセスするために用意されている。メソッドについては、先頭に「exposed_」と付けなくても呼び出せる。たとえば、メーターのRPyCクライアントは、exposed_login()もしくはlogin()を呼び出せる。

exposed_login()、exposed_get_status()、exposed_get_job()メソッドは、単にManager上の対応するメソッドに設定するだけである。

```
def exposed_submit_reading(self, sessionId, meter, when, reading,
        reason=""):
    when = datetime.datetime.strptime(str(when)[:19],
           "%Y-%m-%d %H:%M:%S")
    Manager.submit_reading(sessionId, meter, when, reading, reason)
```

このexposed_submit_reading()メソッドのために、メーターマネージャのメソッドに対する簡単なラッパーを作成した。when変数を、一般のdatetime.datetimeではなく、RPyCのnetrefでラップされたdatetime.datetimeとして渡すためである。ほとんどの場合は両者に違いはないが、ここではリモート（たとえばクライアント側）にあるdatetime.datetimeへの参照ではなく、実際のdatetime.datetimeをメーターディクショナリに格納したい。そのため、ラップされた日付と時間をISO 8601形式の文字列に変換し、サーバー側のdatetime.datetimeへと変換する。そして、これをMeterMT.Manager.submit_reading()メソッドへ渡す。

本節で示したコードは完全なRPyCのメーターサーバーであり、もしon_connect()とon_disconnect()を省略したならば、コードはもっと少なくなっただろう。

6.2.3　RPyCクライアント

RPyCクライアントの作成方法はXML-RPCクライアントとほぼ同様である。以降では、両者の相違点にのみ着目して解説する。

6.2.3.1 コンソールベースのRPyCクライアント

RPyCクライアントもXML-RPCクライアントと同じく、サーバーの開始と停止を分離して行い、サーバーが稼働している場合のみクライアントも動作する。

`meterclient-rpyc.py`プログラムのコードは、6.1.3.1節の`meterclient-rpc.py`とほとんど同じであり、異なるのは`main()`関数と`submit()`関数だけである。

```
def main():
    username, password = login()
    if username is not None:
        try:
            service = rpyc.connect(HOST, PORT)
            manager = service.root
            sessionId, name = manager.login(username, password)
            print("Welcome, {}, to Meter RPYC".format(name))
            interact(manager, sessionId)
        except ConnectionError as err:
            print("Error: Is the meter server running? {}".format(err))
```

ひとつ目の違いは、ハードコードされたホスト名とポート番号を使用している点である。当然ながら、XML-RPCクライアントで行ったように、これを設定可能なように変更するのは簡単だ。ふたつ目の違いは、プロキシマネージャを作成して接続するのではなく、サービスを提供するサーバーへ接続する点である。この場合、サーバーはひとつのサービス(`MeterService`)だけを提供しており、これをメーターマネージャのプロキシとして使用できる。そのほかのコード――メーターマネージャのログイン、ジョブの取得、読み取り値の送信、ステータスの取得など――は、以前と同じだ。唯一異なる点は、`submit()`関数がXML-RPCクライアントとは異なる例外をキャッチすることである。

ホスト名とポート番号の指定で問題になる場合がある。特に、ポート番号の競合のため、通常使っているポート番号とは別のポート番号を使わなければならないといった問題だ。この問題はレジストリサーバーを使用することで回避できる。具体的には、RPyCと一緒に提供される`registry_server.py`サーバーを、自分のネットワークのどこかで実行すればよい。RPyCサーバーは処理の開始時に自動でこのサーバーを探索する。サーバーが見つかれば、そこにサービスを登録する。これで、クライアントは`rpyc.connect(host,port)`の代わりに、`rpyc.connect_by_service(service)`が使えるようになる。たとえば、`rpyc.connect_by_service("Meter")`のように使用する。

6.2.3.2　GUIのRPyCクライアント

　GUIのRPyCクライアントであるmeter-rpyc.pywを図6-2に示す。同じOS上で実行した場合、RPyCクライアントとXML-RPCクライアントのGUIは見た目がほとんど同じなので、見分けがつかない。

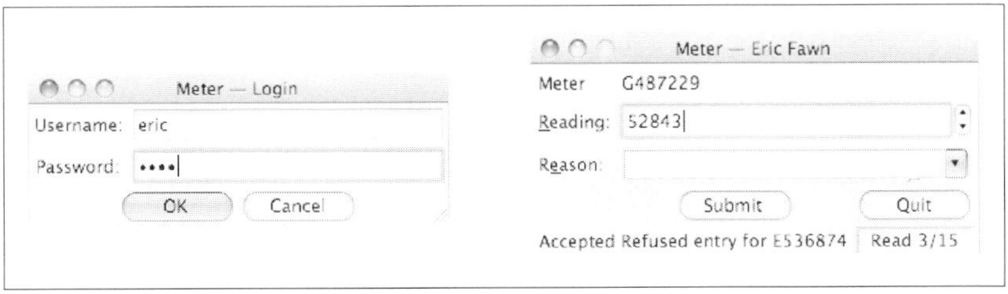

図6-2　OS XでのRPyCによるGUIアプリケーションのログインウィンドウとメインウィンドウ

　Tkinterを使うGUIのRPyCクライアントは、利用可能なメーターサーバーを自動で利用する。もしくは、必要に応じてサーバーを起動する。これは、GUIのXML-RPCクライアントとほとんど同じコードで実現できる。変更したのは、少しのメソッドと定数、インポート部分、except節の例外だけだ。

```
def connect(self, username, password):
    try:
        self.service = rpyc.connect(HOST, PORT)
    except ConnectionError:
        filename = os.path.join(tempfile.gettempdir(),
                "M{}.$$$".format(random.randint(1000, 9999)))
        self.serverPid = subprocess.Popen([sys.executable, SERVER,
                filename]).pid
        self.wait_for_server(filename)
        try:
            self.service = rpyc.connect(HOST, PORT)
        except ConnectionError:
            self.handle_error("Failed to start the RPYC Meter server")
            return False
    self.manager = self.service.root
    return self.login_to_server(username, password)
```

　ログインウィンドウでユーザー名とパスワードが取得されたら、このconnect()メソッドが呼び出され、サーバーへの接続、そしてメーターマネージャへのログインが行われる。

接続に失敗した場合はサーバーが稼働していないと見なし、サーバーの実行を試み、ファイル名を渡す。サーバーがブロックなしで（つまり、非同期で）実行されるが、そのサーバーへの接続を試みる前に、起動が完了するまで待つ必要がある。`wait_for_server()`メソッドは、XML-RPC版ととほとんど同じである。ただし、このバージョンでは、`handle_error()`自体を呼ぶのではなく、`ConnectionError`を発生させる。接続が確立したら、プロキシとして機能するメーターマネージャを取得し、ログインを試みる。

```
def login_to_server(self, username, password):
    try:
        self.sessionId, name = self.manager.login(username, password)
        self.master.title("Meter \u2014 {}".format(name))
        return True
    except rpyc.core.vinegar.GenericException as err:
        self.handle_error(err)
        return False
```

認証情報が受理されたら、セッションIDを設定し、ユーザーの名前をアプリケーションのタイトルバーに設定する。ログインに失敗した場合は、`False`を返し、アプリケーションを終了する（このGUIアプリケーションによってサーバーが開始されたのであれば、そのサーバーも終了させる）。

* * * * * * * * * * * * *

本章で示した例では、データの暗号化を行っていない。そのため、クライアントとサーバー間のトラフィックが盗聴される危険性がある。ただし、個人情報を送信しないアプリケーションや、クライアントとサーバーが同じコンピュータ上で実行される場合、またクライアントとサーバーがファイアウォールで守られている場合や、暗号化されたネットワーク接続が使用される場合などでは、暗号化について気にかける必要はないだろう。もちろん、暗号化を行うことも可能である。XML-RPCの場合、サーバーへ送信するデータをすべて暗号化するために、サードパーティーのPyCryptoパッケージ（https://www.dlitz.net/software/pycrypto/）を利用できる。また別のアプローチとして、Transport Layer Security ─ "安全なソケット"であり、Pythonの`ssl`モジュールによってサポートされている ─ を使うことも考えられる。RPyCの場合、セキュリティ関連の機能は組み込まれているので、暗号化は非常に簡単である。RPyCは、鍵と証

明書に基づいたSSLを使用できる。もっと単純に、SSH（セキュアシェル）を使ってトンネリング（SSHポートフォワード）することも可能である。

　Pythonには、ネットワークに関して低レベルから高レベルまでサポートする優れたモジュールが存在する。高レベルなプロトコルで有名なものは、標準ライブラリにすべて含まれている。たとえば、ファイル送信のFTP、電子メールのPOP3やIMAP4やSMTP、ウェブトラフィックのHTTPやHTTPS、TCP/IPや他の低レベルなソケットプロトコルなどが含まれる。また、サーバーを作るための基盤として、Pythonの中レベルのsocketserverモジュールを利用できる。たとえば、smtpdモジュールはメールサーバー、http.serverはウェブサーバー、そして本章で見てきたxmlrpc.serverはXML-RPCサーバーのために利用できる。

　サードパーティーのネットワークモジュールは数多く用意されている。特に、PythonのWSGI（Web Server Gateway Interface、https://www.python.org/dev/peps/pep-3333/を参照）をサポートするウェブフレームワークは多い。サードパーティーのPythonウェブフレームワークについてはhttps://wiki.python.org/moin/WebFrameworks、ウェブサービスについてはhttps://wiki.python.org/moin/WebServersを参照してほしい。

7章
PythonとTkinterによる
GUIアプリケーション

　うまくデザインされたGUIアプリケーションは、ユーザーにとって魅力的であり、使いやすいものである。ネイティブなアプリケーションを使いやすくデザインするためには、カスタマイズされたGUI——アプリケーション専用のカスタムウィジェット[※1]——を活用できる。それとは対照的に、Webアプリケーションの場合、Webアプリケーションのウィジェットだけでなく、ブラウザのメニューやツールバーもあるので、操作方法やインタフェースなどがわかりづらくなりがちである。また、HTML5のcanvasが広く受け入れられるまでは、カスタムウィジェットを提示する方法は非常に限定される。さらにパフォーマンスの点でも、Webアプリケーションはネイティブなアプリケーションには及ばない。

　最近のスマートフォンアプリは音声で操作できる。しかし、デスクトップパソコンやノートパソコン、タブレットなどでは、これまでのマウスやキーボード、タッチ操作が主流である。本書の執筆時点では、タッチ操作を行うデバイスのほとんどすべてにおいて、専用のライブラリが使用されており、特定の言語とツールを使う必要がある。幸いにも、Pythonにはサードパーティーでオープンソースの Kivy (http://kivy.org/) というライブラリがあり、これはクロスプラットフォームのタッチベースのアプリケーション開発をサポートするように設計されている。タッチベースのインタフェースは、処理パワーと画面サイズが限定されており、一度にひとつのアプリケーションしか表示できないことも多い。

　大きなスクリーンと強力なプロセッサをフル活用したいデスクトップパソコンのユー

※1　WindowsのGUIプログラマーは、GUIのオブジェクトを説明するときに、「コントロール」「コンテナ」「フォーム」という用語を使うことがたびたびある。本書では、UnixのX Windowプログラミングの頃から使われている由緒正しい「ウィジェット」という汎用的な用語を使うことにする。

ザーにとっては、古典的なGUIアプリケーションがいまだにベストな選択と言える。しかも、最近のWindowsでは音声操作の機能が標準で提供されているので、既存のGUIアプリケーションを音声で操作することも可能だ。Pythonのコマンドラインのプログラムがクロスプラットフォームで使えるように、PythonのGUIプログラムも、適切なGUIツールキットを使用すればクロスプラットフォームで実行できる。そのようなツールキットはいくつか公開されている。ここでは、よく使われるGUIツールキットを4つ紹介する。これらはすべてPython 3へ移植されており、少なくともLinux・OS X・Windowsでは各OSに準拠したルック＆フィールで動作する。

PyGtk、PyGObject

PyGtk (http://www.pygtk.org/) には安定版があり、実績もある。しかし、PyGObject (https://wiki.gnome.org/action/show/Projects/PyGObject) と呼ばれる後継の技術に道を譲るため、その開発は2011年に中止された。本書執筆時点では、残念ながら、PyGObjectはUnixベースのシステムを対象に開発が行われているようであり、クロスプラットフォームの対応は行われていない。

PyQt4、PySide

PyQt4 (http://www.riverbankcomputing.co.uk/) は、QT4 GUI開発フレームワーク (http://www.qt.io/) のPythonバインディングを提供する。PySide (https://wiki.qt.io/PySide) は、PyQt4よりも新しいプロジェクトである。PySideはPyQt4に対して高い互換性があり、ライセンスもより使いやすくなっている。PyQt4は、クロスプラットフォーム対応のGUIツールキットのなかで、おそらくもっとも成熟しており、安定もしている[1] (PyQt4、PySideともにQt 5をサポートするバージョンが存在する)。

Tkinter

Tkinterは、Tcl/Tk GUIツールキット (http://www.tcl.tk/) へのバインディングを提供する。Python 3には標準でTcl/Tk 8.5が含まれている (Python 3.4以降ではTcl/Tk 8.6)。他のツールキットとは違い、Tkinterはとても簡素であり、ツールバーやドックウィンドウ、ステータスバーなどへの組み込みのサポー

---

[1] 筆者はかつてQtのドキュメント管理者だった。『Rapid GUI Programming with Python and Qt』という、Qt4によるGUIプログラミングの本も執筆した (「参考文献」を参照)。

トはない（それらを作ることは可能である）。そして、他のツールキットがプラットフォーム固有の事柄——たとえば、OS Xのメニューバーなど——に自動で対応するのとは違い、Tkinterでは（少なくともTcl/Tk 8.5では）プログラマー自身がプラットフォーム間の違いを考慮する必要がある。Tkinterの主な利点は、それがPythonに標準で含まれること、そして、他のツールキットに比べてコンパクトであるということだ。

wxPython

wxPython（http://www.wxpython.org/）は、wxWidgetsツールキット（http://www.wxwidgets.org/）へのバインディングを提供する。Python 3への移植が完了している。

上記のツールキット——ただし、PyGObjectを除く——のいずれかを用いれば、クロスプラットフォーム対応のGUIアプリケーションをPythonで開発できる。もし、ある特定のプラットフォームだけを対象するのであれば、ほとんどの場合、そのプラットフォームのGUIライブラリへのPythonバインディングは用意されているだろう（https://wiki.python.org/moin/GuiProgrammingを参照）。もしくは、JythonやIronPythonなどのプラットフォーム固有のPythonインタープリタを利用できる。3Dグラフィックスを扱いたいのであれば、通常、GUIツールキットのなかで3Dの描画などを行える。別の方法としては、PyGame（http://www.pygame.org/）を利用できる。また、やりたいことがより簡単なことであれば、OpenGLのPythonバインディングを直接使うというのも可能だ——これについては次章で扱う。

Tkinterは標準で提供されているので、デプロイの簡単なGUIアプリケーションを作成できる（必要であれば、PythonとTcl/Tkをアプリケーション自体にバンドルすることもできる。詳しくはhttp://cx-freeze.sourceforge.net/を参照）。そのようなアプリケーションは魅力的であり、コマンドラインのプログラムよりも使いやすく、特にOS XやWindowsのユーザーには受け入れられやすい。

本章では、3つのアプリケーションを例として示す。具体的には、簡単な"hello world"、通貨変換器、そして、より実践的な例として『Gravitate』というゲームを紹介する。Gravitateは、タイル落とし（『テトリス』『さめがめ』）のようなゲームで、重力によりタイルが（下方向ではなく）中央に引き寄せられ、空間を埋めていく。Gravitateは、メインウィンドウスタイルのTkinterアプリケーションを作る方法を示すために取

り上げた (メニューやダイアログ、ステータスバーなどのモダンな機能を作る方法も示す)。Gravitateのダイアログは7.2.2節、Gravitateのメインウィンドウの基盤は7.3節で議論する。

7.1　Tkinter入門

GUIプログラミングは、他の専門的なタイプのプログラミングに比べて難しいということは決してない。また、GUIプログラミングによって、アプリケーションを魅力的に見せられる。

GUIプログラミングは学ぶべきことが多くあるので、ひとつの章だけで、そのすべてをカバーすることはできない (もしそうしようとしたら、少なくとも1冊まるごと、そのテーマだけに集中しなければならないだろう)。そのため、本章では、GUIプログラムの開発において大切な点に絞って——特に、Tkinterを使ううえでの"落とし穴"について——見ていくことにする。とは言うものの、ここではまず古典的な"hello world"プログラムから始める。使用するプログラムはhello.pywで、実行すると図7-1のようになる。

図7-1　Linux、OS X、Windows上でのダイアログスタイルのHelloアプリケーション

```
import tkinter as tk
import tkinter.ttk as ttk

class Window(ttk.Frame):

    def __init__(self, master=None):
        super().__init__(master) # self.masterの作成
        helloLabel = ttk.Label(self, text="Hello Tkinter!")
        quitButton = ttk.Button(self, text="Quit", command=self.quit)
        helloLabel.pack()
        quitButton.pack()
        self.pack()
```

```
window = Window()  # tk.Tkオブジェクトを暗に作成する
window.master.title("Hello")
window.master.mainloop()
```

これがhello.pywアプリケーションのすべてのコードだ。Tkinterプログラムは、Tkinterの名前をすべてインポートする場合が多い（たとえば、`from tkinter import *`）。しかしここでは、その出処を明確にするため、名前空間を使用する（ただし、tkとttkという名前に短縮している）。ちなみに、ttkモジュールは、Tileと呼ばれるTtkによるTcl/Tkへの公式な拡張をラップしたものである。ところで、tkinter.ttk.Frameの代わりにtkinter.Frameも利用できるので、最初のインポートだけで十分であった。しかし、tkinter.ttkはテーマをサポートしているので、ふたつ目のインポートも行った。

ウィジェットには、プレーンなウィジェット（tkinter）と、テーマ付きのウィジェット（tkinter.ttk）がある。プレーンなウィジェットとテーマ付きのウィジェットのインタフェースは異なることもあり、ある状況ではプレーンなウィジェットしか使用できない。そのため、ドキュメントに目を通すことが重要である（Tcl/Tkのコードがわかるなら、http://www.tcl.tk/のドキュメントがおすすめである。そうでないなら、Pythonや他の言語の例が示されているhttp://www.tkdocs.com/や、http://infohost.nmt.edu/tcc/help/pubs/tkinter/web/でのTkinterのチュートリアルやリファレンスが参考になる）。通常、プレーンなウィジェットとテーマ付きウィジェットには対応関係がある（たとえば、tkinter.Labelとtkinter.ttk.Label）。しかし、tkinter.ttkのテーマ付きウィジェットのなかには、対応するプレーンなウィジェットが存在しないものがいくつかある。たとえば、tkinter.ttk.Combobox、tkinter.ttk.Notebook、tkinter.ttk.Treeviewなどである。

本書で使用するGUIプログラミングのスタイルでは、ウィンドウごとにクラスをひとつ作成する（通常は、独立したモジュールのなかにクラスを作成する）。トップレベルのウィンドウ（アプリケーションのメインウィンドウ）については、tkinter.Toplevelやtkinter.ttk.Frameを継承するのが一般的である。Tkinterは、親と子ウィジェットの階層関係（「マスター/スレーブ」と呼ばれることもある）を保持する。一般的に、ウィジェットを継承するクラスの`__init__()`メソッドのなかで組み込み関数のsuper()を呼び出しさえすれば、心配する必要はない。

ほとんどのGUIアプリケーションは、標準的なパターンに従って作成される。その

パターンとは、ひとつ以上のウィンドウクラスを作成し、そのなかのひとつをアプリケーションのメインウィンドウとする、というものである。各ウィンドウクラスでは、ウィンドウの変数（hello.pywには存在しないが）を作り、ウィジェットを作成して配置し、イベント（たとえば、マウスクリック、キーの押下、タイムアウトなど）に対応して呼び出されるメソッドを指定する。ここでは、ユーザーによるquitButtonのクリックと、継承したtkinter.ttk.Frame.quit()メソッド——このメソッドはウィンドウを閉じる——を関連付ける。このクラスがこのアプリケーションにおける唯一のウィンドウなので、ウィンドウが閉じられるとアプリケーションが終了する。ウィンドウクラスの準備が整ったら、最後にアプリケーションオブジェクトを作り（この例では、暗黙のうちに行われる）、GUIのイベントループを開始する。イベントループについては図4-8を参照してほしい。

　当然ながら、一般的なGUIアプリケーションは、hello.pywよりもコードがかなり長く、より複雑になる。しかし、一般的なGUIアプリケーションであっても、ウィンドウクラスは上記のパターンに従っている。異なる点は、より多くのウィジェットを作成し、より多くのイベントの関連付けを行うということだけである。

　最近のGUIツールキットでは、ウィジェットのサイズや位置をハードコードせず、レイアウトモジュールを使用するのが一般的である。そうすれば、コンテンツ（たとえば、ラベルやボタンのテキストなど）に応じて、ウィジェットが自動で拡大または縮小する。そのコンテンツが変更されたとしても、他のウィジェットとの相対的な位置を保ちながら調整が行われる。レイアウトモジュールを使用すれば、プログラマーは多くの退屈な計算から解放される。

　Tkinterは3つのレイアウトマネージャを提供する。それは、place（ハードコーディングによって位置を指定する。使われることはめったにない）、pack（縦または横に一列に配列する）、grid（行と列からなるグリッドにウィジェットを配列する。もっとも使用される）である。この例では、ラベルとボタンを順にpackし、それからウィンドウ全体をpackしている。このような単純な例ではpackが適しているが、後ほど見ていくようにgridのほうが使いやすい。

　GUIアプリケーションは、「ダイアログスタイル」か「メインウィンドウスタイル」のどちららかに大別できる。前者はメニューやツールバーのないウィンドウであり、代わりにボタンやコンボボックスなどで操作を行う。ダイアログスタイルは、簡単なユーティリティやメディアプレーヤー、ゲームなど、単純なインタフェースだけを必要とす

る場合に適している。メインウィンドウスタイルのアプリケーションはメニューやツールバーを上部に、ステータスバーを下部に持つのが一般的である。また、ドックウィンドウを持つこともある。メインウィンドウは、より複雑なアプリケーションにとって理想的であり、メニューオプションやツールバーのボタンを持つことも多い（これらからダイアログが表示されることもよくある）。これから、両方のタイプのアプリケーションを見ていく。ダイアログスタイルで学ぶことは、メインウィンドウスタイルのアプリケーションで使用されるダイアログにも当てはまるので、先にダイアログスタイルから紹介する。

7.2 Tkinterによるダイアログの作成

　ダイアログには4つのタイプがある。ここでは、その4つのタイプについて簡単に説明する。

グローバルモーダル

グローバルモーダルなダイアログは、すべてのユーザーインタフェース——他のアプリケーションを含む——をブロックし、そのダイアログだけにインタラクションを限定する。そのダイアログの操作以外は行えず、アプリケーションの切り替えも不可能である。このタイプに該当するものとしては、コンピュータ起動時のログインウィンドウやパスワードで保護されたスクリーンセーバーのダイアログが主に挙げられる。グローバルモーダルなダイアログは、バグによってコンピュータ全体が使用できなくなる可能性があるため、アプリケーションのプログラマーは使用するべきではない。

アプリケーションモーダル

アプリケーションモーダルなダイアログは、同一アプリケーション内の他のウィンドウの操作を禁止する。ユーザーが他のアプリケーションへ切り替えることは可能である。モーダルダイアログを表示している間は、プログラマーの意図しない場所でアプリケーションの状態を変更するのを防げるため、プログラミングはモードレスダイアログよりも容易である。しかし、ユーザーによっては、このタイプのダイアログを煩わしく感じることもある。

ウィンドウモーダル

ウィンドウモーダルなダイアログはアプリケーションモーダルなダイアログとよく似ている。異なるのは、アプリケーション内のすべてのウィンドウに対する操作を禁止するのではなく、同じウィンドウ階層にある他のウィンドウへの操作だけを禁止するという点である。これが役に立つケースとしては、たとえば、複数のドキュメントがそれぞれトップレベルのウィンドウとして開かれている場合が考えられる。ひとつのウィンドウを操作している間、他のドキュメントへの操作が禁止されるというのは望ましくない。

モードレス

モードレスダイアログは、そのアプリケーションの他のウィンドウとのやりとり、また他アプリケーションとのやりとりをブロックしない。プログラマーにとって、モードレスダイアログはモーダルダイアログよりも実装が難しい。なぜなら、ユーザーが他のウィンドウとのやりとりを行っているときに、元のウィンドウへの操作を通じてアプリケーションの状態が変更される可能性があるからである。

グローバルモーダルなダイアログは、Tcl/Tkの用語では「global grab」と呼ばれる。アプリケーションモーダルとウィンドウモーダルなダイアログ（通常、単に「モーダルダイアログ」と呼ばれる）は、「local grab」と呼ばれる。OS XのTkinterでは、モーダルダイアログはシートとして表示されることもある。

ダムダイアログ（dumb dialog）[※1]は、ウィジェットをいくつか表示し、ユーザーが入力したデータをアプリケーションへ戻す。そのようなダイアログは、アプリケーション固有の事柄には関知しない。典型的な例は、アプリケーションのログインダイアログである。ここでは、ユーザー名とパスワードを受け取り、アプリケーションに渡すだけである（ログインダイアログの例は前章で示した。該当するコードは6.1.3.2節の`MeterLogin.py`である）。

一方、スマートダイアログ（smart dialog）は、なんらかのアプリケーション固有の処理を行う。そして、アプリケーションのデータを直接操作するために、アプリケーショ

※1　訳注：dumbとは「データ処理能力のない」という意味であり、データの送受信と表示しかできない端末機などを指して言うことがある。ここでも、ユーザー名とパスワードの表示と、アプリケーションへのデータの受け渡ししか行わないダイアログを指して、「ダムダイアログ」と呼んでいる。

ンの変数やデータ構造を参照することもある。

　モーダルダイアログはダムにもスマートにもなる（もしくは、両者の中間のどこかに位置付けられる）。十分にスマートなモーダルダイアログであれば、アプリケーションについてよく理解しており、入力された個々のデータやその組み合わせについてもバリデーションを行うのが一般的である。たとえば、開始日時と終了日時を入力するためのスマートなダイアログでは、開始日時よりも早い終了日時は受理されないだろう。

　モードレスダイアログは、ほとんどの場合スマートである。モードレスダイアログには一般的に、「apply/close」と「live」というふたつのタイプがある。apply/closeダイアログでは、ユーザーがウィジェットを操作でき、[Apply]（適用）ボタンをクリックすると、その結果がアプリケーションのメインウィンドウに反映される。liveダイアログでは、ユーザーがダイアログのウィジェットを操作するとすぐにメインウィンドウに反映される。OS Xではこちらのほうが一般的である。スマートなモードレスダイアログであれば、アンドゥ機能や初期値にリセットするためのボタンあるいは変更を取り消すためのボタンを備えている。モードレスダイアログも、ヘルプダイアログのような情報提供だけのためのものであれば、ダムなダイアログと言える。通常、ダイアログには閉じるボタンが伴う。

　liveダイアログは、変更を行うたびに、その効果をリアルタイムに確認できるから、色やフォント、フォーマットやテンプレートなどの変更を行うときに特に便利である。そのようなケースでapply/closeダイアログを使用すれば、ダイアログを開き、変更を行い、適用する、というサイクルを満足のいくまで繰り返す必要がある。

　ダイアログスタイルのアプリケーションのメインウィンドウは、必然的にモードレスダイアログになる。メインウィンドウスタイルのアプリケーションは、通常モーダルダイアログとモードレスダイアログの両方を使用する（それらは、ユーザーがメニューオプションやツールバーをクリックするとポップアップで表示される）。

7.2.1　ダイアログスタイルのアプリケーション

　本節では、通貨の変換を行うアプリケーションを見ていく。このアプリケーションはとても単純ではあるが、便利なダイアログスタイルのアプリケーションである。ソースコードはcurrencyディレクトリにあり、アプリケーションは図7-2のようになる。

図7-2 OS XとWindowsでのダイアログスタイルの通貨アプリケーション

このアプリケーションはコンボボックスをふたつ持ち、それぞれ通貨名がリストされる。コンボボックスの右側には、金額を入力するためのスピンボックスとラベルがある。そして、スピンボックスに入力された金額に対して、上のコンボボックスで指定された通貨単位から下の通貨単位へと変換が行われ、その変換後の金額がラベルに表示される。

このアプリケーションのコードは、3つのPythonファイルから構成される。その3つのファイルとは、ユーザーが実行する currency.pyw、Main.window クラスを提供する Main.py、そして、1.5節で議論した Rates.get() 関数を提供する Rates.py である。それらのファイルに加えて、アイコンがふたつある (currency/images/icon_16x16.gif と currency/images/icon_32x32.gif)。このアイコンは、LinuxとWindowsで使用されるアプリケーションのアイコンである。

PythonのGUIアプリケーションは、通常の.py拡張子を使えるが、OS XとWindowsでは.pyw拡張子は別のPythonインタープリタに関連付けられていることがしばしばある (たとえば、python.exe ではなく pythonw.exe)。このインタープリタは、コンソールウィンドウを表示することなくアプリケーションを実行できるため、ユーザーにとって好ましい。しかし、プログラマーにとっては、sys.stdout や sys.stderr の出力をデバッグ用に確認できる標準のPythonインタープリタを使って、コンソールからGUIアプリケーションを実行するのがベストである。

7.2.1.1 通貨アプリケーションのmain()関数

特に巨大なプログラムの場合、小さな"実行可能"なモジュールを用意し、(サイズに関係なく) その他の .py モジュールファイルとは分離したほうがよい。最近の高速なコンピュータであれば、そのような分離を行ったとしても、初回の実行時において違いは出ないだろう。しかし内部的には、初回実行時に"実行可能"なものを除くすべての .py ファイルが .pyc へとバイトコンパイルされる。

7.2 Tkinterによるダイアログの作成

同じプログラムが2回目以降実行される場合は、.pycファイルが使われる（.pyファイルが変更された場合は除く）ため、起動時間は初回より短くなるだろう。

通貨アプリケーションでの実行可能なcurrency.pywファイルは、小さなmain()関数ひとつだけから構成される。

```
def main():
    application = tk.Tk()
    application.title("Currency")
    TkUtil.set_application_icons(application, os.path.join(
            os.path.dirname(os.path.realpath(__file__)), "images"))
    Main.Window(application)
    application.mainloop()
```

この関数はまず、Tkinterのアプリケーションオブジェクトを作成する。これは通常見えないトップレベルのウィンドウであり、アプリケーションにとっての最上位の親ウィジェット（マスターウィジェット、もしくはルートウィジェットとも呼ばれる）として機能する。hello.pywアプリケーションでは、Tkinterに暗黙のうちにアプリケーションオブジェクトを作成させたが、通常は明示的に作成するのがよい。そうすることで、アプリケーションレベルの設定を適用できる。続いて、アプリケーションのタイトルを「Currency」に設定する。

本書の例では、TkUtilモジュールを使用している。TkUtilモジュールには、Tkinterプログラミングをサポートする便利な組み込み関数が含まれる（いくつかについては、利用の都度解説する）。上のコードでは、TkUtil.set_application_icons()関数が使われている。

タイトルとアイコンの設定を行い（ただし、OS Xではアイコンは無視される）、アプリケーションのメインウィンドウのインスタンスを作成し、アプリケーションオブジェクトを親（またはマスター）として渡す。そして、GUIのイベントループを開始する。イベントループが終了すると――たとえば、tkinter.Tk.quit()を呼び出された場合――、アプリケーションは終了する。

```
def set_application_icons(application, path):
    icon32 = tk.PhotoImage(file=os.path.join(path, "icon_32x32.gif"))
    icon16 = tk.PhotoImage(file=os.path.join(path, "icon_16x16.gif"))
    application.tk.call("wm", "iconphoto", application, "-default", icon32,
            icon16)
```

念のため、TkUtil.set_application_icons()関数を示す。tk.PhotoImage

クラスは、PGM・PPM・GIFフォーマットの画像を読み込める（PNGフォーマットのサポートは、Tcl/TK 8.6で追加された）。画像をふたつ作成したあとは、`tkinter.Tk.tk.call()`関数を呼び出し、Tcl/TKコマンドが送られる。可能であれば、このような低レベルな詳細を扱うべきではないが、必要な機能をTkinterが提供してない場合にはやむを得ない。

7.2.1.2　通貨アプリケーションのMain.Windowクラス

通貨アプリケーションのウィンドウは、以前に議論したメインウィンドウのパターンに従う。このパターンは、`__init__()`メソッドのなかで明示的に示されている。本節のコードはすべて`currency/Main.py`から抜粋したものである。

```
class Window(ttk.Frame):

    def __init__(self, master=None):
        super().__init__(master, padding=2)
        self.create_variables()
        self.create_widgets()
        self.create_layout()
        self.create_bindings()
        self.currencyFromCombobox.focus()
        self.after(10, self.get_rates)
```

ウィジェットを継承するクラスを初期化するときは、組み込み関数`super()`の呼び出しが必須である。ここでは、マスター（`tk.TK`型のアプリケーションオブジェクト。`main()`関数から渡される）だけではなく、2ピクセルというパディングの値も指定している。このパディングは、アプリケーションのウィンドウの内側のボーダーとそのなかにレイアウトされるコンテンツとの間に余白を設定する。

続いて、ウィンドウつまりアプリケーションの変数とウィジェットを作成し、ウィジェットをレイアウトする。そして、イベントの関連付けを行い、上側のコンボボックスにキーボードフォーカスを当てる。最後に、Tkinterから継承したメソッド`after()`を呼ぶ。このメソッドは、時間（単位はミリ秒）とコーラブルを引数として受け取る。そのコーラブルは、指定した時間が経過すると呼び出される。

このアプリケーションでは、通貨レートをインターネットからダウンロードするのに数秒の時間を要するかもしれない。しかし、アプリケーションのウィンドウはすぐに表示されるようにしたい（そうでなければ、ユーザーは処理が開始されていないのではと思い、再起動してしまうかもしれない）。そのため、ウィンドウを表示できるようにな

るまで、通貨レートの取得を遅らせることにする。

```
def create_variables(self):
    self.currencyFrom = tk.StringVar()
    self.currencyTo = tk.StringVar()
    self.amount = tk.StringVar()
    self.rates = {}
```

tkinter.StringVarは文字列を保持する変数であり、ウィジェットに関連付けできる。StringVarの文字列が変更されると、関連付けられたウィジェットでもその変更が自動的に反映される（逆に、ウィジェットの文字列が変更された場合にはStringVarに反映される）。また、ここではself.amountをtkinter.IntVarとして作成することもできたが、Tcl/Tkは内部で文字列を使用してほとんどの処理を行っているので、文字列を使えるならば――それが数値であったとしても――使うほうが都合がよい。ratesはディクショナリであり、通貨名をキーに、変換レートを値に持つ。

```
Spinbox = ttk.Spinbox if hasattr(ttk, "Spinbox") else tk.Spinbox
```

tkinter.ttk.SpinboxウィジェットはPython 3のTkinterに追加されていなかったが、Python 3.4で追加された。上のコードは、もしそれが用意されているのであれば利用し、そうでなければ、代わりとしてテーマ付きでないスピンボックスを用いる。これらのインタフェースは同じではないので、両者に共通の機能だけを使用するように注意が必要である。

```
def create_widgets(self):
    self.currencyFromCombobox = ttk.Combobox(self,
            textvariable=self.currencyFrom)
    self.currencyToCombobox = ttk.Combobox(self,
            textvariable=self.currencyTo)
    self.amountSpinbox = Spinbox(self, textvariable=self.amount,
            from_=1.0, to=10e6, validate="all", format="%0.2f",
            width=8)
    self.amountSpinbox.config(validatecommand=(
            self.amountSpinbox.register(self.validate), "%P"))
    self.resultLabel = ttk.Label(self)
```

tk.TKオブジェクトを除くすべてのウィジェットは、親（またはマスター）と一緒に作成されるべきである。tk.Tkオブジェクトは、ウィンドウまたはフレームであり、その内部にウィジェットが配置される。create_widgets()メソッドでは、コンボボックスをふたつ作成し、それぞれにStringVarを関連付ける。

また、スピンボックスも作成し、StringVarへの関連付けを行い、最小値と最大値を設定する。スピンボックスのwidthは文字数であり、formatにはPython 2の古いスタイルである「%形式」が用いられる (str.format()フォーマットでの"{:0.2f}"と同じである)。validate引数で、スピンボックスの値が変更されるたびに行うバリデーション(検証)について設定する(ユーザーが数値を入力したり、スピンボタンを使用したりするタイミングでバリデーションを行うかどうか)。スピンボックスが作成されたら、バリデーション用のコーラブルを登録する。このコーラブルは、引数で与えられたフォーマット("%P")を伴って呼び出される。このフォーマットはTcl/TKの文字列フォーマットであり、Pythonのものではない。ちなみに、スピンボックスの値は、明示的に指定されなければ、自動的に最小値(from_。上のコードでは1.0)に設定される。

最後に、計算された金額を表示するためのラベルを作成する。ここでは、そのラベルの初期表示用のテキストは何も与えない。

```
def validate(self, number):
    return TkUtil.validate_spinbox_float(self.amountSpinbox, number)
```

このvalidate()メソッドは、スピンボックスに登録するバリデーション用のコーラブルである。ここでは、Tcl/Tkの"%P"フォーマットは、スピンボックスのテキストを意味する。そのため、スピンボックスの値が変更されるたびに、スピンボックスのテキストとともにこのメソッドが呼び出される。実際のバリデーションは、TkUtilモジュールの汎用的な便利関数に渡される。

```
def validate_spinbox_float(spinbox, number=None):
    if number is None:
        number = spinbox.get()
    if number == "":
        return True
    try:
        x = float(number)
        if float(spinbox.cget("from")) <= x <= float(spinbox.cget("to")):
            return True
    except ValueError:
        pass
    return False
```

このvalidate_spinbox_float()関数には、スピンボックスと数値が渡される(数値は文字列またはNoneとして渡される)。もし数値が渡されなければ、この関数はス

ピンボックスのテキストを取得する。スピンボックスが空の場合、`True` を返し（つまり、値を正当なものと見なし）、ユーザーがスピンボックスの値を消去して新しい値を入力できるようにする。もし空でなければ、テキストを浮動小数点数型に変換し、この値がスピンボックスの範囲に収まるかどうか確認する。

Tkinterのウィジェットはすべて `config()` メソッドを持つ。このメソッドは、ひとつ以上の「*key=value*」引数を受け取り、ウィジェットの属性を設定する。また、`cget()` メソッドは *key* を引数に取り、それに関連した属性の値を返す。また、`configure()` というメソッドもあるが、これは `config()` メソッドのエイリアス（別名）である。

```
def create_layout(self):
    padWE = dict(sticky=(tk.W, tk.E), padx="0.5m", pady="0.5m")
    self.currencyFromCombobox.grid(row=0, column=0, **padWE)
    self.amountSpinbox.grid(row=0, column=1, **padWE)
    self.currencyToCombobox.grid(row=1, column=0, **padWE)
    self.resultLabel.grid(row=1, column=1, **padWE)
    self.grid(row=0, column=0, sticky=(tk.N, tk.S, tk.E, tk.W))
    self.columnconfigure(0, weight=2)
    self.columnconfigure(1, weight=1)
    self.master.columnconfigure(0, weight=1)
    self.master.rowconfigure(0, weight=1)
    self.master.minsize(150, 40)
```

この `create_layout()` メソッドは、**図7-3**に示すレイアウトを作成する。各ウィジェットは、グリッド内の特定の位置に配置され、東西方向に「スティッキー（sticky）」であると指定する。これは、ウィンドウがリサイズされると横方向に伸縮するが、縦方向には変化しない、ということを意味する。また、ウィジェットのパディングがx方向もy方向もともに0.5mmであるため、ウィジェットは0.5mmの余白で囲まれる（1章のコラム「シーケンスのアンパック／ディクショナリのアンパック」も参照）。

(0, 0) currencyFromCombobox	(0, 1) amountSpinbox
(1, 0) currencyToCombobox	(1, 1) resultLabel

図7-3　通貨アプリケーションのメインウィンドウのレイアウト

ウィジェットが配置されたら、そのウィンドウ自体をひとつのセルからなるグリッ

ドのなかに配置する。また、このセルがすべての方向（東、西、南、北）に伸縮するように指定する。そして、その列のweight（伸縮率）を設定する。ここでは、ウィンドウが横方向に伸ばされたら、スピンボックスおよびラベルとコンボボックスは1:2の割合で伸びる——つまり、スピンボックスとラベルが1ピクセル伸びるごとに、コンボボックスは2ピクセル伸びる割合で、ウィジェットの位置調整が行われる。ゼロでないweightが、ウィンドウのひとつのグリッドセルにも渡される。これにより、ウィンドウのコンテンツがリサイズ可能になる。そして最後に、ウィンドウの最小サイズを与える。もし最小サイズを与えなければ、何も見えなくなるまでウィンドウを小さくできてしまう。

```
def create_bindings(self):
    self.currencyFromCombobox.bind("<<ComboboxSelected>>",
        self.calculate)
    self.currencyToCombobox.bind("<<ComboboxSelected>>",
        self.calculate)
    self.amountSpinbox.bind("<Return>", self.calculate)
    self.master.bind("<Escape>", lambda event: self.quit())
```

このcreate_binding()関数は、イベントをアクションに結びつけるために用いる。ここで我々にとって関心のあるイベントはふたつある。ひとつは「バーチャルイベント」、もうひとつは「リアルイベント」である。前者は、ウィジェットによって生成されるカスタムイベントであり、後者は、キーの押下やウィンドウのリサイズなど、ユーザーインタフェースの操作時に発生するイベントである。バーチャルイベントは、山括弧を2重で囲った名前で指定され、リアルイベントは山括弧がひとつだけで囲まれる。

コンボボックスの値が変更されるたびに、イベントループのイベントキューへ<<ComboboxSelected>>というバーチャルイベントが追加される。両方のコンボボックスで、このイベントを、通貨変換の再計算を行うself.calculate()メソッドへ関連付ける。スピンボックスでは、ユーザーがEnterキーまたはReturnキーを押した場合だけ、再計算を行うようにする。そしてユーザーがEscキーを押したら、継承されたtkinter.ttk.Frame.quit()メソッドを呼び出してアプリケーションを終了させる。

```
def calculate(self, event=None):
    fromCurrency = self.currencyFrom.get()
    toCurrency = self.currencyTo.get()
    amount = self.amount.get()
    if fromCurrency and toCurrency and amount:
        amount = ((self.rates[fromCurrency] / self.rates[toCurrency]) *
```

```
                float(amount))
        self.resultLabel.config(text="{:,.2f}".format(amount))
```

このcalculate()メソッドは、ふたつの通貨単位と変換前の金額を取得し、変換を行う。最後に、結果を表すラベルのテキストに変換後の金額を設定する。金額には3桁ごとにコンマを追加し、小数点第2位まで表示する。

```
    def get_rates(self):
        try:
            self.rates = Rates.get()
            self.populate_comboboxes()
        except urllib.error.URLError as err:
            messagebox.showerror("Currency \u2014 Error", str(err),
                parent=self)
            self.quit()
```

ウィンドウに対して自身を描画する機会を与えるため、タイマーを使ってこのget_rates()メソッドが呼ばれる。レートのディクショナリを取得し（キーが通貨名、値が変換率）、それに従ってコンボボックスにデータを格納する。レートを取得できなければ、エラーメッセージをポップアップで表示させ、ユーザーが［OK］ボタンなどを使ってメッセージボックスを閉じたあと、アプリケーションを終了させる。

tkinter.messagebox.showerror()関数は、引数として、ウィンドウタイトルのテキスト、メッセージのテキスト、親（省略可能。指定された場合、メッセージボックスはその親の中央に重ねて表示される）を受け取る。Python 3はUTF-8対応なので直接emダッシュ（—）を使用することもできるが、ここでは文字コード（「—」のUnicodeはU+2014）で指定している。

```
    def populate_comboboxes(self):
        currencies = sorted(self.rates.keys())
        for combobox in (self.currencyFromCombobox,
                        self.currencyToCombobox):
            combobox.state(("readonly",))
            combobox.config(values=currencies)
        TkUtil.set_combobox_item(self.currencyFromCombobox, "USD", True)
        TkUtil.set_combobox_item(self.currencyToCombobox, "GBP", True)
        self.calculate()
```

このpopulate_comboboxes()メソッドは、コンボボックスに通貨名をアルファベット順に挿入する。コンボボックスは読み込み専用として設定する。そして、上のスピンボックスにアメリカの「ドル」を、下にはイギリスの「ポンド」を設定する。最後に、

self.calculate()を呼び、初期値を設定する。

　Tkinterのテーマ付きのウィジェットはすべてstate()メソッドとinstate()メソッドを持つ。state()メソッドはひとつ以上の状態を設定し、instate()メソッドはウィジェットが特定の状態にあるかどうかを確認するために用いられる。状態としては、disabled、readonly、selectedの3つがよく使われる。

```
def set_combobox_item(combobox, text, fuzzy=False):
    for index, value in enumerate(combobox.cget("values")):
        if (fuzzy and text in value) or (value == text):
            combobox.current(index)
            return
    combobox.current(0 if len(combobox.cget("values")) else -1)
```

　この汎用関数set_combobox_item()はTkUtilモジュールのなかにある。この関数は、コンボボックスのなかで、与えられたテキストと完全一致する項目を選択する。fuzzyがTrueであれば、そのテキストが含まれる項目が選択される。

　この単純ではあるが実用的な通貨アプリケーションは、約200行のコードから構成される（ただし、標準ライブラリのモジュールや本書のTkUtilモジュールは除く）。小さなGUIユーティリティであっても、コマンドラインだけのときより多くのコードが必要になるのが普通である。ただし、この差はアプリケーションが複雑化し高度化するのにつれて急速に縮まる。

7.2.2　アプリケーションのダイアログ

　ダイアログスタイルのスタンドアローンなアプリケーションを作るのは容易であり、簡単なユーティリティやメディアプレーヤー、ゲームにとっては都合がよい。しかし、より複雑なアプリケーションでは、メインウィンドウとサポート用のダイアログを持つのが普通である。本節では、モーダルダイアログとモードレスダイアログの作成方法について見ていく。

　ウィジェットやレイアウトあるいはイベントの関連付けについては、モーダルダイアログとモードレスダイアログに実装の違いはない。しかし、モーダルダイアログではユーザーが入力したデータを変数に設定するのが一般的であるのに対して、モードレスダイアログは、ユーザーのインタラクションに反応してアプリケーションのメソッドを呼び出したりデータを変更したりするのが一般的である。さらに、モーダルダイアログの場合、表示されている間はほかをブロックするが、モードレスダイアログはブロッ

クしない。この違いは重要である。

7.2.2.1 モーダルダイアログの作成

本節では、『Gravitate』というゲームアプリケーションの環境設定ダイアログについて見ていく。ソースコードはgravitate/Preferences.pyであり、ダイアログは図7-4のようになる。

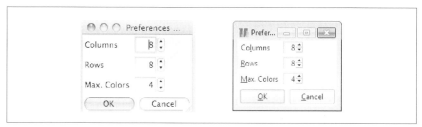

図7-4　OS XとWindowsでの、Gravitateアプリケーションのモーダルな環境設定ダイアログ

LinuxとWindowsでは、ユーザーがGravitateのメニューオプションから[File] → [Preferences]をクリックすれば、Main.Window.preferences()メソッドが呼び出され、モーダルな環境設定ダイアログが表示される。OS Xでは、アプリケーションメニューの[Preferences]（環境設定）をクリックするか、OS Xの慣習に従って「⌘+,」を押さなければならない。残念ながら、Linux/WindowsとMacの両方のケースに自分で対処しなければならない（7.3.2.1節参照）。

```
def preferences(self):
    Preferences.Window(self, self.board)
    self.master.focus()
```

このpreferences()はメインウィンドウのメソッドであり、環境設定ダイアログを表示させるために使われる。このダイアログはスマートダイアログなので、ダイアログ自体にアプリケーションのオブジェクトを渡して更新させる。ダイアログに変数をいくつか渡し、ユーザーが[OK]をクリックしたら、アプリケーションの状態を更新するようなことはしない。ここでは、Boardという型——2Dグラフィックスのためのtkinter.Canvasのサブクラス——のself.boardオブジェクトをそのダイアログに渡す。

このメソッドは、新しい環境設定ダイアログのウィンドウを作成する。この呼び出

しによって、ダイアログが表示され、ユーザーが [OK] または [Cancel] をクリックするまでブロックされる。ダイアログでユーザーが [OK] をクリックしたら、そのダイアログ自体がBoardオブジェクトを更新するため、ここではこれ以上のダイアログ関連の処理は行わない。ダイアログが閉じられたあとで、メインウィンドウにキーボードのフォーカスを当てる。

　Tkinterにはtkinter.simpledialogモジュールが含まれており、カスタムダイアログのための基底クラスが提供されている。またtkinter.simpledialog.askfloat()のような、ユーザーから値を取得するポップアップのダイアログなどの便利な機能が提供される。既製のダイアログでは、できるだけ簡単に自身を継承してウィジェットをカスタマイズする仕掛け（フック）が用意されている。しかし、本書執筆時点では、それらは長らく更新されておらず、テーマ付きウィジェットも使用されていない。この点を考慮して、本書の例では、テーマ付きのカスタムダイアログのための基底クラスであるTkUtil/Dialog.pyを定義する。これはtkinter.simpledialog.Dialogと同じように利用でき、また、TkUtil.Dialog.get_float()のような便利関数も提供する。

　テーマ付きウィジェットを使い、OS XとWindowsでTkinterをネイティブな見た目にするために、本書のダイアログはすべて、tkinter.simpledialogではなくTkUtilモジュールを使用する。

```
class Window(TkUtil.Dialog.Dialog):

    def __init__(self, master, board):
        self.board = board
        super().__init__(master, "Preferences \u2014 {}".format(APPNAME),
                TkUtil.Dialog.OK_BUTTON|TkUtil.Dialog.CANCEL_BUTTON)
```

ダイアログは親 (master) とBoardインスタンスを引数として受け取る。Boardインスタンスは、ダイアログのウィジェットに初期値を与えるために利用される。そしてユーザーが [OK] をクリックしたら、ダイアログが自分を破棄する前に、ユーザーが設定した値を、Boardインスタンスに与える。APPNAMEという定数は"Gravitate"という文字列を持つ（定義のコードは省略）。

　TkUtil.Dialog.Dialogを継承するクラスは、body() メソッドを持たなければならない。このメソッドでは、ダイアログのウィジェットを作成するが、ボタンの作成は行わない（基底クラスが行う）。それに加えて、apply() メソッドも提供すべきである。

apply()メソッドは、ユーザーがダイアログをアクセプトしたときだけ呼ばれるメソッドである（「アクセプト」とは、[OK]ボタンや[Yes]ボタンなどが押されることを意味する）。また、initialize()メソッドやvalidate()メソッドを作ることも可能であるが、この例では必要ない。

```
def body(self, master):
    self.create_variables()
    self.create_widgets(master)
    self.create_layout()
    self.create_bindings()
    return self.frame, self.columnsSpinbox
```

このbody()メソッドでは、ダイアログの変数の作成、ダイアログのウィジェットの配置、そして、イベントの関連付けを行わなければならない（ボタンと、このボタンでのイベントの関連付けは除く）。そして、これまでに作成したすべてのウィジェットを含むウィジェット（一般的にはフレーム）を返さなければならない。さらに、そのウィジェットに加えて、キーボードフォーカスを当てたいウィジェットも合わせて返せる。ここでは、すべてのウィジェットが配置されたフレームを返し、フォーカス対象のウィジェットとして最初のスピンボックスを返す。

```
def create_variables(self):
    self.columns = tk.StringVar()
    self.columns.set(self.board.columns)
    self.rows = tk.StringVar()
    self.rows.set(self.board.rows)
    self.maxColors = tk.StringVar()
    self.maxColors.set(self.board.maxColors)
```

このダイアログはラベルとスピンボックスを使用するだけなので、とても単純である。ここでは各スピンボックスのために、それぞれに関連付けを行うためのtkinter.StringVarを作成し、渡されたBoardインスタンスの対応する値でStringVarの値を初期化する。tkinter.IntVarsを使用するほうが自然であるように思われるが、Tcl/Tkの内部では文字列を使用しているため、StringVarsを選ぶほうがよい場合が多い。

```
def create_widgets(self, master):
    self.frame = ttk.Frame(master)
    self.columnsLabel = TkUtil.Label(self.frame, text="Columns",
            underline=2)
```

```
            self.columnsSpinbox = Spinbox(self.frame,
                    textvariable=self.columns, from_=Board.MIN_COLUMNS,
                    to=Board.MAX_COLUMNS, width=3, justify=tk.RIGHT,
                    validate="all")
            self.columnsSpinbox.config(validatecommand=(
                self.columnsSpinbox.register(self.validate_int),
                    "columnsSpinbox", "%P"))
            ...
```

このcreate_widgets()メソッドはウィジェットを作るために用いられる。まずは外側のフレームを作成する。このフレームは、他のすべてのウィジェットのための親ウィジェットとして利用できる。なお、フレームの親は、ダイアログによって与えられたものでなければならない。そして、他のすべてのウィジェットは、親として、フレーム（またはフレームの子）を持たなければならない。

columnsのウィジェットはrowsやmaxColorsの各ウィジェットと構造が同じなので、ここではcolumnsのコードだけを掲載する。それぞれのウィジェットでは、ラベルとスピンボックスをひとつずつ作成し、スピンボックスにStringVarを対応付ける。width属性は、スピンボックスの文字幅である。

またここでは、ラベルを作成するときに「underline=-1 if TkUtil.mac() else 0」のように書かなければならない煩わしさを避けるために、tkinter.ttk.Labelの代わりにTkUtil.Labelを使用している。

```
    class Label(ttk.Label):

        def __init__(self, *args, **kwargs):
            super().__init__(*args, **kwargs)
            if mac():
                self.config(underline=-1)
```

この簡単なクラスLabelにより、OS Xで実行されているかどうかを気にすることなく、キーボードショートカットを示す下線付き文字を設定できる（OS Xで実行される場合は、underlineを-1にすることで下線文字が無効になる）。TkUtil/__init__.pyモジュールには、Button、Checkbutton、Radiobuttonクラスも含まれ、__init__()メソッドについてもそれぞれ同じである。

```
            def validate_int(self, spinboxName, number):
                return TkUtil.validate_spinbox_int(getattr(self, spinboxName),
                    number)
```

スピンボックスのバリデーションの方法と TkUtil.validate_spinbox_float()
については 7.2.1.2 節で議論した。ここで使用する validate_int() メソッドと以前に
使用したものとの違い（その名前や整数のバリデーションを行うといった違いは除く）
は、今回の例ではスピンボックスを引数で指定できるという点である。前の例では、対
象のスピンボックスは固定されていた。

このバリデーション関数には、文字列がふたつ与えられる。ひとつ目は該当するスピ
ンボックスの名前であり、ふたつ目は Tcl/Tk フォーマットの文字列である。バリデー
ションが行われ、Tcl/Tk がこれらを解析する。スピンボックスの名前に対して Tcl/Tk
は何も行わないが、"%P" をスピンボックスの値に置き換える。TkUtil.validate_
spinbox_int() 関数はスピンボックスのウィジェットと文字列を引数に取る。そのた
め、ここではダイアログ (self) と所望の属性名 (spinboxName) を組み込み関数の
getattr() に渡し、適切なスピンボックスウィジェットへの参照を返す。

```
def create_layout(self):
    padW = dict(sticky=tk.W, padx=PAD, pady=PAD)
    padWE = dict(sticky=(tk.W, tk.E), padx=PAD, pady=PAD)
    self.columnsLabel.grid(row=0, column=0, **padW)
    self.columnsSpinbox.grid(row=0, column=1, **padWE)
    self.rowsLabel.grid(row=1, column=0, **padW)
    self.rowsSpinbox.grid(row=1, column=1, **padWE)
    self.maxColorsLabel.grid(row=2, column=0, **padW)
    self.maxColorsSpinbox.grid(row=2, column=1, **padWE)
```

この create_layout() メソッドは図 7-5 に示すレイアウトを作成する。ここで行っ
ていることはとても単純であり、すべてのラベルを左に揃え (sticky=tk.W。W は
West の略)、利用できる水平方向のすべての領域をスピンボックスが満たすように指定
し、すべてのウィジェットの余白を 0.75mm に指定している（1 章のコラム「シーケンス
のアンパック／ディクショナリのアンパック」参照）。

(0, 0) columnsLabel	(0, 1) columnsSpinbox
(1, 0) rowsLabel	(1, 1) rowsSpinbox
(2, 0) maxColorsLabel	(2, 1) maxColoRSSpinbox

図 7-5　Graviate アプリケーションの環境設定ダイアログのレイアウト

```
    def create_bindings(self):
        if not TkUtil.mac():
            self.bind("<Alt-l>", lambda *args: self.columnsSpinbox.focus())
            self.bind("<Alt-r>", lambda *args: self.rowsSpinbox.focus())
            self.bind("<Alt-m>",
                    lambda *args: self.maxColorsSpinbox.focus())
```

OS X以外のプラットフォームでは、キーボードによるショートカットを使用して、スピンボックス間の移動やボタンのクリックが行えるようにしたい。たとえば、ユーザーがAlt+Rキーを押せば、rowsのスピンボックスにキーボードのフォーカスが当てられる、といったことである。ボタンについては、基底クラスがキーボードショートカットの設定を行ってくれるため、ここで行う必要はない。

```
    def apply(self):
        columns = int(self.columns.get())
        rows = int(self.rows.get())
        maxColors = int(self.maxColors.get())
        newGame = (columns != self.board.columns or
                    rows != self.board.rows or
                    maxColors != self.board.maxColors)
        if newGame:
            self.board.columns = columns
            self.board.rows = rows
            self.board.maxColors = maxColors
            self.board.new_game()
```

ユーザーがダイアログのアクセプトボタン（[OK]もしくは[Yes]）をクリックしたときにのみ、このapply()メソッドが呼び出される。StringVarを取得し、これらをint型へ変換する（その変換は常に成功するはずである）。そして、Boardインスタンスの対応する属性に、それぞれ割り当てる。いずれかの値が変更されたら、変更を反映するために処理をやりなおす。

複雑で巨大なアプリケーションでは、テスト対象のダイアログに到達する前に、多くのナビゲーション（たとえば、メニューオプションをクリックして、ダイアログのなかでダイアログを起動させるなど）が必要かもしれない。テストをより簡単に行うためには、ウィンドウクラスを含むモジュールの最後に、「if __name__ == "__main__":」というステートメントを加え、そのダイアログをテストのために起動させるコードを続けて書くとよい。gravitate/Preferences.pyモジュールでダイアログを起動するためのコードを以下に示す。

```
def close(event):
    application.quit()
application = tk.Tk()
scoreText = tk.StringVar()
board = Board.Board(application, print, scoreText)
window = Window(application, board)
application.bind("<Escape>", close)
board.bind("<Escape>", close)
application.mainloop()
print(board.columns, board.rows, board.maxColors)
```

　ここではまず、アプリケーションを終了させるための簡単な関数を定義している。そして、通常は隠されている (しかし、今回は見える) tk.Tkオブジェクトを作成する。このtk.Tkオブジェクトがアプリケーションの最上位の親としての役割を担う。Escキーをclose()関数にバインドし、ユーザーがウィンドウを簡単に閉じられるようにする。

　通常、メインウィンドウを呼び出すと、Boardインスタンスはダイアログへ渡される。しかしここではスタンドアローンでダイアログを起動しているため、Boardインスタンスを自分で作らなければならない。

　続いて、ダイアログを作成する。それによって、ユーザーが [OK] か [Cancel] をクリックするまで他の処理はブロックされる。もちろん、イベントループが開始すると、ダイアログが実際に表示される。そして、ダイアログが閉じられたら、ダイアログによって変更されたかもしれないBoardの属性の値を出力する。もしユーザーが [OK] をクリックすれば、そのダイアログでユーザーが行った変更を反映するべきである。それ以外の場合は、元の値を保持し続けるべきである。

7.2.2.2　モードレスダイアログの作成

　本節では、図7-6で示すような、Gravitateアプリケーションのモードレスなヘルプダイアログについて見ていく。

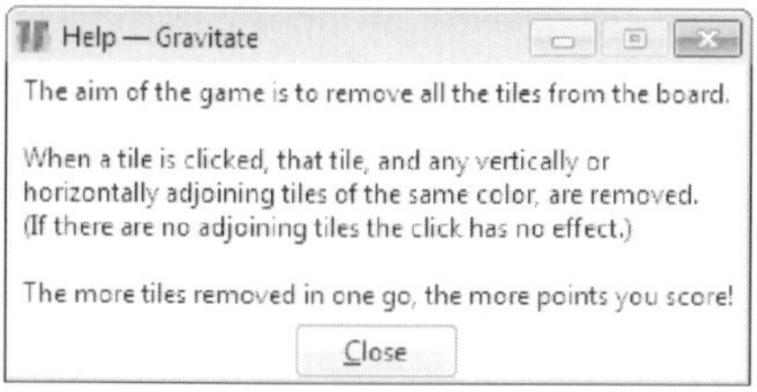

図7-6　WindowsでのGravitateアプリケーションのモードレスなヘルプダイアログ

　前に述べたように、ウィジェットやレイアウト、イベントの関連付けについて、モーダルダイアログとモードレスダイアログの間に違いはない。両者の違いは、モードレスダイアログは他をブロックせずに表示されるため（一方、モーダルダイアログはブロックする）、呼び出し側（たとえば、メインウィンドウ）はイベントループの実行を継続し、ユーザーとやりとりできる、ということである。ここでは、ダイアログを呼び出すコードについてまず解説し、続いてダイアログのコードを見ていくことにする。

```
def help(self, event=None):
    if self.helpDialog is None:
        self.helpDialog = Help.Window(self)
    else:
        self.helpDialog.deiconify()
```

　上のコードはMain.Window.help()メソッドである。Main.Windowはインスタンス変数self.helpDialogを保持する。この変数には、__init__()メソッド（ここでは示さない）でNoneが代入される。ユーザーが最初にヘルプダイアログを呼び出したときは、ダイアログが作成され、親としてメインウィンドウが渡される。ウィジェットを作成することによって、ダイアログがメインウィンドウの上にポップアップで表示される。しかしこのダイアログはモードレスであるため、メインウィンドウのイベントループは継続しており、ユーザーはダイアログとメインウィンドウの両方を操作できる。

　2回目以降にユーザーがヘルプダイアログを呼び出した場合は、ダイアログへの参照はすでに保持しているため、単にtkinter.Toplevel.deiconify()を使って表示するだけで済む。ユーザーがそのダイアログを閉じるとき、破棄せずに隠すようにしているため、新しいダイアログを作りなおす必要がない。ダイアログを破棄せずに隠す方式のほうが、毎回ダイアログの作成と破棄を行うよりも高速である。また、ダイアログは破棄されないので、以前の操作の状態が保たれている。

```
class Window(tk.Toplevel):

    def __init__(self, master):
        super().__init__(master)
        self.withdraw()
        self.title("Help \u2014 {}".format(APPNAME))
        self.create_ui()
        self.reposition()
        self.resizable(False, False)
        self.deiconify()
        if self.winfo_viewable():
            self.transient(master)
        self.wait_visibility()
```

モードレスダイアログは、ここで行っているように、通常tkinter.ttk.Frameかtkinter.Toplevelを継承する。そのダイアログは親 (master) を引数として取る。tkinter.Toplevel.withdraw()を呼び出せば、ユーザーが表示を目にするよりも前にウィンドウが隠され、ウィンドウが作成される間の表示のチラつきを確実に防げる。

続いて、ウィンドウのタイトルを"Help — Gravitate"に設定し、ダイアログのウィジェットを作成する。ここで使用するヘルプ用のテキストは非常に短いため、ダイアログをリサイズできないようにする。そして、テキストと閉じるボタンが収まるようにサイズを設定する。ヘルプ用のテキストが長い場合、スクロールバー付きのtkinter.Textサブクラスを使用し、リサイズできるように設定したほうがよいだろう。

すべてのウィジェットを作成して配置したら、tkinter.Toplevel.deiconify()を呼び、ウィンドウを表示させる。もしそのウィンドウがシステムのウィンドウマネージャなどによって表示されているなら、このウィンドウは親ウィンドウにとって一時的なものだということをTkinterに通知する。この通知により、ウィンドウがすぐに消えるかもしれないという情報をウィンドウシステムへ与え、ダイアログが隠されたり破棄されたりした際の再描画を最適化するためのヒントを提供できる。

そして最後に、ウィンドウが見えるようになるまで、tkinter.Toplevel.wait_visibility()を呼び出してブロックする (わずかな時間であるから、ユーザーは気づかない)。デフォルトでは、tkinter.Toplevelのウィンドウはモードレスであるが、ある特別なステートメントをふたつ追加すれば、モーダルにできる。そのステートメントとは、self.grab_set()とself.wait_window(self)である。最初のステートメントは、アプリケーションのフォーカス (Tck/Tclの用語では"grab") を対象のウィンドウだけに制限するため、そのウィンドウをモーダルにできる。ふたつ目のステートメン

トは、ウィンドウが閉じられるまで、他の処理をブロックする。これまで我々はモーダルダイアログについて見てきたが、どちらのステートメントも目にしなかった。その理由は、tkinter.simpledialog.Dialog（本書の場合、TkUtil.Dialog）を継承することによってモーダルダイアログを作成する場合、基底クラスで、ふたつのステートメントが標準的なパターンとして使用されているからである。

これで、アプリケーションのメインウィンドウとそのほかのモードレスなウィンドウと一緒に、ユーザーはヘルプウィンドウとやりとりできる。

```
def create_ui(self):
    self.helpLabel = ttk.Label(self, text=_TEXT, background="white")
    self.closeButton = TkUtil.Button(self, text="Close", underline=0)
    self.helpLabel.pack(anchor=tk.N, expand=True, fill=tk.BOTH,
            padx=PAD, pady=PAD)
    self.closeButton.pack(anchor=tk.S)
    self.protocol("WM_DELETE_WINDOW", self.close)
    if not TkUtil.mac():
        self.bind("<Alt-c>", self.close)
    self.bind("<Escape>", self.close)
    self.bind("<Expose>", self.reposition)
```

ヘルプのウィンドウのユーザーインタフェースは非常に単純なので、ひとつのメソッドで作成することにした。最初にヘルプ用テキストを表示するためのラベルを作成し（ここでは示さないが、_TEXTという定数のなかにヘルプ用テキストがある）、続いて［Close］ボタンを作成する。TkUtil.Button（tkinter.ttk.Buttonから派生）を使用しているので、OS Xでは下線は省略された（TkUtil.Buttonとほとんど同じTkUtil.Labelサブクラスを7.2.2.1節で見た）。

ウィジェットがふたつだけであれば、もっとも単純なレイアウトマネージャを使用するのが理にかなっている。そのため、ここでは、そのウィンドウの上端にラベルをpackし、上下左右に伸縮可能に設定し、その下端にボタンをpackする。

このアプリケーションがOS X以外で実行されている場合は、キーボードアクセラレーターとして［Close］ボタンにAlt+Cをバインドする。そして、すべてのプラットフォームを対象に、Escキーをウィンドウのクローズにバインドする。

モードレスウィンドウは、ウィンドウの破棄と生成を行わずに、表示の切り替えを行う。そのため、ユーザーがヘルプウィンドウを表示し、それを閉じ（つまり、隠す）、それからそのメインウィンドウを移動し、そして再度そのヘルプウィンドウを表示する、といった利用例が考えられる。ヘルプウィンドウは、最初に表示された場所（もしくは

ユーザーが最後に動かした場所)に毎回表示されるほうが自然である。しかし、ヘルプ用テキストはとても短いため、表示のたびに固定の位置に再配置したほうがよいかもしれない。これは、<Expose>イベント(このイベントはウィンドウ自身を再描画する際に発生する)をreposition()というカスタムメソッドに関連付けることによって行う。

```
def reposition(self, event=None):
    if self.master is not None:
        self.geometry("+{}+{}".format(self.master.winfo_rootx() + 50,
            self.master.winfo_rooty() + 50))
```

このメソッドは、ウィンドウをそのマスターと同じ場所に——ただし、右下方向に50ピクセルのオフセットをとって——移動する。

理論上は、__init__()メソッド内でreposition()メソッドを明示的に呼び出す必要はない。しかし、こうすることで、ウィンドウが表示される前に、正しい位置にいることを保証できる。また、ウィンドウが最初に表示されたあとに突然移動するのを防げる。なぜなら、ウィンドウが表示される時点で、すでに正しい位置に配置されているからである。

```
def close(self, event=None):
    self.withdraw()
```

ダイアログウィンドウが閉じられたとき——つまり、ユーザーがEscキーかAlt+Cを押すか、[Close]ボタンをクリックするか、閉じるボタン(×)をクリックしたとき——に、このclose()メソッドが呼び出される。このメソッドは、ウィンドウを破棄するのではなく、単に隠すだけである。ウィンドウは、tkinter.Toplevel.deiconify()を呼び出すことによって、再度表示できる。

7.3 Tkinterによるメインウィンドウアプリケーションの作成

本節では、より一般的なメインウィンドウスタイルのGravitateアプリケーションの作り方について見ていく。**図7-7**にアプリケーションの概観を示す(ゲームの内容は、コラム「Gravitate」を参照してほしい)。このアプリケーションのユーザーインタフェースは、メニューバーや中央のウィジェット、ステータスバーやダイアログなど、ユーザーの期待に沿った標準的な要素から構成される。メニューについてはTkinterが標準でサポートしているが、中央のウィジェットとステータスバーは自分で作らなければならな

い。中央のウィジェットとメニューそしてステータスバーを変更すれば、Gravitateの全体的な構造は保ったままで別のメインウィンドウスタイルのアプリケーションを作成できる。

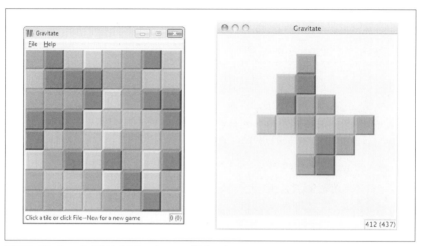

図7-7 WindowsとOS XでのGravitateアプリケーション

Gravitate

　このゲームの目的は、ボードからすべてのタイルを取り除くことである。タイルがクリックされると、そのタイルおよび、そのタイルに隣接する縦横方向のタイルで同じ色を持つタイルが削除される（もし隣接するタイルがなければ、何も起こらない）。一度により多くのタイルを削除すれば、より多くのポイントを獲得する。

　Gravitateのロジックは、『テトリス』や『さめがめ』と同じである。主な違いは、タイルが削除されたときの他のタイルの動き方にある。テトリスやさめがめでは、タイルが削除されると、タイルが下に落ち、空間を埋めるために左へ移動する。一方、Gravitateでは、ボードの中心方向へタイルが引き寄せられる。

　本書の例には、3つのバージョンのGravitateが含まれる。ひとつ目のバージョンはgravitateディレクトリに配置され、本節で説明を行う。ふたつ目のバー

ジョンはgravitate2ディレクトリにある。ロジックは同じであるが、ツールバーの表示・非表示の切り替えや、タイル形状の選択やタイルの拡大縮小など、より洗練された環境設定ダイアログを備える。また、gravitate2はセッション間のハイスコアを記憶し、キーボードとマウスを使って遊べる（矢印キーで操作して、スペースキーで削除する）。3つ目のバージョンは3D版だ（詳細は8.2節で解説する）。オンラインでプレイできるバージョンもhttp://www.qtrac.eu/gravitate.htmlにある。

Gravitateは7つのPythonファイルと9つのアイコン画像からなる。このアプリケーションの実行ファイルはgravitate/gravitate.pywであり、メインウィンドウはgravitate/Main.pywのなかに記述されており、3つのダイアログを備えている。具体的には、gravitate/About.py、gravitate/Help.py、gravitate/Preferences.pyの3つだ。gravitate/About.pyについての説明は割愛する（残りのふたつについては7.2.2.2節と7.2.2.1節を参照してほしい）。メインウィンドウの中央領域には、gravitate/Board.pyのBoardが表示される。このBoardはtkinter.Canvasのサブクラスである（tkinter.Canvasについては、紙面の関係上、説明を割愛する）。

```
def main():
    application = tk.Tk()
    application.withdraw()
    application.title(APPNAME)
    application.option_add("*tearOff", False)
    TkUtil.set_application_icons(application, os.path.join(
            os.path.dirname(os.path.realpath(__file__)), "images"))
    window = Main.Window(application)
    application.protocol("WM_DELETE_WINDOW", window.close)
    application.deiconify()
    application.mainloop()
```

上のコードがgravitate/gravitate.pywファイルのmain()関数である。ここではトップレベルのtkinter.Tkオブジェクト（通常は隠れたオブジェクト）を作成し、すぐにアプリケーションを隠すことで、メインウィンドウが作成される間の画面のチラつきを防いでいる。Tkinterは、かつてのMotifのGUIに似たティアオフメニューを標準で備えているが、モダンなGUIでは使用しないのでこの機能をオフにする。続いて、

7.2.1.1節で説明したset_application_icons()関数を使用して、アプリケーションアイコンを設定する。そして、アプリケーションのメインウィンドウを作成し、閉じるボタンがクリックされたらMain.Window.close()を呼ぶようにTkinterに指示する。最後にアプリケーションを表示し（より正確には、アプリケーションが表示されるイベントをイベントループに追加し）、イベントループを開始する。この時点でアプリケーションが表示される。

7.3.1 メインウィンドウの作成

Tkinterのメインウィンドウは、原理的にはダイアログと同じである。しかし実際には、メインウィンドウは一般的にメニューバーとステータスバーを持ち、ツールバーを持つこともしばしばあり、時にはドックウィンドウも持つこともある。そして、通常ひとつの中央に表示されるウィジェット——テキストエディタ、テーブル（たとえばスプレッドシート）、グラフィック（たとえばゲームやシミュレーター）など——を持つ。Gravitateは、メニューバーと中央のグラフィックスのウィジェット、そしてステータスバーを持つ。

```
class Window(ttk.Frame):

    def __init__(self, master):
        super().__init__(master, padding=PAD)
        self.create_variables()
        self.create_images()
        self.create_ui()
```

GravitateのMain.Windowクラスはtkinter.ttk.Frameを継承している。ここで行う仕事のほとんどは、この基底クラスと3つのヘルパーメソッドで行われる。

```
    def create_variables(self):
        self.images = {}
        self.statusText = tk.StringVar()
        self.scoreText = tk.StringVar()
        self.helpDialog = None
```

ステータスバーに表示される一時的なテキストメッセージはself.statusTextに格納され、永続的なハイスコアのテキストはself.scoreTextに格納される。ヘルプダイアログは最初はNoneに設定される。これについては7.2.2.2節で説明した。

GUIアプリケーションでは、メニュー項目のとなりにアイコンを表示するのが一般

的であり、ツールバーのボタンではアイコンは必要不可欠である。Gravitateでは、すべてのアイコン画像をgravitate/imagesディレクトリに置き、それぞれの名前を定数として定義した（たとえば、定数NEWにはNewという文字列を設定する）。Main.Windowが作成されると、必要なすべての画像をself.imagesディクショナリの値として読み込むために、カスタムメソッドのcreate_images()が呼ばれる。ここでは、Tkinterによって読み込まれた画像への参照をself.imagesディクショナリに保持する必要がある。そうしなければ、ガベージコレクションの対象になり、破棄されてしまう。

```
def create_images(self):
    imagePath = os.path.join(os.path.dirname(
            os.path.realpath(__file__)), "images")
    for name in (NEW, CLOSE, PREFERENCES, HELP, ABOUT):
        self.images[name] = tk.PhotoImage(
                file=os.path.join(imagePath, name + "_16x16.gif"))
```

このアプリケーションでは、16×16ピクセルの画像をメニューで使用する。ここでは、NEWやCLOSEなどの定数に対して、対応する画像を読み込んでいる。

　__file__は組み込みの定数であり、実行中のファイル名をパスも含めて取得する。ここでは、".."やシンボリックリンクを取り除き、絶対パスを取得するために、os.path.realpath()を使用している。そして、ディレクトリ部分（ファイル名を取り除いた部分）だけを抜き出し、それに"images"を連結して、このアプリケーションのimagesディレクトリへのパスを取得する。

```
def create_ui(self):
    self.create_board()
    self.create_menubar()
    self.create_statusbar()
    self.create_bindings()
    self.master.resizable(False, False)
```

リファクタリングの結果、このcreate_ui()メソッドで行う仕事はヘルパーメソッドに委譲されている。ユーザーインタフェースが完成したら、ウィンドウをリサイズできないように設定する。そもそも、タイルが固定サイズなので、ユーザーがリサイズしても意味がない（Gravitate2でもリサイズを許可しないが、タイルのサイズの変更は可能であり、その結果としてリサイズが行われる）。

```
        def create_board(self):
            self.board = Board.Board(self.master, self.set_status_text,
                    self.scoreText)
            self.board.update_score()
            self.board.pack(fill=tk.BOTH, expand=True)
```

このcreate_board()メソッドはBoardインスタンス（tkinter.Canvasのサブクラス）を作成しself.set_status_text()メソッドに渡す。そうすることで、メインウィンドウのステータスバーで一時的なメッセージを表示したり、ハイスコアを更新したりできるようになる。

ボードが作成されたら、update_score()メソッドを呼び、スコアとして"0 (0)"を表示させる。また、ボードをメインウィンドウにpack（縦または横に一列に配列する）し、上下左右に伸縮可能なように指示する。

```
        def create_bindings(self):
            modifier = TkUtil.key_modifier()
            self.master.bind("<{}-n>".format(modifier), self.board.new_game)
            self.master.bind("<{}-q>".format(modifier), self.close)
            self.master.bind("<F1>", self.help)
```

create_bindings()では、キーボードショートカットを3つ作成する。新しいゲームを開始するためのCtrl+N（または⌘+N）、終了のためのCtrl+Q（または⌘+Q）、モードレスなヘルプウィンドウをポップアップ表示する（もし表示されていたら、隠す）ためのF1の3つである。TkUtil.key_modifier()メソッドは、プラットフォームに適したショートカットの文字列を返す（"Control"または"Command"）。

7.3.2 メニューの作成

LinuxとWindowsでは、Tkinterは慣例としてウィンドウのタイトルバーの下にメニューを表示する。一方OS Xでは、スクリーン上部にあるOS Xのメニューに統合してアプリケーションのメニューを表示する。このあと見ていくように、我々はこの差異を考慮しなければならない。

メニューとサブメニューはtkinter.Menuのインスタンスである。ひとつのメニューは、トップレベルのウィンドウ（メインウィンドウなど）のメニューバーとして作成しなければならない。そのほかのメニューはすべて、メニューバーの子とする必要がある。

```
        def create_menubar(self):
            self.menubar = tk.Menu(self.master)
```

```
        self.master.config(menu=self.menubar)
        self.create_file_menu()
        self.create_help_menu()
```

上のcreate_menubar()メソッドでは、ウィンドウの子として空の新しいメニューを作り、ウィンドウのmenu属性にこのメニュー(self.menubar)を設定する。そして、メニューバーにサブメニューをふたつ追加する。それぞれのメニューについて、これから紹介する。

7.3.2.1 [File]メニューの作成

メインウィンドウスタイルのアプリケーションの多くは、[File]メニューを持ち、新規ドキュメントの作成や既存のドキュメントのオープン、ドキュメントの保存やアプリケーションの終了などを行える。しかし、ゲームではそのような操作の多くは必要ないので、Gravitateアプリケーションでは、図7-8で示すように、一部の機能だけを提供する。

図7-8　LinuxでのGravitateアプリケーションのメニュー

```
        def create_file_menu(self):
            modifier = TkUtil.menu_modifier()
            fileMenu = tk.Menu(self.menubar, name="apple")
            fileMenu.add_command(label=NEW, underline=0,
                    command=self.board.new_game, compound=tk.LEFT,
                    image=self.images[NEW], accelerator=modifier + "+N")
            if TkUtil.mac():
                self.master.createcommand("exit", self.close)
                self.master.createcommand("::tk::mac::ShowPreferences",
                        self.preferences)
            else:
                fileMenu.add_separator()
                fileMenu.add_command(label=PREFERENCES + ELLIPSIS, underline=0,
                        command=self.preferences,
```

```
                            image=self.images[PREFERENCES], compound=tk.LEFT)
                fileMenu.add_separator()
                fileMenu.add_command(label="Quit", underline=0,
                            command=self.close, compound=tk.LEFT,
                            image=self.images[CLOSE],
                            accelerator=modifier + "+Q")
        self.menubar.add_cascade(label="File", underline=0,
                menu=fileMenu)
```

このcreate_file_menu()メソッドは、[Fie]メニューを作成するために用いられる。定数はすべて大文字で書かれ、同じ文字列を値として持つ。たとえば、NEWという定数の中身は"New"という文字列である。

このメソッドはまず、キーボードアクセラレーターで使用するキー(OS Xでは⌘キー、LinuxとWindowsではCtrlキー)を取得する。そして、ウィンドウのメニューバーの子として[File]メニューを作成する。このメニューには"apple"という名前が与えられているので、OS Xでは、アプリケーションのメニューにこのメニューが統合される。他のプラットフォームでは、この名前は無視される。

メニューオプションはtkinter.Menu.add_command()、tkinter.Menu.add_checkbutton()、tkinter.Menu.add_radiobutton()の3つのメソッドを用いて追加されるが、ここでは最初のメソッドだけを使用する。セパレーター(区切り)はtkinter.add_separator()で追加される。underline属性はOS Xでは無視され、Windowsでは、表示するように設定された場合もしくはAltキーが押されている場合だけ見える。各メニューオプションで、ラベルのテキスト、下線、メニューオプションが呼ばれたときに実行するコマンド、メニューアイコン(image属性)を指定する。compound属性は、アイコンとテキストをどのように表示するかを指示する。たとえば、compound属性がtk.LEFTであれば、アイコンを左側にしてアイコンとテキストの両方を表示する。ここでは、アクセラレーターキーも設定する。たとえば、[File]→[New]の操作は、LinuxとWindowsではCtrl+N、OS Xでは⌘+Nに対応する。

OS Xでは、現在のアプリケーションの[Preferences]と[Quit]のメニューは、アプリケーションメニュー(アップルメニューの右側。アプリケーションの[File]メニューが後に続く)に表示される。OS Xに統合するため、tkinter.Tk.createcommand()メソッドを使用して、Tcl/Tkの::tk::mac::ShowPreferencesとexitコマンドをGravitateの対応するメソッドに関連付ける。他のプラットフォームのために、[Preferences]と[Quit]のメニューを通常のメニューオプションに追加する。

[Fie] メニューが完成したら、これをメニューバーのカスケード（サブメニュー）に追加する。

```
def menu_modifier():
    return "Command" if mac() else "Ctrl"
```

この簡単な関数menu_modifierはTkUtil/__init__.pyにあり、メニュー中のテキストのために使用される。「Command」という単語はOS Xでは特別扱いされ、⌘として表示される。

7.3.2.2　[Help] メニューの作成

今回のアプリケーションの [Help] メニューにはメニュー項目がふたつしかない。それは [Help] と [About] である。先ほどと同様にOS Xでは、LinuxやWindowsと異なる扱いが求められる。

```
def create_help_menu(self):
    helpMenu = tk.Menu(self.menubar, name="help")
    if TkUtil.mac():
        self.master.createcommand("tkAboutDialog", self.about)
        self.master.createcommand("::tk::mac::ShowHelp", self.help)
    else:
        helpMenu.add_command(label=HELP, underline=0,
                command=self.help, image=self.images[HELP],
                compound=tk.LEFT, accelerator="F1")
        helpMenu.add_command(label=ABOUT, underline=0,
                command=self.about, image=self.images[ABOUT],
                compound=tk.LEFT)
    self.menubar.add_cascade(label=HELP, underline=0,
            menu=helpMenu)
```

最初に [Help] メニューを "help" という名前で作成する。LinuxとWindowsでは無視されるが、OS Xでは、この名前を持つメニューはシステムの [Help] メニューに統合される。プラットフォームがOS Xであれば、tkinter.Tk.createcommand() メソッドを使用して、Tcl/TkのtkAboutDialogと::tk::mac::ShowHelpコマンドをGravitateの該当するメソッドに関連付けを行う。他のプラットフォームであれば、[Help] と [About] の各メニュー項目を従来の方法で作成する。

7.3.3　インジケータ付きステータスバーの作成

　Gravitateアプリケーションは典型的なステータスバーを持つ。このステータスバーの左側には一時的なテキストメッセージが表示され、右側には永続的なステータスインジケータが表示される。**図**7-7に、ステータスインジケータと一時的なメッセージ（左の画像のみ）を示す。

```
def create_statusbar(self):
    statusBar = ttk.Frame(self.master)
    statusLabel = ttk.Label(statusBar, textvariable=self.statusText)
    statusLabel.grid(column=0, row=0, sticky=(tk.W, tk.E))
    scoreLabel = ttk.Label(statusBar, textvariable=self.scoreText,
            relief=tk.SUNKEN)
    scoreLabel.grid(column=1, row=0)
    statusBar.columnconfigure(0, weight=1)
    statusBar.pack(side=tk.BOTTOM, fill=tk.X)
    self.set_status_text("Click a tile or click File®New for a new "
            "game")
```

　ステータスバーを作成するために、まずフレームを作成する。そしてラベルを追加し、これを self.statusText（StringVarオブジェクト）に関連付ける。これにより、self.statusTextを変更すると、ステータスバーのテキストが変更される。ここでは、self.statusTextを直接変更せずに、メソッドを呼び出してそのテキストの変更を行う。また、永続的なステータスインジケータも追加する。それはスコアとハイスコアを表示するラベルであり、self.scoreTextに関連付けする。

　ステータスバーのフレームの内部では、グリッドでふたつのラベルを配置する。なお、statusLabel（一時的なメッセージ）は、使用可能な幅をすべて占有できるように設定する。ステータスバーのフレームをメインウィンドウの下部にpackし、それを横方向に伸びるように設定し、ウィンドウ幅と同じサイズにする。最後に、カスタムメソッドのset_status_text()を使用して、最初の一時的なメッセージを設定する。

```
def set_status_text(self, text):
    self.statusText.set(text)
    self.master.after(SHOW_TIME, lambda: self.statusText.set(""))
```

　このset_status_text()メソッドは、引数で与えたテキスト（空でも可）をself.statusTextのテキストに設定し、SHOW_TIMEミリ秒後（例えば5秒後）に、そのテキストを消去する。

ここではラベルだけをステータスバーに配置したが、他のウィジェット——コンボボックスやスピンボックス、ボタンなど——も追加できる。

＊＊＊＊＊＊＊＊＊＊＊＊＊

本章では、紙面の関係上、Tkinterの基本的な使い方をいくつか示すだけにとどまった。PythonはTcl/Tk 8.5（「テーマ」を使用する最初のバージョン）を採用しており、OS XやWindowsでは見た目やふるまいがネイティブなアプリケーションと同じである（それはTkinterの魅力のひとつでもある）。また、Tkinterはパワフルで柔軟なウィジェットを備えている。特に注目すべきはtkinter.Textとtkinter.Canvasである。tkinter.Textは編集用と表示用にフォーマットされたテキストとして利用でき、tkinter.Canvasは2Dグラフィックのために使える。ほかにも、アイテムのテーブルやツリーを表示するためのtkinter.ttk.Treeview、タブを表示するためのtkinter.ttk.Notebook（Gravitate2の環境設定ダイアログで使用）、複数に分割されたパネルを提供するためのtkinter.ttk.Panedwindowの3つは特に便利である。

Tkinterは、他のGUIツールキットが提供しているであろう高レベルな機能を備えていないが、たとえば、一時的なメッセージや永続的なステータスインジケータを表示するステータスバーなどは簡単に作成できた。Tkinterのメニューは、本章で要求されるレベル以上にエレガントであり、サブメニューやサブメニューのサブメニュー、チェック可能なメニュー項目（チェックボックススタイルやラジオボタンスタイル）などもサポートする。そして、コンテキストメニューもきわめて簡単に作成できる。

モダンな機能のなかでは、ツールバーも明らかに必要である（Tkinterには用意されていない）。ツールバーを作るのは簡単であるが、表示・非表示の切り替えや、ウィンドウのリサイズに対応した再配置など、配慮すべき点がいくつかある。また別のモダンな機能で、多くのアプリケーションが利用しているのはドックウィンドウである。非表示にできるドックウィンドウや、あるエリアから別のエリアへドラッグで移動するドックウィンドウを作成できる。

本書のサンプルプログラムにはさらにふたつのアプリケーション——texteditorとtexteditor2——が含まれているが、紙面の関係上、その説明については割愛する（図7-9にtexteditor2の画面を示す）。なお、双方のアプリケーションではツールバーが使える。ツールバーには、表示・非表示の切り替えやパーツの自動配置、サブメニュー、

チェックボックスあるいはラジオボタンを含むメニュー項目、コンテキストメニューや最近開いたファイルのリストなどが実装されている。

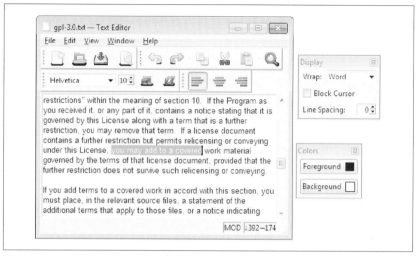

図7-9　WindowsでのTextEditor2アプリケーション

　また、**図7-10**で示すような拡張ダイアログも実装されている。ソースコードを読めば、tkinter.Textウィジェットの使い方やクリップボードとのやりとりの方法がわかる。texteditor2にはドックウィンドウの実装方法も示してある（ただし、OS Xでは切り離して自由に動かすという操作ができない）。

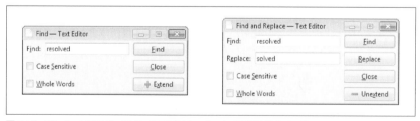

図7-10　WindowsでのTextEditor2アプリケーションの拡張ダイアログ

　Tkinterは他のGUIツールキットに比べて、基盤となる機能の提供に労力を必要とする。しかし、Tkinterには制約が少なく、必要なインフラ（たとえば、ツールバーやドックウィンドウなど）を作成すれば、その機能を他のアプリケーションで再利用でき

る。また、Tkinterはとても安定しており、Pythonに標準で備わっているモジュールでもある。簡単にデプロイできるGUIアプリケーションを作成したいなら、Tkinterはベストな選択である。

8章
OpenGLによる3Dグラフィックス

デザインツール、データ可視化ツール、ゲーム、スクリーンセーバーといったモダンなアプリケーションの多くでは3Dグラフィックスが使用される。これまでの章で述べたPythonのGUIツールキットはすべて、直接的もしくはアドオンを通して3Dグラフィックスをサポートしている。そして、その3Dのサポートには、OpenGLライブラリのインタフェースが使用されるのが常である。

Pythonには、OpenGLプログラミングを簡略化するための高レベルなインタフェースを備えた3Dグラフィックスのパッケージが数多く存在する。いくつか例を挙げるとすれば、Python Computer Graphics Kit (http://cgkit.sourceforge.net)、OpenCASCADE (http://github.com/tenko/occmodel)、VPython (http://www.vpython.org) などがある。

また、OpenGLのインタフェースに直接アクセスすることも可能である。この機能を備えるパッケージで有名なものは、PyOpenGL (http://pyopengl.sourceforge.net) とpyglet (http://www.pyglet.org) である。このふたつは両方ともOpenGLライブラリを忠実にラップしているため、Cで書かれたコードの移植がきわめて容易である。これらのパッケージはスタンドアローンの3Dプログラムを作成するために使用できる。PyOpenGLの場合は、OpenGLのGLUTライブラリのラッパーを使用して、pygletの場合は、独自のイベント操作とトップレベルウィンドウのサポートを通じて作成できる。

スタンドアローンの3Dプログラムを対象とした場合、既存のGUIツールキット (Tkinter、PyQt、PySide、wxPython) とPyOpenGLを組み合わせて使用するのがおそらくベストな選択である。より単純なGUIであれば、pygletだけで十分である。

OpenGLには多くのバージョンが存在し、使用するためのまったく異なる方法がふたつある。「ダイレクトモード」と呼ばれる古典的なアプローチは、すべてのプラットフォームのすべてのバージョンで動作する。このアプローチは、即座に実行される

OpenGL関数の呼び出しを伴う。よりモダンなアプローチは、バージョン2.0以降で用意されたものである。これは、これまでの古典的なアプローチによってシーンを設定し、OpenGLシェーディング言語（C言語の特別バージョンのような言語）を使用してOpenGLのプログラムを書くというものである。このようなプログラムはプレーンテキストとしてGPUに送られ、コンパイルと実行が行われる。このアプローチは古典的なアプローチに比べて、より高速なプログラムを作成でき、表現力もより豊かであるが、広くはサポートされていない。

本章では、PyOpenGLのプログラムをひとつ、pygletのプログラムをふたつ見ていく。それらのプログラムを通して、OpenGLプログラミングでの重要な点をできるだけ多く示す。また、本章では古典的なアプローチをとる。OpenGLシェーディング言語を学ぶのに比べて、関数呼び出しを通して3Dグラフィックスを描画する方法を見ていくほうが簡単であり、そもそも、我々のテーマはPythonプログラミングだからである。本章は、OpenGLプログラミングの知識を前提とするため、利用するOpenGLの関数ついてはほとんど説明していない。OpenGLに不慣れな読者は、参考文献にも掲載した『OpenGL SuperBible』が参考になるだろう。

OpenGLの命名規則について、重要な点をひとつ述べておく。OpenGLの関数名のほとんどは、glColor3f()のように、語尾は数字とアルファベットで終わる。数字は引数の数を表し、アルファベットは引数の型を表す。たとえば、glColor3f()関数は、現在の色を設定するために、3つの浮動小数点数型──赤、緑、青、それぞれ0.0から1.0の間の値──を引数として受け取る。一方、glColor4ub()関数は、4つの符号なしバイト──赤、緑、青、アルファ、それぞれ0から255までの値──を用いて、色の設定が行われる。通常、Pythonでは、任意の型を使用でき、その変換は自動で行われる。

3次元のシーンは通常、2次元の画面（たとえば、コンピュータのスクリーン）に投影される。投影の方法はふたつあり、ひとつは平行投影 (orthograph)、もうひとつは透視投影 (perspective) である。平行投影はオブジェクトのサイズを保持するため、通常CAD (computer-aided design) ツールで好まれる。一方、透視投影は、オブジェクトが近くにあればあるほど大きく見え、逆に遠くにあればあるほど小さく見える。そのため、透視投影はよりリアルな印象を与え、特に風景を描画するときに適している。ゲームにおいては、その両方の投影方法が用いられる。本章の最初の節では透視投影を使用したシーンを作成し、ふたつ目の節では平行投影によるシーンを作成する。

8.1 パースペクティブなシーン

本節では、図8-1で示すようなシリンダーを描画するプログラムを作成する。図で示されたふたつの画面（プログラム）では、色付きの軸と緑色の空洞のシリンダーが描画されている。PyOpenGLバージョン（図の左側）はOpenGLのインタフェースに従っているという意味で"ピュア"な実装である。一方、pygletバージョン（図の右側）は、実装がより簡単であり、若干ではあるが効率もよい。

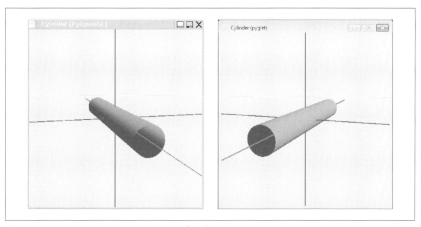

図8-1　LinuxとWindowsでのシリンダープログラム

両方のプログラムのコードはほとんど同じであり、いくつかのメソッドで名前だけが異なる。そのため、8.1.1節ではPyOpenGLバージョンだけを見ていき、8.1.2節ではpygletバージョンの異なる点だけを見ていくことにする。pygletのコードは8.2節でたくさん見ることになる。

8.1.1　PyOpenGLを用いたシリンダーの作成

cylinder1.pywプログラムは、ユーザーがx軸とy軸に独立して回転できる単純なシーンを作成する。また、ウィンドウをリサイズすると、それに合わせてシーンもサイズを変更する。

```
from OpenGL.GL import *
from OpenGL.GLU import *
from OpenGL.GLUT import *
```

このプログラムは、OpenGLのGL（コアライブラリ）、GLU（ユーティリティライブラリ）、GLUT（ウィンドウのためのツールキット）を使用する。「from module import *」のような構文でインポートを行わないようにすることがベストプラクティスではあるが、PyOpenGLでは問題ないようである。というのは、インポートしたすべての名前はgl、glu、glut、GLのいずれかで始まるため、それらを識別するのは簡単であり、競合を起こす可能性はきわめて低いからである。

```
SIZE = 400
ANGLE_INCREMENT = 5

def main():
    glutInit(sys.argv)
    glutInitWindowSize(SIZE, SIZE)
    window = glutCreateWindow(b"Cylinder (PyOpenGL)")
    glutInitDisplayString(b"double=1 rgb=1 samples=4 depth=16")
    scene = Scene(window)
    glutDisplayFunc(scene.display)
    glutReshapeFunc(scene.reshape)
    glutKeyboardFunc(scene.keyboard)
    glutSpecialFunc(scene.special)
    glutMainLoop()
```

GLUTライブラリは、イベント処理とトップレベルのウィンドウを提供する（一般的なGUIツールキットであれば、そのような機能を備えるのが普通である）。このライブラリを使うためには、glutInit()を呼び、プログラムのコマンドライン引数を渡さなければならない。引数で指定されたもののうち、GLUTによって認識されたものがプログラムに設定される。そして、省略可能ではあるが、初期ウィンドウのサイズを設定できる。これに続いて、ウィンドウを作成してタイトルを与える。なお、glutInitDisplayString()は、OpenGLのコンテキストパラメータを設定するために使用する。この例では、ダブルバッファリングを有効にし、RGBA（赤、緑、青、アルファ）カラーモデルを使用する。また、アンチエイジングを有効にして、16ビットのデプスバッファを使用することを設定する（詳細については、PyOpenGLのドキュメントを参照のこと）。

OpenGLのインタフェースでは8ビット文字列（通常はASCIIエンコード）が使用される。そのような文字列を渡す方法のひとつは、str.encode()メソッドである。このメソッドは、与えられた形式でエンコードされたbyteを返す。たとえば、"title".encode("ascii")であれば、b'title'を返す。だたし、ここではbyteリテラルを

直接記述してもよい。

コードのSceneはカスタムクラスであり、OpenGLのグラフィックスをウィンドウに描画するために使用する。シーンを作成したら、GLUTのコールバック関数としてシーンの関数をいくつか登録する。コールバック関数とは、OpenGLが特定のイベントに反応して呼び出す関数である。まず、Scene.display()メソッドを登録し、ウィンドウが表示されるたびにこのメソッドが呼ばれるようにする（初回の表示時と、再度出現するときにこのメソッドが呼ばれる）。また、Scene.reshape()メソッドはウィンドウがリサイズされるたびに呼ばれ、Scene.keyboard()メソッドはユーザーがキー（一部除く）を押すたびに呼ばれるようにする。同様に、Scene.special()メソッドは、keyboard()メソッドでは扱えないキーが押されたときに呼び出される。

ウィンドウが作成され、コールバック関数が登録されると、GLUTのイベントループを開始する。このイベントループはプログラムが終了するまで続く。

```python
class Scene:

    def __init__(self, window):
        self.window = window
        self.xAngle = 0
        self.yAngle = 0
        self._initialize_gl()
```

Sceneクラスは、OpenGLのウィンドウへの参照を保持し、x軸とy軸の角度を0に設定する。ここでは、OpenGLに特化した初期化処理は別の関数（_initialize_gl()）に分けている。

```python
    def _initialize_gl(self):
        glClearColor(195/255, 248/255, 248/255, 1)
        glEnable(GL_DEPTH_TEST)
        glEnable(GL_POINT_SMOOTH)
        glHint(GL_POINT_SMOOTH_HINT, GL_NICEST)
        glEnable(GL_LINE_SMOOTH)
        glHint(GL_LINE_SMOOTH_HINT, GL_NICEST)
        glEnable(GL_COLOR_MATERIAL)
        glEnable(GL_LIGHTING)
        glEnable(GL_LIGHT0)
        glLightfv(GL_LIGHT0, GL_POSITION, vector(0.5, 0.5, 1, 0))
        glLightfv(GL_LIGHT0, GL_SPECULAR, vector(0.5, 0.5, 1, 1))
        glLightfv(GL_LIGHT0, GL_DIFFUSE, vector(1, 1, 1, 1))
        glMaterialf(GL_FRONT_AND_BACK, GL_SHININESS, 50)
        glMaterialfv(GL_FRONT_AND_BACK, GL_SPECULAR, vector(1, 1, 1, 1))
        glColorMaterial(GL_FRONT_AND_BACK, GL_AMBIENT_AND_DIFFUSE)
```

この`_initialize_gl()`メソッドは、OpenGLのコンテキストを設定するために一度だけ呼ばれる。ここでは最初に、背景色（クリアカラー）をライトブルーに設定する。そして、OpenGLのさまざまな機能を有効化する。そのなかでもっとも重要なものは、ライト（光）の作成である。シリンダーが均一の色で描画されない理由は、このライトが存在するからである。また、シリンダーの基本色は、`glColor...()`関数の呼び出し結果に依存する。たとえば、`GL_COLOR_MATERIAL`オプションを有効化したうえで、現在の色を赤（`glColor3ub(255, 0, 0)`）に設定すれば、そのマテリアル（この場合はシリンダー）の色にも影響を与える。

```
def vector(*args):
    return (GLfloat * len(args))(*args)
```

このヘルパー関数`vector()`は、浮動小数点数の値を持つOpenGLの配列（各要素の型は`GLfloat`）を作成するために使用する。

```
def display(self):
    glClear(GL_COLOR_BUFFER_BIT|GL_DEPTH_BUFFER_BIT)
    glMatrixMode(GL_MODELVIEW)
    glPushMatrix()
    glTranslatef(0, 0, -600)
    glRotatef(self.xAngle, 1, 0, 0)
    glRotatef(self.yAngle, 0, 1, 0)
    self._draw_axes()
    self._draw_cylinder()
    glPopMatrix()
```

この`display()`メソッドが呼び出されるのは、シーンのウィンドウが最初に表示されたとき、およびシーンが再度表示されたとき（たとえば、このウィンドウを覆う他のウィンドウが移動されたり、閉じられたりしたときなど）である。ここでは、シーンをz軸に沿って後ろへ移動させることで、シーンを正面から見るようにしている。また、ユーザーのインタラクションに従って、x軸とy軸を中心に回転する（初期化の段階では、その回転角度はともに0である）。シーンの移動と回転を行ったら、軸とシリンダー自体の描画を行う。

```
def _draw_axes(self):
    glBegin(GL_LINES)
    glColor3f(1, 0, 0) # x軸
    glVertex3f(-1000, 0, 0)
    glVertex3f(1000, 0, 0)
```

```
            glColor3f(0, 0, 1) # y軸
            glVertex3f(0, -1000, 0)
            glVertex3f(0, 1000, 0)
            glColor3f(1, 0, 1) # z軸
            glVertex3f(0, 0, -1000)
            glVertex3f(0, 0, 1000)
            glEnd()
```

頂点(vertex)とはOpenGLの用語で、3次元上の点を意味する。上の_draw_axes()メソッドでは、各軸は同じように描画されている。最初に軸の色を設定し、その開始点と終了点を与える。glColor3f()とglVertex3f()関数はそれぞれ3つの浮動小数点数を引数として受け取るが、ここではint型を与え、型変換はPythonに任せている。

```
        def _draw_cylinder(self):
            glPushMatrix()
            try:
                glTranslatef(0, 0, -200)
                cylinder = gluNewQuadric()
                gluQuadricNormals(cylinder, GLU_SMOOTH)
                glColor3ub(48, 200, 48)
                gluCylinder(cylinder, 25, 25, 400, 24, 24)
            finally:
                gluDeleteQuadric(cylinder)
            glPopMatrix()
```

GLUユーティリティライブラリには、基本的な3D形状(シリンダーも含む)を作成する関数が備わっている。この_draw_cylinder()メソッドでは最初に、開始点をz軸に沿ってさらに後ろへ移動し、二次曲面(quadric。さまざまな3D形状を描画するために使用できるオブジェクト)を作成する。そして、3つの符号なしバイト(赤、緑、青、それぞれ0から255までの値)を使って色の設定を行う。gluCylinder()は一般的な二次曲面を受け取り、シリンダーの底面と上面の半径(この例では同じサイズ)、シリンダーの高さ、そして、粒度——正確には、経線・緯線方向の分割数。値が高ければ高いほど滑らかになり、処理量も増える——を引数に取る。そして最後に、リソースの消費を最小限に抑えるため、Pythonのガベージコレクションに任せるのではなく、二次曲面を明示的に破棄する。

```
        def reshape(self, width, height):
            width = width if width else 1
            height = height if height else 1
```

```
aspectRatio = width / height
glViewport(0, 0, width, height)
glMatrixMode(GL_PROJECTION)
glLoadIdentity()
gluPerspective(35.0, aspectRatio, 1.0, 1000.0)
glMatrixMode(GL_MODELVIEW)
glLoadIdentity()
```

このreshape()メソッドはウィンドウがリサイズされるたびに呼ばれる。ほとんどの処理はgluPerspective()関数で行われる。また、透視投影を使用するシーンであれば、実際にここで示したコードを使えるだろう。

```
def keyboard(self, key, x, y):
    if key == b"\x1B": # Escキー
        glutDestroyWindow(self.window)
```

このkeyboard()メソッドはglutKeyboardFunc()関数で登録されているため、ユーザーがキーを押せば（ただし、ファンクションキーや矢印キー、Page Up、Page Down、Home、End、Insertなどのキーは除く）、このメソッドが呼び出される。ここでは、Escキーが押されたかどうかをチェックし、もし押されたのであればウィンドウを破棄する（そのほかにウィンドウはないため、プログラム自体も終了する）。

```
def special(self, key, x, y):
    if key == GLUT_KEY_UP:
        self.xAngle -= ANGLE_INCREMENT
    elif key == GLUT_KEY_DOWN:
        self.xAngle += ANGLE_INCREMENT
    elif key == GLUT_KEY_LEFT:
        self.yAngle -= ANGLE_INCREMENT
    elif key == GLUT_KEY_RIGHT:
        self.yAngle += ANGLE_INCREMENT
    glutPostRedisplay()
```

このspecial()メソッドはglutSpecialFunc()関数で登録されており、ユーザーが特定のキーを押したときに呼び出される（特定のキーとは、ファンクションキー、矢印キー、Page Up、Page Down、Home、End、Insertなどのキーを指す）。ここでは矢印キーだけに反応し、矢印キーが押されたら、それに応じてx軸またはy軸の回転を増加・減少させ、GLUTツールキットにウィンドウの再描画を行わせる。その結果、glutDisplayFunc()で登録されたコーラブルが呼ばれることになる——この例では、Scene.display()が呼ばれる。

以上で、PyOpenGLのcylinder1.pywプログラムをすべて見たことになる。OpenGLの呼び出しはCで書かれたコードとほとんど同じであるから、OpenGLに馴染みのある読者はすぐに使いこなせるだろう。

8.1.2 pygletによるシリンダーの作成

pyglet版プログラム（cylinder2.pyw）は、構造的にPyOpenGL版と非常に似ている。主な違いは、イベント処理とウィンドウの生成のためのインタフェースがpyglet自身によって提供されていることである。そのため、GLUTを使う必要がない。

```
def main():
    caption = "Cylinder (pyglet)"
    width = height = SIZE
    resizable = True
    try:
        config = Config(sample_buffers=1, samples=4, depth_size=16,
            double_buffer=True)
        window = Window(width, height, caption=caption, config=config,
            resizable=resizable)
    except pyglet.window.NoSuchConfigException:
        window = Window(width, height, caption=caption,
            resizable=resizable)
    path = os.path.realpath(os.path.dirname(__file__))
    icon16 = pyglet.image.load(os.path.join(path, "cylinder_16x16.png"))
    icon32 = pyglet.image.load(os.path.join(path, "cylinder_32x32.png"))
    window.set_icon(icon16, icon32)
    pyglet.app.run()
```

ここでは、OpenGLのコンテキスト構成をbytesの文字列で渡すのではなく、pyglet.gl.Configオブジェクトを通じて指定する。最初に、希望する構成を表すオブジェクトを作成し、その構成に基づきカスタムウィンドウ（pyglet.window.Windowのサブクラス）を作成する。ウィンドウの作成に失敗したら、デフォルトの構成によるウィンドウを作成する。

pygletの優れた機能のひとつに、アプリケーションのアイコン設定がある。一般的に、アイコンはタイトルバーの端やタスク切り替え時に使用される。ウィンドウが作成されアイコンが設定されたら、pygletのイベントループを開始する。

```
class Window(pyglet.window.Window):

    def __init__(self, *args, **kwargs):
```

```
        super().__init__(*args, **kwargs)
        self.set_minimum_size(200, 200)
        self.xAngle = 0
        self.yAngle = 0
        self._initialize_gl()
        self._z_axis_list = pyglet.graphics.vertex_list(2,
                ("v3i", (0, 0, -1000, 0, 0, 1000)),
                ("c3B", (255, 0, 255) * 2))  # 頂点ひとつごとに色もひとつ
```

この __init__() メソッドは、前節の Scene メソッドで見たものと似ている。ただし、ここではまずウィンドウの最小サイズを設定している。さて、このすぐあとに見ていくように、pyglet では、直線の描画方法が3つ存在する。上のコードで使われているのは、頂点と色のペアからなるリストによって描画する方法である。リストを作成する関数は、頂点や色の個数と、それぞれのリストを引数として受け取る。リストは文字列とシーケンスからなる。v3i は「3つの整数座標によって指定された頂点 (vertices specified by three integer coordinates)」を意味し、ふたつの頂点を与えている。c3B「3つの符号なしバイトで指定された色 (colors specified by three unsigned bytes)」を意味する。ここでは、ふたつの（同じ）色を与え、先のふたつの頂点にそれぞれ対応させる。

_initialize_gl()、on_draw()、on_resize()、_draw_cylinder() メソッドについては、その解説を割愛する。_initialize_gl() メソッドは cylinder1.pyw で使用したものとほとんど同じである。on_draw() メソッドは、pyglet.window.Window サブクラスを表示させるために pyglet が自動で呼び出すメソッドであり、中身は cylinder1.pyw プログラムの Scene.display() メソッドとまったく同じである。同様に、on_resize() メソッドの中身は、先のプログラムの Scene.reshape() メソッドと同じであり、リサイズ操作のために呼び出されるメソッドである。また、両方のプログラムの _draw_cylinder() メソッド (Scene._draw_cylinder() と Window._draw_cylinder()) は同じである。

```
    def _draw_axes(self):
        glBegin(GL_LINES)                    # x軸（古典的スタイル）
        glColor3f(1, 0, 0)
        glVertex3f(-1000, 0, 0)
        glVertex3f(1000, 0, 0)
        glEnd()
        pyglet.graphics.draw(2, GL_LINES, # y軸（pyglet スタイル）
                ("v3i", (0, -1000, 0, 0, 1000, 0)),
```

```
                ("c3B", (0, 0, 255) * 2))
        self._z_axis_list.draw(GL_LINES)  # z軸 (効率的なpygletスタイル)
```

上の_draw_axes()メソッドでは、異なる方法で各軸を描画する。x軸の描画は、古典的なOpenGLの関数呼び出しによって行う。この方法は、PyOpenGL版のプログラムと完全に同じである。y軸の描画は、ふたつの頂点と色を指定し、その2点間の直線を描画するようにpygletに指示することで行う（もちろん、任意の数の頂点を指定できる）。特に、直線を多数描画しなければならないときは、この方法のほうが古典的な方法よりも若干効率がよいはずだ。z軸は、もっとも効率のよい方法で描画される。ここでは、pyglet.graphics.vertex_listで保持されている既存のリスト（要素は頂点と色のデータ）を使って、その頂点の間に直線を描くよう指示する。

```
    def on_text_motion(self, motion):  # x軸またはy軸まわりに回転させる
        if motion == pyglet.window.key.MOTION_UP:
            self.xAngle -= ANGLE_INCREMENT
        elif motion == pyglet.window.key.MOTION_DOWN:
            self.xAngle += ANGLE_INCREMENT
        elif motion == pyglet.window.key.MOTION_LEFT:
            self.yAngle -= ANGLE_INCREMENT
        elif motion == pyglet.window.key.MOTION_RIGHT:
            self.yAngle += ANGLE_INCREMENT
```

ユーザーが矢印キーを押せば、このon_text_motion()メソッドが呼び出される。ここでは、先ほどの例のspecial()メソッドで行ったことと同じことを行う。ただし、今回はキーを指定するために、GLUTの定数ではなく、pygletの定数を用いる。

他のキーが押されたときに呼び出されるon_key_press()メソッドは、ここでは与えない。なぜなら、pygletのデフォルトの実装では、（たとえハンドラが設定されていなくても）Escキーが押されたらウィンドウを閉じるからである。

ここで示したふたつのシリンダープログラムは、両方ともおよそ140行程度である。しかし、もしpyglet.graphics.vertex_listや他のpygletのエクステンションを用いれば、さらに簡単に――特にイベントやウィンドウ操作において――効率のよい実装を行える。

8.2　平行投影によるゲーム

7章では、2DのGravitateゲームのコードを示したが、タイルを描画するコードは省略した。実際、各タイルでは、四角形の周囲に台形が描画されている。上と左の台形は、中央の四角形の色よりも明るい色で描画し、下と右の台形は暗い色で描画する。これにより、3D風の感じを出せる（**図7-7**および7章のコラム「Gravitate」を参照）。

本節では、**図8-2**で示す3DのGravitateゲームのコードを見ていく。図からわかるように、このプログラムではタイルではなく球を使う。ユーザーがx軸とy軸を中心に回転させながら3次元構造を見られるように、球は一定の間隔をあけて配置される。ここでは、GUIと3Dのコードに焦点を当て、ゲームのロジックを実装した低レベルな詳細については割愛する。完全なソースコードは`gravitate3d.pyw`である。

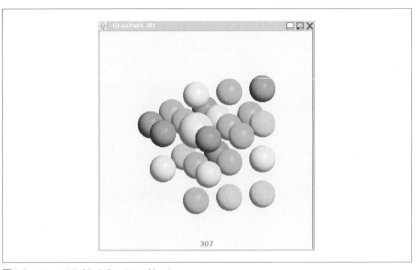

図8-2　Linuxでの3DのGravitateゲーム

このプログラムのmain()関数（ここでは示さない）は、`cylinder2.pyw`のそれとほとんど同じである。違いは、キャプションの名前とアイコン画像の名前だけである。

```
BOARD_SIZE = 4    # 1より大きくする
ANGLE_INCREMENT = 5
RADIUS_FACTOR = 10
DELAY = 0.5       # 秒
```

```
MIN_COLORS = 4
MAX_COLORS = min(len(COLORS), MIN_COLORS)
```

上のコードには、プログラムで使用する定数がいくつか定義されている。BOARD_SIZEは各軸に沿って配置可能な球の数を意味する。ここでは4に設定しているため、64個の球からなる4×4×4のボードが構成される。ANGLE_INCREMENTは5に設定される。これは、ユーザーが矢印キーを押したら、シーンが5°ずつで回転することを意味する。DELAYは、ユーザーが選択してクリックした球に対して、それを削除する間に待つ時間である（クリックした球と、その球に隣接する同じ色の球、さらに、それらの球と隣接する同じ色の球も削除される）。そして、球が削除されたら、空間を埋めるようにほかの球が中心に移動する。COLORSは（ここで示していない）タプルのリストであり、それぞれ色を表す。タプルは3つの要素からなる（各要素は0から255までの整数）。

選択されていない球をユーザーがクリックしたら、その球が選択される（ほかの球が選択されている場合は、その選択が解除される）。選択された球は、通常の半径よりもRADIUS_FACTORで指定された割合だけ大きな半径で描画される。選択された球がクリックされたら、その球と、その球に隣接する同じ色の球と、さらにそれらの球に隣接する同じ色の球が削除される（少なくともふたつの球が削除可能な場合のみ）。それ以外の場合は、選択が単に解除されるだけである。

```
class Window(pyglet.window.Window):

    def __init__(self, *args, **kwargs):
        super().__init__(*args, **kwargs)
        self.set_minimum_size(200, 200)
        self.xAngle = 10
        self.yAngle = -15
        self.minColors = MIN_COLORS
        self.maxColors = MAX_COLORS
        self.delay = DELAY
        self.board_size = BOARD_SIZE
        self._initialize_gl()
        self.label = pyglet.text.Label("", bold=True, font_size=11,
                anchor_x="center")
        self._new_game()
```

この__init__()メソッドは、色や遅延時間（delay）、ボードサイズの設定を行う必要があるため、シリンダープログラムでの同メソッドよりも多くのコードを必要とする。ここでは、回転角度の初期値を設定し、ユーザーが即座に3Dのゲームとして認識でき

るようにする。

　pygletでの特に便利な機能は、テキストのラベルである。ここでは、空のラベルを作成し、それをシーンの下部中央に配置する。このラベルは、メッセージや現在のスコアを表示するために使用する。

　カスタムメソッドの_initialize_gl()は（ここでは示さないが、以前見たものとほとんど同じである）、背景とライトの設定を行う。プログラムのロジックとOpenGLの設定がすべて完了すれば、新しいゲームを開始する。

```
def _new_game(self):
    self.score = 0
    self.gameOver = False
    self.selected = None
    self.selecting = False
    self.label.text = ("Click to Select • Click again to Delete • "
            "Arrows to Rotate")
    random.shuffle(COLORS)
    colors = COLORS[:self.maxColors]
    self.board = []
    for x in range(self.board_size):
        self.board.append([])
        for y in range(self.board_size):
            self.board[x].append([])
            for z in range(self.board_size):
                color = random.choice(colors)
                self.board[x][y].append(SceneObject(color))
```

　ボードを作成するために、この_new_game()メソッドが用いられる。ボードは、COLORSリストからランダムに色を選び、その色の球を配置して作成する。ここでは、ひとつのボードで使用する色の種類は、最大でself.maxColor個とする。ボードは、シーンオブジェクト（SceneObject）のリストのリストのリストによって表される。その各要素のオブジェクトは、「色」と「選択色」を持つ。ここで言う「色」とはコンストラクタに渡された球の色である。また、「選択色」は自動で生成され、選択時に使用される（後ほど8.2.2節で説明する）。

　ラベルの文字列を変更したため、pygletによってシーンの再描画が行われ（on_draw()メソッドによって行われる）、新しいゲームが表示される。

8.2.1 ボードのシーン作成

　シーンが最初に表示されたとき、もしくは、前面のウィンドウの移動やクローズによ

りシーンが再度表示されると、pygletはon_draw()メソッドを呼び出す。また、シーン（つまり、そのウィンドウ）がリサイズされると、pygletはon_resize()メソッドを呼び出す。

```python
def on_resize(self, width, height):
    size = min(self.width, self.height) / 2
    height = height if height else 1
    width = width if width else 1
    glViewport(0, 0, width, height)
    glMatrixMode(GL_PROJECTION)
    glLoadIdentity()
    if width <= height:
        glOrtho(-size, size, -size * height / width,
                size * height / width, -size, size)
    else:
        glOrtho(-size * width / height, size * width / height,
                -size, size, -size, size)
    glMatrixMode(GL_MODELVIEW)
    glLoadIdentity()
```

Gravitate 3Dでは平行投影を使用している。ここで示したコードは、いかなる平行投影のシーンでも正常に動作するはずである（そのため、もしPyOpenGLを使用するのであれば、このメソッドをreshape()として、glutReshapeFunc()関数に登録すればよい）。

```python
def on_draw(self):
    diameter = min(self.width, self.height) / (self.board_size * 1.5)
    radius = diameter / 2
    offset = radius - ((diameter * self.board_size) / 2)
    radius = max(RADIUS_FACTOR, radius - RADIUS_FACTOR)
    glClear(GL_COLOR_BUFFER_BIT|GL_DEPTH_BUFFER_BIT)
    glMatrixMode(GL_MODELVIEW)
    glPushMatrix()
    glRotatef(self.xAngle, 1, 0, 0)
    glRotatef(self.yAngle, 0, 1, 0)
    with Selecting(self.selecting):
        self._draw_spheres(offset, radius, diameter)
    glPopMatrix()
    if self.label.text:
        self.label.y = (-self.height // 2) + 10
        self.label.draw()
```

このon_draw()メソッドは、glutDisplayFunc()関数で登録したPyOpenGLの

display()メソッドのpyglet版である。ここでは、ウィンドウの空間をできるだけ埋める一方で、回転させることによって球がウィンドウからはみ出さないようなボードを作成したい。また、ボードが正しく中心に位置するようにオフセットの計算をする必要がある。

適切な準備を行ったうえで、ユーザーが矢印キーを押した場合などにはシーンを回転し、カスタムのコンテキストマネージャであるSelectingのコンテキストの下で球を描画する。このコンテキストマネージャは、ユーザーがどの球をクリックしたかを判定することを目的として、特定の設定を有効もしくは無効にする（球の選択については8.2.2節で説明する）。

ラベルにテキストが存在する場合は、そのラベルのy座標がウィンドウの最下部に位置することを確認（なぜなら、ウィンドウがリサイズされている場合があるからである）してからラベルにテキストの描画を指示する。

```
def _draw_spheres(self, offset, radius, diameter):
    try:
        sphere = gluNewQuadric()
        gluQuadricNormals(sphere, GLU_SMOOTH)
        for x, y, z in itertools.product(range(self.board_size),
                repeat=3):
            sceneObject = self.board[x][y][z]
            if self.selecting:
                color = sceneObject.selectColor
            else:
                color = sceneObject.color
            if color is not None:
                self._draw_sphere(sphere, x, y, z, offset, radius,
                    diameter, color)
    finally:
        gluDeleteQuadric(sphere)
```

二次曲面は、シリンダーや球を描画するために使われるが、この場合、ひとつのシリンダーではなく、多くの球（最大で64個）を描画しなければならない。ただし、同じ二次曲面を使ってすべての球を描画することは可能である。

_draw_spheresメソッドでは、3次元上の点である(x, y, z)に球を生成するために、「x in range(self.board.size): for y in range(self.board.size): for z in range(self.board.size)」のようにリストのリストのリストを使うことはしない。その代わりに、itertools.product()関数とforループをひとつだけ用いて同じことを行う。

3次元上の各点で、対応するシーンオブジェクトを取得する（もしそれが削除さた球であれば、色はNoneである）。そして、どの球がクリックされたかを見るために描画するのであれば、その色を選択色に設定し、単にユーザーが見るために描画するのであれば、その色を球の色に設定する。

```
def _draw_sphere(self, sphere, x, y, z, offset, radius, diameter,
        color):
    if self.selected == (x, y, z):
        radius += RADIUS_FACTOR
    glPushMatrix()
    x = offset + (x * diameter)
    y = offset + (y * diameter)
    z = offset + (z * diameter)
    glTranslatef(x, y, z)
    glColor3ub(*color)
    gluSphere(sphere, radius, 24, 24)
    glPopMatrix()
```

この`_draw_sphere()`メソッドは、オフセットを考慮して、3Dグリッド上の適切な場所に各球を描画する。もし球が選択されていれば、その球の半径を大きくして描画する。`gluSphere()`の最後のふたつの引数は「粒度」を表す（その数値が大きければ滑らかな球になり、その分処理量も増える）。

8.2.2 シーンオブジェクトの選択

2次元の画面に表示された3次元オブジェクトを選択することは簡単なことではない。長年に渡りさまざまなテクニックが考えられてきたが、もっともロバストで広く用いられるテクニックは、この3D版Gravitateでも用いられている。

この手法は次のように動作する。まずユーザーがシーンをクリックすると、そのシーンがオフスクリーンのバッファに（ユーザーには見えないシーンとして）描画される。このとき、球はそれぞれに固有の色で描画される。そして、クリックされた場所の色をバッファから読み出し、その色に対応する固有のシーンオブジェクトを特定する。これが正しく機能するためには、アンチエイリアシングとライト、テクスチャを使わないようにしなければならない。これらの機能をオフにすることで、オブジェクトは追加の色加工が行われずに、その固有の色で描画される。

まずは`SceneObject`を見ていく（球は`SceneObject`によって表現される）。それから、コンテキストマネージャである`Selecting`を見ていく。

```
class SceneObject:

    __SelectColor = 0

    def __init__(self, color):
        self.color = color
        SceneObject.__SelectColor += 1
        self.selectColor = SceneObject.__SelectColor
```

ここではシーンオブジェクトに、表示のための色（self.color）と選択のための色（self.selectColor）を与える。表示色はユニークである必要はないが、選択色はユニークにする必要がある。プライベートでスタティックな__SelectColorは整数であり、新しいシーンオブジェクトが作成されるたびにインクリメントされる。その整数は、各オブジェクトに固有の選択色を与えるために用いる。

```
    @property
    def selectColor(self):
        return self.__selectColor
```

このselectColorプロパティはシーンオブジェクトの選択色を返す。このプロパティが返す値は、None（たとえば、削除されたシーンオブジェクトの場合）もしくは色を表す3つの要素からなるタプル（各要素は0から255までの値）である。

```
    @selectColor.setter
    def selectColor(self, value):
        if value is None or isinstance(value, tuple):
            self.__selectColor = value
        else:
            parts = []
            for _ in range(3):
                value, y = divmod(value, 256)
                parts.append(y)
            self.__selectColor = tuple(parts)
```

この選択色のセッターは、与えられた値がNoneまたはtupleの場合のみ、その値を受け取る。それ以外の場合は、与えられた固有の整数を元に、固有の色のタプルを生成する。最初のシーンオブジェクトは1が渡されるため、その色は (1,0,0) である。ふたつ目は2が渡されるため、その色は (2,0,0) である。同様に255番目は (255,0,0) といったように続く。そして、256番目は (0,1,0)、257番目は (1,1,0)、258番目は (2,1,0) となる。この手法は、約1,600万個の固有なオブジェクトを扱える。ほとんどの場合はこれで十分であろう。

```
SELECTING_ENUMS = (GL_ALPHA_TEST, GL_DEPTH_TEST, GL_DITHER,
    GL_LIGHT0, GL_LIGHTING, GL_MULTISAMPLE, GL_TEXTURE_1D,
    GL_TEXTURE_2D, GL_TEXTURE_3D)
```

ここでは、目的に応じて——つまり、ユーザーのために描画するのか、もしくはどのオブジェクトが選択されているのかを判定するためにオフスクリーンへ描画するのかに応じて——、アンチエイリアシング、ライト、テクスチャ、そして、オブジェクトの色を変更する機能を無効または有効にする。そのために、ここではELECTING_ENUMSに、OpenGLでオブジェクトの色に影響を与える機能をリスト化する。

```
class Selecting:

    def __init__(self, selecting):
        self.selecting = selecting
```

コンテキストマネージャであるSelectingは、そのコンテキスト (8.2.1節) で描画されている球がユーザーのために描画されるのか、それとも選択のために描画されるのかを記憶している。

```
    def __enter__(self):
        if self.selecting:
            for enum in SELECTING_ENUMS:
                glDisable(enum)
            glShadeModel(GL_FLAT)
```

コンテキストマネージャに入ると、もしその描画が選択のためのものであれば、OpenGLで色を変更させる機能を無効にして、フラットなシェーディングに切り替える。

```
    def __exit__(self, exc_type, exc_value, traceback):
        if self.selecting:
            for enum in SELECTING_ENUMS:
                glEnable(enum)
            glShadeModel(GL_SMOOTH)
```

コンテキストマネージャから出るとき、選択用に描画したのであれば、OpenGLの色変更の機能を再度有効にし、スムーズなシェーディングに戻す。

オブジェクトの選択がどのように動作しているかを実際に見るには、元のソースコードに対して次のふたつの変更を行うだけでよい。最初に、SceneObject.__init__()メソッドの += 1を += 500に変更し、続いて、Window.on_mouse_press()メソッド (次節で説明する) のself.selecting = Falseをコメントアウトする。変更した

プログラムでは、任意の球を選択すると、通常はオフスクリーンに描画される選択のための画面が表示される。

8.2.3 ユーザーインタラクション

Gravitate 3Dゲームは、ほとんどの操作をマウスによって行う。ただし、矢印キーを使ってボードを回転したり、Ctrl+NやCtrl+Qで新しいゲームを開始したりゲームを終了したりすることも可能である。

```
def on_mouse_press(self, x, y, button, modifiers):
    if self.gameOver:
        self._new_game()
        return
    self.selecting = True
    self.on_draw()
    self.selecting = False
    selectColor = (GLubyte * 3)()
    glReadPixels(x, y, 1, 1, GL_RGB, GL_UNSIGNED_BYTE, selectColor)
    selectColor = tuple([component for component in selectColor])
    self._clicked(selectColor)
```

この on_mouse_press() メソッドは、ユーザーがマウスボタンを押すたびに、pylgetによって呼び出される。もしゲームが終了していれば、新しいゲームを開始する。そうでなければ、ユーザーは球をクリックしていると解釈する。self.selecting をTrueに設定してシーンを描画し（これはオフスクリーンで起こるのでユーザーは気づかない）、それから self.selecting をFalseに戻す。

glReadPixels() 関数は、ひとつ以上のピクセルの色を読み取るために用いる。この場合、オフスクリーン上でユーザーがクリックした場所のピクセルを読み取り、そのRGBの値を3つの符号なしバイト（それぞれ0から255までの整数）として取り出す。そして、その3つのバイトをタプルに入れ、各球の固有の色と比較する。

glReadPixels() 呼び出しは、左下を原点としている（pyglet も左下原点）。もし座標系が左上を原点とするのであれば、viewport = (GLint * 4)(); と glGetIntegerv(GL_VIEWPORT, viewport) というステートメントが必要になる。そして、glReadPixels() 呼び出しの y を viewport[3] - y に置き換えなければならない。

```
def _clicked(self, selectColor):
    for x, y, z in itertools.product(range(self.board_size), repeat=3):
        if selectColor == self.board[x][y][z].selectColor:
```

```
            if (x, y, z) == self.selected:
                self._delete()  # 2度目のクリックで消去
            else:
                self.selected = (x, y, z)
            return
```

ユーザーがクリックするたびに、このメソッドが呼び出される。ただし、新しいゲームを始めるときは、このメソッドは呼ばれない。ここでは、itertools.product()関数を使い、ボードの(x, y, z)からなるタプルをすべて生成し、シーン上の各球の色とクリックされたピクセルの色を比較する。同じ色が見つかれば、ユーザーがクリックしたシーンオブジェクトを特定できたことになる。もしそのオブジェクトがすでに選択されていれば、それはユーザーが続けて2回クリックしたことを意味するから、そのオブジェクトと、同じ色の隣接した球の削除を行う。それ以外の場合は、対象のオブジェクトが選択される(以前に選択されていたオブジェクトの選択は解除される)。

```
    def _delete(self):
        x, y, z = self.selected
        self.selected = None
        color = self.board[x][y][z].color
        if not self._is_legal(x, y, z, color):
            return
        self._delete_adjoining(x, y, z, color)
        self.label.text = "{:,}".format(self.score)
        pyglet.clock.schedule_once(self._close_up, self.delay)
```

この_delete()メソッドは、クリックされた球と、同じ色を持つ隣接した球(そして、それらの球とさらに隣接した同じ色の球)を削除するために用いる。ここでは最初に、球が選択されていないように設定し(self.selected = None)、削除が適切かどうかチェックする(適切な隣接した球が少なくともひとつあることを確認する)。削除が適切であれば、_delete_adjoining()メソッドとヘルパーメソッド(ここでは示さない)を用いて、その削除を行う。そして、ラベルを更新して、新たに加算されたスコアを表示し、self._close_up()メソッド(ここでは示さない)が0.5秒後に呼び出されるように設定する。この遅延呼び出しによって、削除された球を埋めるようにほかの球が中心に移動する前に、どの球が削除されたかをユーザーが自分の目で確認できるようになる(アニメーションによって球の移動を表現するほうがエレガントだろう)。

```
    def on_key_press(self, symbol, modifiers):
        if (symbol == pyglet.window.key.ESCAPE or
            ((modifiers & pyglet.window.key.MOD_CTRL or
```

```
                modifiers & pyglet.window.key.MOD_COMMAND) and
                symbol == pyglet.window.key.Q)):
            pyglet.app.exit()
        elif ((modifiers & pyglet.window.key.MOD_CTRL or
                modifiers & pyglet.window.key.MOD_COMMAND) and
                symbol == pyglet.window.key.N):
            self._new_game()
        elif (symbol in {pyglet.window.key.DELETE, pyglet.window.key.SPACE,
                    pyglet.window.key.BACKSPACE} and
                self.selected is not None):
            self._delete()
```

閉じるボタンをクリックすると、ユーザーはプログラムを終了できるが、Escキーや Ctrl+Q（または⌘+Q）キーを押しても終了できる。また、現在のゲームが終了していれば、単にクリックするだけで新しいゲームを開始できる。もしくは、どのタイミングであっても、Ctrl+N（または⌘+N）キーを押すことで、新しいゲームを開始できる。選択された球の削除は、クリックのほかDelキー、スペースキー、バックスペースキーの押下でも行える。

Windowは on_text_motion() メソッドも持っており、このメソッドは矢印キーの操作によって、シーンをx軸またはy軸に沿って回転する。このメソッドは8.1.2節ですでに示したものと同じであり、ここでは示さない。

これでGravitate 3Dゲームについての説明は終わりである。本章では紙面の都合もあり、連結する球の削除を行うメソッドや、球が中心へ移動する際の処理など、ゲームのロジックについての説明は割愛した。

＊ ＊ ＊ ＊ ＊ ＊ ＊ ＊ ＊ ＊ ＊ ＊ ＊ ＊

3Dのシーンをプログラムで作成することはとても難しい。その難しさの要因は、古典的なOpenGLインタフェースが全体を通して手続き型プログラミングであること——つまり、オブジェクト指向でないこと——に起因する。しかし、OpenGLのCコードをPythonに移植する点に関して言えば、PyOpenGLやpygletのおかげで、その作業はとても簡単である。さらに、pygletは、イベント処理やウィンドウ生成などの便利な機能も備えている。また、PyOpenGLは、多くのGUIツールキット（Tkinterを含む）と統合して使用できる。

あとがき

　本書では、Python 3（https://www.python.org/）に関する有効なテクニックや便利なライブラリを数多く取り上げて説明してきた。その過程において、よりよいプログラミングを行うためのアイデアやインスピレーションを読者に提示できたとしたら、筆者としては幸いである。

　Pythonの人気は衰えることを知らない。Pythonは世界中の至る所で、さまざまなアプリケーションで使用されている。また、Pythonは初めてのプログラミング言語として理想的な言語である —— わかりやすく、手軽に利用でき、一貫した構文を持ち、さらに、手続き型、オブジェクト指向、関数型のプログラミングをサポートしている。その一方で、プロフェッショナルにとってもPythonは最高の言語である（たとえば、Googleは長年に渡ってPythonを使用している）。これは、Pythonが高速な開発を可能にし、メンテナンス性の非常に高いコードを書けるからである。そして、Cやコンパイル型言語で書かれたモジュールに容易にアクセスできることも、Pythonが好まれる理由のひとつである。

　Pythonプログラミングの学びに終わりはない —— 常に学ぶべきことはあり、さらに進むべき道はある。Pythonは初心者プログラマーのニーズを満たす利便性を備える一方で、エキスパートの厳しい要求を満たす先進的な機能や技術的な奥深さも兼ね備えている。また、Pythonはライセンスの点で"オープン"であるというだけでなく —— さらに言えば、ソースコードも公開されている ——、イントロスペクションの点でもオープンであり、望むのであればバイトコードまでさかのぼることもできる。そして、もちろん、Python自体についても、つまり、Pythonに貢献したい人にとっても、オープンな存在である（https://docs.python.org/devguide/）。

　この世にはおそらく何千という数のコンピュータ言語が存在する（広く使用される言語は、その中のほんの一部であるが）。近年においては、Pythonがそのトップに位置す

ることは疑いようがない。この数十年間、多くの異なる言語を使用してきたコンピュータ科学者にとっては、雇用主などに要求されて使わざるを得なかった言語に何度も不満を持ったものだ。筆者もそのような環境に疑問を持ち、よりよい言語を作ろうと思い続けたりもした。これまで我慢してきた問題や不満が発生しない言語を考えた。筆者が知り得る最高の機能をすべて兼ね備えた言語を夢見た。しかしある日、(いくつか不満はあるにせよ) 最高の言語とは「Python」であるということがわかった。そこで、筆者は理想の言語を作るという夢はもうやめにして、Pythonを使うことにした。

　　ありがとう、グイド・ヴァンロッサム (Guido van Rossum)。

　　ありがとう、Pythonに貢献してきたすべての人。

　　ありがとう、信じられないほどにパワフルで便利なプログラミング言語をこの世にもたらしてくれた人。

　こうした人たちのおかげで、Pythonは至る所で動いている。こうした人たちのおかげで、我々は使う喜びを得ている。

参考文献

『C++ Concurrency in Action: Practical Multithreading』

Anthony Williams著、Manning Publications刊、2012年（ISBN978-1-933988-77-1）
C++による並行プログラミングの解説書。並行プログラミングで遭遇する悩ましい問題や落とし穴を数多く示し、それらをどのように回避するかを説明する非常に有益な書籍。

『Clean Code: A Handbook of Agile Software Craftsmanship』

Robert C. Martin著、Prentice Hall刊、2009年（ISBN978-0-13-235088-4）
プログラミングにおける実践上の問題を数多く扱う。たとえば、よいネーミングや関数のデザイン、リファクタリングなど。コーディングスタイルを向上させ、メンテナンス性の高いプログラムにするための多くのアイデアが含まれている（サンプルコードはJavaで書かれている）。

（邦訳『Clean Code アジャイルソフトウェア達人の技』花井志生 訳、アスキー・メディアワークス刊）

『Code Complete: A Practical Handbook of Software Construction, Second Edition』

Steve McConnell著、Microsoft Press刊、2004年（ISBN978-0-7356-1967-8）
頑健なソフトウェアを作成する方法を示すとともに、言語仕様を超えて、アイデア・原則・実践の世界へ進む。サンプルコードを読めば、プログラミングについてより深く考えることになるだろう。

（邦訳『Code Complete 第2版 完全なプログラミングを目指して〈上/下〉』クイープ 訳、日経BP社刊）

『Design Patterns: Elements of Reusable Object-Oriented Software』

Erich Gamma、Richard Helm、Ralph Johnson、John Vlissides著、Addison-Wesley刊、1995年（ISBN978-0-201-63361-0）
現代のプログラミング書籍のなかでもっとも大きな影響を与えたもののひとつ。デザイ

ンパターンは、日常のプログラミング作業において、魅力的であり、非常に実践的である (サンプルコードはほとんどがC++で書かれている)。

　(邦訳『オブジェクト指向における再利用のためのデザインパターン』本位田真一、吉田和樹 訳、ソフトバンククリエイティブ刊)

『Domain-Driven Design: Tackling Complexity in the Heart of Software』

Eric Evans著、Addison-Wesley刊、2004年 (ISBN978-0-321-12521-7)
ソフトウェアデザインについてのとても興味深い書籍。特に有益なのは、複数人で開発する大規模プロジェクトについての解説。主なテーマは、「何を行うためにシステムを設計すべきか」ということを表すドメインモデルを作成し改善すること、およびシステムに関連するすべての人の「ユビキタス言語 (チームの共通言語)」を作ることである。

　(邦訳『エリック・エヴァンスのドメイン駆動設計』今関剛 監修、和智右桂、牧野祐子 訳、翔泳社刊)

『Don't Make Me Think!: A Common Sense Approach to Web Usability, Second Edition』

Steve Krug著、New Riders刊、2006年 (ISBN978-0-321-34475-5)
ウェブユーザビリティに関する研究と経験に基づく実践的な書籍。この本の理解しやすいアイデアを適用すれば、いかなるウェブサイトでもユーザビリティを向上できるだろう。

　(邦訳『ウェブユーザビリティの法則 改訂第2版』中野恵美子 訳、ソフトバンククリエイティブ刊)

『GUI Bloopers 2.0: Common User Interface Design Don'ts and Dos』

Jeff Johnson著、Morgan Kaufmann刊、2008年 (ISBN978-0-12-370643-0)
「GUIでの大失敗2.0」という少し奇抜なタイトルに惑わされていはいけない。内容はいたって真面目。すべてのGUIプログラマーが読むべき書籍だ。この本のすべての提案に賛成できないかもしれないが、この本を読み終わったあとには、ユーザーインタフェースについて深い洞察をもって、より注意深く考えるようになるだろう。

『Java Concurrency in Practice』

Brian Goetz、Joshua Bloch、Doug Lea、Joseph Bowbeer、David Holmes、Doug Lea著、Addison-Wesley刊、2006年 (ISBN978-0-321-34960-6)
Javaの並行処理について書かれた素晴らしい書籍。この本で示される並行処理プログラミングについての多くの助言は、他の言語においても適用可能である。

（邦訳『Java並行処理プログラミング ―その「基盤」と「最新API」を究める』岩谷宏訳、ソフトバンククリエイティブ刊）

『The Little Manual of API Design』

Jasmin Blanchette著、Trolltech/Nokia、2008年
Qtツールキットを使ったサンプルが数多く示されているこのコンパクトなマニュアルは、APIの設計についてのアイデアと洞察を与えてくれるだろう（http://www21.in.tum.de/~blanchet/api-design.pdfで無料公開されている）。

『Mastering Regular Expressions, Third Edition』

Jeffrey E.F. Friedl著、O'Reilly Media刊、2006年（ISBN978-0-596-52812-6）
正規表現に関するもっともスタンダードな書籍。説明が丁寧で、実践的な例も数多く示されており、リファレンスとしても有用。

（邦訳『詳説 正規表現 第3版』長尾高弘 訳、オライリー・ジャパン刊）

『OpenGL SuperBible: Comprehensive Tutorial and Reference, Fourth Edition』

Richard S. Wright、Nicholas Haemel、Graham Sellers、Benjamin Lipchak著、Addison-Wesley刊、2007年（ISBN978-0-321-49882-3）
OpenGLを用いた3Dグラフィックスについての優れた入門書。3Dグラフィックスの経験のないプログラマーにおすすめの内容。サンプルコードはC++で書かれているが、OpenGLのAPIはpygletや他のPythonバインディングによって忠実に再現できるので、サンプルを大幅に変更しなくてもPythonに適用できる。

『Programming in Python 3: A Complete Introduction to the Python Language, Second Edition』

Mark Summerfield著、Addison-Wesley刊、2010年（ISBN978-0-321-68056-3）
Python 3プログラミングについての解説書。これまでに手続き型言語やオブジェクト指向言語を使ったプログラミング経験のある人（もちろん、Python 2を含む）に向けて書かれている。

（邦訳『Python 3 プログラミング徹底入門』長尾高弘 訳、ピアソン桐原刊）

『Python Cookbook, Third Edition』

David Beazley、Brian K. Jones著、O'Reilly Media刊、2013年（ISBN978-1-4493-4037-7）
Python 3プログラミングについての興味深く実践的なアイデアが数多く含まれており、本書『実践 Python 3』と併読するとよいだろう。

(旧版の邦訳『Python クックブック 第2版』鴨澤眞夫、當山仁健、吉田聡、吉宗貞紀 訳、オライリー・ジャパン刊)

『Rapid GUI Programming with Python and Qt: The Definitive Guide to PyQt Programming』

Mark Summerfield著、Prentice Hall刊、2008年 (ISBN978-0-13-235418-9)

Python 2とQt4を使ったGUIプログラミングについて書かれている。Python 3を使った例は、筆者のウェブサイトから取得できる。解説のほとんどはPySideやPyQtにも適用できる。

『Security in Computing, Fourth Edition』

Charles P. Pfleeger、Shari Lawrence Pfleeger著、Prentice Hall刊、2007年 (ISBN978-0-13-239077-4)

コンピュータセキュリティについての実践的な内容を広範に渡ってカバーする書籍。どのように攻撃がなされ、どのようにその攻撃から身を守るのか、ということについて書かれている。

『Tcl and the Tk Toolkit, Second Edition』

John K. Ousterhout、Ken Jones著、Addison-Wesley刊、2010年 (ISBN978-0-321-33633-0)

Tcl/Tk 8.5に関するスタンダードな書籍。Tclは型にはまらない自由な言語であり、ほとんど"シンタックスフリー"な言語であるが、この本を読めば、Tcl/Tkのドキュメントの読み方について学べる。PythonとTkinterを使ってアプリケーションを書くときには、Tcl/Tkのドキュメントを参照することがたびたび必要になる。

(邦訳『Tcl&Tkツールキット』西中芳幸、石曽根信 訳、ソフトバンククリエイティブ刊)

『Introducing Python』

Bill Lubanovic著、O'Reilly Media刊、2014年 (ISBN978-1-4493-5936-2)

本書『実践 Python 3』を読む前に読む本。前提とする知識は特になし。プログラミングが初めてという人を対象に、Python 3ではじめる初めてのプログラミングを丁寧にわかりやすく解説した書籍。

(邦訳『入門 Python 3』斎藤康毅 監訳、長尾高弘 訳、オライリー・ジャパン刊)

サンプルコードについて

　本書のサンプルコードは原著者のサイト（http://www.qtrac.eu/pipbook.html）から入手できる。tgz形式（http://www.qtrac.eu/pipbook-1.0.tar.gz）とzip形式（http://www.qtrac.eu/pipbook-1.0.zip）が用意されている。
　以下に各章で使用するソースコードを示す。

1章 生成に関するデザインパターン

```
Abstract Factory: diagram1.py diagram2.py
Builder: formbuilder.py
Factory Method: gameboard1.py gameboard2.py gameboard3.py gameboard4.py
```

2章 構造に関するデザインパターン

```
Adaptor: render1.py render2.py
Bridge: barchart1.py barchart2.py barchart3.py
Composite: stationery1.py stationery2.py
Decorator: validate1.py validate2.py mediator1d.py mediator2d.py
Facade: Unpack.py
Flyweight: pointstore1.py pointstore2.py
Proxy: imageproxy1.py imageproxy2.py
Singleton: Session.py
```

3章 ふるまいに関するデザインパターン

```
Chain of Responsibility: eventhandler1.py eventhandler2.py
Command: grid.py Command.py
Interpreter: genome1.py genome2.py genome3.py
Iterator: Bag1.py Bag2.py Bag3.py
Mediator: mediator1.py mediator2.py
```

```
Memento（pickleあるいはjsonを使用）
Observer: observer1.py observer2.py
State: multiplexer1.py multiplexer2.py
Strategy: tabulator1.py tabulator2.py tabulator3.py tabulator4.py
Template Method: wordcount1.py wordcount2.py
Visitor（map()、リスト内包表記、forループのいずれかを使用）
Case Study: Image/
```

4章 高レベルな並行処理

```
imagescale-s.py imagescale-t.py imagescale-q-m.py imagescale-m.py
imagescale-c.py
whatsnew.py whatsnew-t.py whatsnew-q.py whatsnew-m.py whatsnew-q-m.py
whatsnew-c.py Feed.py（feedparserとlxmlの使用を推奨）
Case Study: imagescale/（Cython、numpyが必要）
```

5章 Pythonの拡張

```
Hyphenate1.py
Hyphenate2/（Cythonとlibhyphenが必要）
benchmark_Scale.py Scale/Fast.pyx（Cython、numpyが必要）
Case Study: cyImage/ benchmark_Image.py imagescale-s.py
imagescale-cy.py imagescale.py（Cython、numpyが必要）
```

6章 高レベルなネットワーク処理

```
Meter.py MeterMT.py
meterclient-rpc.py meterserver-rpc.py meter-rpc.pyw
meterclient-rpyc.py meterserver-rpyc.py meter-rpyc.pyw（rpycが必要）
```

7章 PythonとTkinterによるGUIアプリケーション

```
hello.pyw
TkUtil/
currency/
gravitate/
gravitate2/
texteditor/
texteditor2/
```

8章 OpenGLによる3Dグラフィックス

```
cylinder1.pyw
cylinder2.pyw
gravitate3d.pyw
```

本書を通して使用するコード

```
Qtrac.py
Image/
cyImage/
```

索引

記号・数字

*args 11
**kwargs 11
**locals() 5, 12
.pyx 216
@abc.abstractproperty 44
@abstractmethod 10
@classmethod 7, 49
@coroutine 85, 118
@cython.boundscheck() 226
@cython.cdivision() 227
@filename.setter 67
@functools.total_ordering 52
@property 47
@staticmethod 136
__call__() 91, 108, 128
__class__ 11
__contains__() 112, 256
__delitem__() 111, 256
__dict__ 32
__doc__ 54
__enter__() 67, 327
__exit__() 67, 327
__getattr__() 74
__getitem__() 106, 111, 256
__init__() 4, 26, 327
__init__.py 143
__iter__() 46
__len__() 111, 257
__mro__() 31
__name__ 54
__new__() 23, 26
__next__() 109
__setattr__() 75
__setitem__() 111, 256
__slots__ 19, 25, 72
__subclasshook__() 30, 37
_MeterDict 257
2Dのデータ 141
3Dグラフィックス 309
3DのGravitate 320

A

abc 10
ABCMeta 10, 30, 44
Abstract Factoryパターン 1
AbstractBoard 17, 22
AbstractCompositeItem 45
AbstractFormBuilder 10
AbstractItem 44
AbstractWordCounter 136
Adapterパターン 29
Archive 66
argparse 164
argument 11
array 141
assert 30
AssertionError 30
asynchat 160, 233
asyncore 160, 233
atexit 75, 215
atexit.register() 222
AttributeError 78

B

BarCharter 36
BarRenderer 37
BlackDraught 19
Book 59
boost::python 206
bound method（バウンドメソッド）........ 70
Bridge パターン 35
Builder パターン 8
Button 117

C

C インタフェース 205
C ライブラリへのアクセス 207
CAD（computer-aided design）............ 310
callable（コーラブル）............................. 90
callable object（コーラブルオブジェクト）
.... 66
callable() 91
Canceled 191
canonicalize（正規化）............................. 14
CFFI（C Foreign Function Interface for
 Python）..................................... 206, 211
Chain of Responsibility パターン 81
CheckersBoard 18
ChessBoard 19
cimport 218, 225
closure（クロージャ）.............................. 56
collections.ChainMap() 31
collections.Counter............................... 113
collections.namedtuple() 238
collections.OrderedDict() 96
Command 91
Command パターン 88
Composite パターン 42
CompositeItem 43, 47
concurrent.futures 162, 172, 183
concurrent.futures.Executor.shutdown()
.... 198
concurrent.futures.ProcessPoolExecutor()
.... 172, 175
concurrent.futures.ThreadPoolExecutor()
.... 173
concurrent.futures.ThreadPoolExecutor.
 submit().. 184
ConnectionError 243
context manager（コンテキストマネージャ）.. 67, 255
copy() 255
copy.deepcopy() 25
coroutine（コルーチン）........................... 85
Counter 128
cProfile 223
CPU バウンドな並行処理 163
CPython 205, 254
CSS（Cascading Style Sheet）................ 72
ctypes 206
ctypes.CDLL() 210
ctypes.create_string_buffer() 209
ctypes.OleDLL() 210
ctypes.util.find_library() 210
ctypes.WinDLL() 210
Cython 205
　～の使用 215

D

datetime.datetime.fromtimestamp()
.... 123
DBM 73
DebugHandler 84
Decorator パターン 51
defaultdict 115
DejaVu フォント 16
del 256
Diagram 4
DiagramFactory 3, 7
distutils 217
docstring 54
DSL（Domain Specific Language、
 ドメイン固有言語）................................ 93
dumb dialog（ダムダイアログ）............ 274

E

Ensure 63
enumerate() 4
epoch（エポック）................................. 123
escape() 13, 34

eval() 20, 25
　〜を用いた式評価 94
Event 129
exec() 21
　〜を用いたコード評価 98

F

Facadeパターン 65
Factory Methodパターン 16
first-class object（第一級オブジェクト）
　.. 92
Flyweightパターン 72
Form 114
format 12
format_map() 5
Functor（関手） 109
Future.exception() 174

G

getattr() 25
GIF 140
GIL（Global Interpreter Lock）.... 160, 254
GL_LINES 314
GL_MODELVIEW 316
GL_PROJECTION 316
GLUT 309, 312
glBegin() 314
glClearColor() 313
glColor3f() 314
glColor3ub() 315
glColorMaterial() 313
glEnable() 313
glEnd() 315
glHint() 313
glLightfv() 313
glLoadIdentity() 316
glMaterialf() 313
glMaterialfv() 313
glMatrixMode() 314, 316
globals() 23, 25, 96
glOrtho() 323
glPopMatrix() 314
glRotatef() 323
glTranslatef() 315

gluCylinder() 315
gluDeleteQuadric() 315
gluNewQuadric() 315
gluPerspective() 316
gluQuadricNormals() 315
glutCreateWindow() 312
glutDisplayFunc() 312
glutInit() 312
glutInitDisplayString() 312
glutInitWindowSize() 312
glutKeyboardFunc() 312
glutMainLoop() 312
glutReshapeFunc() 312
glutSpecialFunc() 312
glVertex3f() 314
glViewport() 323
GPU 310
Gravitate 269, 296, 320
Grid 89
grid 272
GUI 245, 263, 309
　〜の作成 189
GUIアプリケーション 186, 267

H

-h（--host） 240
HistoryView 125
HtmlFormBuilder 12
HtmlParser 137
HtmlRenderer 34
HtmlWordCounter 137
HtmlWriter 33
http 233

I

I/Oバウンドな並行処理 176
IDLE IDE 94
Imageパッケージ 140
　〜の高速化 228
Image.Error 146
ImageBarRenderer 40
ImageProxy 77
ImageScale 197
immutable 20

import this .... x, 81
ImportError 142
importlib.import_module() 144
IndexError 106
Interpreterパターン 93
introspection（イントロスペクション）
    241
IPC（プロセス間通信） 159
isinstance() 30, 31, 36
Item 48
iter()関数によるイテレータ 107
Iteratorパターン 106
itertools.chain() 21, 124

J

JITコンパイラ（Just in Time compiler）
    205
joinableキュー 167
JSON 103
JSON-RPC 235

K

Kivy 267

L

lambda 24, 103
late binding（遅延バインディング） 64
Layout 133
libc 224
LiveView 125
locals() 5

M

Macro 91
Manager 235, 253
matplotlib 141
Mediated 64, 116, 119
Mediatorパターン 113
Mementoパターン 120
Meter.Error 237
MouseHandler 83
Multiplexer 129

multiprocessing 160, 197
multiprocessing.Array 163, 175
multiprocessing.JoinableQueue 162
multiprocessing.JoinableQueue.join()
    168
multiprocessing.Lock 161
multiprocessing.Manager 163
multiprocessing.Process 169
multiprocessing.Queue 162
multiprocessing.Queue.get() 168
multiprocessing.Queue.get_nowait()
    168
multiprocessing.Queues 175
multiprocessing.Value 163, 175, 192
MVC（model/view/controller） 121

N

NotImplemented 31
NotImplementedError 18
Nuitka 205
NullHandler 83
Numba 205
numpy 141
numpy.ndarray 141

O

-Oオプション（最適化） 30
Observed 123
Observerパターン 121
OpenCASCADE 309
OpenGL 309
OpenGLシェーディング言語 310
OpenGL.GL 311
OpenGL.GLU 311
OpenGL.GLUT 311
orthograph（平行投影） 310
OS X 206
os.kill() 251
os.listdir() 143
os.makedirs() 165
os.mkdir() 165
os.path.join() 248

P

- pack 272
- Page 29
- passlib 236
- Perl 81
- perspective（透視投影） 310
- PGM 140
- pickle 化（ピクル） 73
- 〜と非 pickle 化 120
- PID（プロセス ID） 246
- Pillow 39, 141
- place 272
- PlainTextWordCounter 136
- PLY 93
- PNG 39, 140, 142, 153
- PNG ラッパーモジュール 155
- Point 73
- positional argument（位置指定引数）
  .... 11, 54
- PPM 140
- process pool（プロセスプール） 173
- ProcessPoolExecutor 173
- protection proxy（プロテクションプロキシ） 76
- Prototype パターン 25
- Proxy パターン 75
- pull 85
- push 85
- pycapsule.PyCapsule_IsValid() 221
- pycapsule.PyCapsule_New() 221
- PyGame 269
- pyglet 309
- 〜によるシリンダーの作成 317
- pyglet.app.run() 317
- pyglet.graphics.draw() 318
- pyglet.image.load() 317
- PyGObject 268
- PyGtk 268
- PyOpenGL 309, 311
- PyParsing 93
- PyPNG 142, 155
- PyPy 106, 205
- PyQt4 268
- Pyro4 (Python remote objects) 233
- PySide 268
- Python .... xi, 1
- 〜と Tkinter 267
- 〜の C インタフェース 205
- 〜の拡張 205
- Python Computer Graphics Kit 309
- Python 公案 (the Zen of Python) 81
- Pythonic（パイソニック） 6
- PyZMQ 233

Q

- Qt 268
- Qtrac.py 37
- quadric（二次曲面） 315
- queue.Queue 162
- queue.Queue.join() 182

R

- re 15
- recursive descent parser（再帰下降構文解析器） 93
- remote procedure call（リモートプロシージャコール） 252
- Renderer 30
- requests 233
- round() 149
- RPC (remote procedure call) 234
- rpyc 259
- RPyC (Remote Python Call) 233
- 〜アプリケーション 252
- 〜クライアント 261
- 〜サーバー 259
- rpyc.Service 260

S

- Scene 313
- SceneObject 326
- Selecting 327
- sentinel（センチネル値） 107
- setattr() 23
- SHA-256 236
- signal 251
- SimpleItem 43, 45
- Singleton パターン 26

SIP 206
SliderModel 124
smart reference proxy（スマート参照プロ
　キシ） 76
socket 233
socket.error 243
socketserver 233
SSH（セキュアシェル） 265
ssl 233
Stateパターン 126
StopIteration 108
Strategyパターン 132
subprocess.Popen() 103, 249
SvgDiagramFactory 3, 8
SWIG 206
sys.modules[__name__] 23
sys.stdout 104

T

Tcl/Tk 8.5 193
Template Methodパターン 135
T_EX 208
Text 4
TextBarRenderer 38
TextRenderer 32
textwrap 33
the Zen of Python（Python公案） 81
thread.daemon 179
thread.join() 260
threading.Lock 161
threading.Lock() 200
threading.Semaphore 161
threading.Thread() 179, 197
threading.Thread.join() 203
ThreadPoolExecutor 184
ThreadSafeDict 255
TkFormBuilder 13
Tkinter 39, 268
　～入門 270
　～によるGUIアプリケーション 267
　～によるメインウィンドウアプリ
　　ケーションの作成 295
　～のレイアウトマネージャ 272
tkinter 189
tkinter.Canvas 285

tkinter.Frame 271
tkinter.Menu 300
tkinter.Menu.add_checkbutton() 302
tkinter.Menu.add_command() 302
tkinter.Menu.add_radiobutton() 302
tkinter.messagebox.showerror() 283
tkinter.simpledialog.Dialog 286
tkinter.StringVar 250
tkinter.Tk 189
tkinter.Tk.createcommand() 302
tkinter.Tk.quit() 277
tkinter.Toplevel.deiconify() 292
tkinter.Toplevel.wait_visibility() 293
tkinter.Toplevel.withdraw() 293
tkinter.ttk 271
tkinter.ttk.Button 193
tkinter.ttk.Frame.quit() 272, 282
TkUtil 277
TkUtil.Button 294
TkUtil.Dialog.Dialog 286
TkUtil.Dialog.get_float() 286
TkUtil.set_application_icons() 277
Twisted 160, 233
type() 21
types.SimpleNamespace 96

U

unbound method（アンバウンドメソッド）
　.. 70
UndoableGrid 90
Unicode 21
Unix 267
urllib 233
UTF-8 16

V

Visitorパターン 139
VPython 309

W

Window 191, 298, 321
Windows 206

WSGI (Web Server Gateway Interface) 265
wxPython 269

X

X Windowプログラミング 267
XBM 41
XMB 142
xml.sax.saxutil.escape() 34
XML-RPC 234
　　〜クライアント 242
　　〜サーバー 239
xmlrpc (XML Remote Procedure Call) 233
xmlrpc.client..234
xmlrpc.client.DateTime 238
xmlrpc.server..234
XPM 41, 142, 153
Xpmモジュール 153

Y

yield式 87

Z

ZeroMQ..233

あ行

アプリケーションのダイアログ 284
アプリケーションモーダル 273
アルゴリズム 8
　　〜の「ひな形」...............................135
　　〜の集合 132
　　ブレゼンハムの〜 149
アンバウンドメソッド (unbound method) 70
アンパック 10
委譲 34
位置指定引数 (positional argument) 11, 54
イテレータ 44
　　iter()関数による〜 107
　　イテレータプロトコルによる〜 109

シーケンス型プロトコルの〜..........106
イベントハンドラの鎖.............................82
インジケータ 304
インタラクション 328
イントロスペクション (introspection) 241
ウィジェット 117, 267
ウィンドウモーダル 274
ウェブサービス 265
ウェブフレームワーク 265
エポック (epoch) 123
エラー 79
オブジェクトの状態 120

か行

拡張子..153
仮想プロキシ 76
カラー画像..41
関手 (Functor)......................................109
関数デコレータ 52
キー/値 73
キーワード引数 11
キュー..167
　　〜とマルチスレッド 177
　　〜とマルチプロセッシング 166
鎖 (チェーン) 81
クラスデコレータ 37, 58
クロージャ (closure) 56
グローバルモーダル 273
継承 34
ゲーム 16, 296, 320
ゲームボード 16
合成物 (コンポジット) 42
構造に関するデザインパターン 29
高速化..222
　　Imageパッケージの〜 228
コード評価................................98, 101
コーラブル (callable) 90
コーラブルオブジェクト (callable object) 66
コマンド 88
コルーチン (coroutine)................85, 118
コルーチンベースの鎖 84
コレクション 139
コンストラクタ 26

コンソール..................................242, 262
コンテキストマネージャ（context
　　manager）.....................................67, 255
コンテナ 267
コントローラー 121
コントロール 267
コンポジット（合成物）.........................42
コンポジットオブジェクト 42

さ行

再帰下降構文解析器（recursive descent
　　parser）...93
最適化（-Oオプション）.........................30
サブプロセスを用いたコード評価........101
さめがめ 269, 296
サンプルコード 337
シーケンス型プロトコルのイテレータ .106
シーケンスのアンパック 10
シーン 325
ジェネレータ 84, 109
式評価 94
時刻 123
状態ごとのメソッド 130
状態に適応するメソッド 129
白黒画像 41
進捗表示 200
ステータスバー 304
スマート参照プロキシ（smart reference
　　proxy）...76
スレッドセーフ 252
正規化（canonicalize）............................14
正規表現 15
生成に関するデザインパターン 1
セキュアシェル（SSH）.........................265
センチネル値（sentinel）........................107

た行

ダイアログスタイルのアプリケーション
　　...275
第一級オブジェクト（first-class object）
　　...92
代理人（プロキシ）..................................75
ダックタイプ 30
ダムダイアログ（dumb dialog）............274

チェーン（鎖）...81
チェス 16
チェッカー 16
遅延バインディング（late binding）........64
仲介者（メディエータ）.........................113
ディクショナリのアンパック 10
ディスクリプタ 76
データラッパー 252
デーモン化 169
デコレータ 51
　　クラスの～...37
デコレータファクトリー 55
デザインパターン ....xi, 1
　　Abstract Factory 1
　　Adapter 29
　　Bridge 35
　　Builder 8
　　Chain of Responsibility....................81
　　Command 88
　　Composite 42
　　Decorator 51
　　Facade 65
　　Factory Method 16
　　Flyweight 72
　　Interpreter 93
　　Iterator 106
　　Mediator 113
　　Memento 120
　　Observer 121
　　Prototype 25
　　Proxy 75
　　Singleton 26
　　State 126
　　Strategy 132
　　Template Method 135
　　Visitor 139
　　構造に関する～..............................29
　　生成に関する～................................1
　　ふるまいに関する～.....................81
テトリス 269, 296
透視投影（perspective）.......................310
ドメイン固有言語（Domain Specific
　　Language、DSL）...............................93

な行

二次曲面（quadric） 315

は行

パイソニック（Pythonic） 6
ハイフネーション 207
バウンドメソッド（bound method） 70
非pickle化（unpickle） 74
引数 11
ピクル（pickle） 73
非コンポジットオブジェクト 42
ビュー 121
ファイルメニュー 301
ファクトリー 1
フォーム 267
浮動小数点数 54
フューチャー 173, 182, 198
　　　〜とマルチスレッド 183
　　　〜とマルチプロセッシング 172
ふるまいに関するデザインパターン 81
ブレゼンハムのアルゴリズム 149
プロキシ（代理人） 75
プロセスID（PID） 246
プロセス間通信（IPC） 159
プロセスプール（process pool） 173
プロテクションプロキシ（protection proxy） 76
プロパティの追加 62
プロファイル 222
並行処理 159
　　　CPUバウンドな〜 163
　　　I/Oバウンドな〜 176

ま行

平行投影（orthograph） 310
　　　〜によるゲーム 320
ヘルプメニュー 303
ポーリング 250

ま行

マジックナンバー 153
マルチスレッド 177, 183
マルチプロセッシング 166, 172
命令 88
メインウィンドウの作成 298
メソッド 129, 130
メソッドデコレータ 52
メディエータ（仲介者） 113
メニューの作成 300
モーダルウィンドウ 246
モーダルダイアログの作成 285
モードレス 274
モードレスダイアログの作成 291
モデル 121

や行

ユーザーインタラクション 328
呼び出し可能オブジェクト 66

ら行

リモートプロキシ 75
リモートプロシージャコール（remote procedure call） 252
ロック 161, 255

● 著者紹介

Mark Summerfield(マーク・サマーフィールド)
スウォンジー大学のコンピュータサイエンスを首席で卒業し、業界に入る前に1年間大学院で研究を行った。ソフトウェアエンジニアとして、さまざまな会社で長年の経験を積んだのち、Trolltech社に入社。3年間ドキュメンテーションマネジャーを務め、そこでTrolltechの技術誌『Qt Quarterly』の創刊と編集にあたった。主な著書に『C++ GUI Programming with Qt 3』(邦題『Qt GUIプログラミング』ソフトバンククリエイティブ)、『C++ GUI Programming with Qt 4』(邦題『入門Qt 4プログラミング』オライリー・ジャパン)、『Programming in Python 3』(邦題『Python 3 プログラミング徹底入門』ピアソン桐原)、『Rapid GUI Programming with Python and Qt: The Definitive Guide to PyQt Programming』(Prentice Hall)がある。Qtrac社 (http://www.qtrac.eu) の代表でもあり、プログラマー、著者、編集者、トレーナーとして活動している。専門はC++、Qt、Python、PyQt。

● 訳者紹介

斎藤 康毅(さいとう こうき)
1984年長崎県対馬生まれ。東京工業大学工学部卒、東京大学大学院情報学環 修士課程修了。現在、総合電機メーカーにて、コンピュータビジョンや機械学習に関する研究開発に従事する。翻訳書に『コンピュータシステムの理論と実装』『実践 機械学習システム』『入門 Python 3』(以上、オライリー・ジャパン)がある。

実践 Python 3

2015年12月 1 日 初版第 1 刷発行
2017年 6 月 5 日 初版第 4 刷発行

著　　　者	Mark Summerfield（マーク・サマーフィールド）
訳　　　者	斎藤 康毅（さいとう こうき）
発 行 人	ティム・オライリー
制　　　作	ビーンズ・ネットワークス
印刷・製本	日経印刷株式会社
発 行 所	株式会社オライリー・ジャパン
	〒160-0002　東京都新宿区四谷坂町12番22号
	Tel　（03）3356-5227
	Fax　（03）3356-5263
	電子メール　japan@oreilly.co.jp
発 売 元	株式会社オーム社
	〒101-8460　東京都千代田区神田錦町3-1
	Tel　（03）3233-0641（代表）
	Fax　（03）3233-3440

Printed in Japan（ISBN978-4-87311-739-3）
乱丁本、落丁本はお取り替え致します。

本書は著作権上の保護を受けています。本書の一部あるいは全部について、株式会社オライリー・ジャパンから文書による許諾を得ずに、いかなる方法においても無断で複写、複製することは禁じられています。